全国职业院校**建筑类**专业教材

QUANGUO ZHIYE YUANXIAO

建筑材料

JIANZHULEI ZHUANYE JIAOCAI

朱叶◎主编

中国劳动社会保障出版社

图书在版编目(CIP)数据

建筑材料 / 朱叶主编. -- 北京：中国劳动社会保障出版社，2023
全国职业院校建筑类专业教材
ISBN 978-7-5167-5872-4

Ⅰ. ①建… Ⅱ. ①朱… Ⅲ. ①建筑材料-职业教育-教材 Ⅳ. ①TU5

中国国家版本馆 CIP 数据核字（2023）第 127767 号

中国劳动社会保障出版社出版发行

（北京市惠新东街 1 号 邮政编码：100029）

*

三河市华骏印务包装有限公司印刷装订 新华书店经销

787 毫米×1092 毫米 16 开本 13 印张 290 千字

2023 年 9 月第 1 版 2023 年 9 月第 1 次印刷

定价：34.00 元

营销中心电话：400－606－6496

出版社网址：http://www.class.com.cn

http://jg.class.com.cn

简介

INTRODUCTION

本教材为全国职业院校建筑类专业国家级规划教材，首先讲述了建筑材料的基本性质，然后分门别类对气硬性无机胶凝材料、水泥、混凝土、建筑砂浆、砌墙块材、建筑钢材、防水材料、绝热和吸声材料、装饰材料、新型建筑材料等常用建筑材料进行了介绍，语言表述通俗易懂。本教材重点章节配有相应的试验，学生可以通过试验，加深对所学内容的理解，提高实际操作能力。本教材配有习题册和电子课件，帮助学生巩固所学内容。习题册参考答案和电子课件可登录技工教育网（http：//jg. class. com. cn）在相应的书目下载。

本教材由朱叶任主编，陈秋强任副主编，成红芝、张伟峰、张献、王丽花、崔玉辉参加编写，章英慧任主审。

前言

FOREWORD

近年来，我国建筑行业进入了新的发展阶段。基于对当前建筑行业技能型人才需求及职业院校教学实际的调研分析，我们组织开发了这套全国职业院校建筑类专业教材，分为“建筑施工”“建筑设备安装”“建筑装饰”和“工程造价”四个专业方向。教材的编审人员由教学经验丰富、实践能力强的一线骨干教师和来自企业的设计、施工人员组成。

在本次教材开发工作中，我们主要做了以下几方面工作：

第一，突出教材的实用性。在“适用、实用、够用”的原则下，根据建筑行业相关企业的工作实际和相关院校的教学需要安排教材结构和内容，设计了大量来源于生产、生活实际的案例、例题、练习题和技能训练，引导学生运用所学知识分析和解决实际问题，教材体系合理、完善，贴近岗位实际与教学实际。

第二，突出教材的先进性。根据当前建筑行业对岗位知识与技能的实际需求设计教学内容，贯彻新标准。例如，在相关教材中全面贯彻《混凝土结构施工图平面整体表示方法制图规则和构造详图（现浇混凝土框架、剪力墙、梁、板）》（22G101—1）和《建设用砂》（GB/T 14684—2022）等最新图集和国家标准，《建筑 CAD》以新版的 AutoCAD 软件作为教学软件载体等。此外，新材料、新设备、新技术、新工艺在相关教材中也得到了体现。

第三，突出教材的易用性。充分保证教材的印刷质量，全部主教材均采用双色或四色印刷，图表丰富，营造出更加直观的认知环境；设置了“想一想”和“知识拓展”等栏目，引导学生自主学习；教材配套开发了习题册参考答案和电子课件，可登录技工教育网（http：//jg. class. com. cn）在相应的书目下载。

本套教材在编写过程中，得到了智能制造与智能装备类技工教育和职业培训教学指导委员会及一批职业院校的大力支持，教材的编审人员做了大量的工作，在此，我们表示诚挚的谢意！同时，恳切希望用书单位和广大读者对教材提出宝贵意见和建议。

编　者

目录

CONTENTS

绪论 …… 1

第一章　建筑材料的基本性质 …… 5

第一节　建筑材料的物理性质 …… 5
第二节　建筑材料的力学性质 …… 13
第三节　材料的耐久性 …… 15

第二章　气硬性无机胶凝材料 …… 17

第一节　石灰 …… 17
第二节　石膏 …… 20
第三节　水玻璃 …… 24

第三章　水泥 …… 27

第一节　水泥的生产过程和分类 …… 27
第二节　通用水泥 …… 30
第三节　其他品种水泥 …… 39
第四节　常用水泥的选用原则 …… 41
试验一　水泥试验 …… 43

第四章　混凝土 …… 53

第一节　混凝土基本知识 …… 53
第二节　普通混凝土组成材料 …… 54
第三节　混凝土外加剂 …… 65
第四节　混凝土拌合物的和易性 …… 69
第五节　硬化混凝土的强度 …… 74
第六节　混凝土的耐久性 …… 79
第七节　普通混凝土的配合比设计 …… 81
第八节　其他品种混凝土 …… 94
试验二　普通混凝土试验 …… 98

第五章　建筑砂浆 …… 108

第一节　砌筑砂浆 …… 108

第二节　其他品种建筑砂浆 …… 115
试验三　砌筑砂浆试验 …… 120

第六章　砌墙块材 …… 124

第一节　砌墙砖 …… 124
第二节　砌块 …… 129
试验四　砌墙块材试验 …… 135

第七章　建筑钢材 …… 144

第一节　钢的冶炼和分类 …… 144
第二节　建筑钢材的主要技术性能 …… 145
第三节　钢材的化学成分、冷加工、热处理对性能的影响 …… 149
第四节　工程常用建筑钢材的分类和性质 …… 151
试验五　钢筋试验 …… 158

第八章　防水材料 …… 163

第一节　沥青 …… 163
第二节　防水卷材 …… 168
第三节　防水涂料 …… 171

第九章　绝热和吸声材料 …… 176

第一节　绝热材料 …… 176
第二节　吸声材料 …… 182

第十章　装饰材料 …… 184

第一节　木材 …… 184
第二节　建筑玻璃 …… 188
第三节　门窗材料 …… 191
第四节　建筑饰面材料 …… 192
第五节　装饰涂料 …… 193

第十一章　新型建筑材料 …… 196

第一节　几种新型建筑材料 …… 196
第二节　新型建筑材料发展趋势 …… 199

绪 论

一、 建筑材料的概念与分类

1. 建筑材料的概念

建筑材料是指用于建筑和土木工程领域的各种材料的总称，简称“建材”。狭义的建筑材料是指用于土建工程的材料，如钢材、木材、玻璃、水泥、涂料等，通常将水泥、钢材和木材称为一般建筑工程的三大材料。广义的建筑材料还包括用于建筑设备的材料，如电线、水管等。建筑学科中的“建筑材料”是指对不同建筑材料的物理和化学特性进行研究的学科，主要研究建筑材料的组成、结构与工程性能的关系和建筑材料的制备技术。

2. 建筑材料的分类

（1）按化学成分分类

按化学成分不同，建筑材料可分为无机材料、有机材料和复合材料。

1）无机材料。无机材料包括金属材料和非金属材料。金属材料包括钢、铝等；非金属材料包括烧土制品（陶瓷制品、黏土砖、玻璃等）、天然石材（砂、石、石材制品）、气硬性无机胶凝材料（石灰、石膏、水玻璃、水泥等）和合成材料（混凝土）等。

2）有机材料。有机材料包括植物材料、沥青材料和高分子材料。植物材料包括木材、竹材等；沥青材料包括煤沥青、石油沥青及制品等；高分子材料包括塑料、涂料和合成橡胶等。

3）复合材料。复合材料包括各种材料复合形成的材料，如金属材料与有机材料复合形成的新材料（轻质金属夹芯板、PVC 钢板、有机涂层铝合金板等）、有机材料与无机非金属材料复合形成的新材料（沥青混凝土、聚合物混凝土、玻璃纤维增强塑料等）。

（2）按功能分类

按功能不同，建筑材料可分为结构材料、墙体材料和功能材料三大类。

1）结构材料。结构材料是指构成基础、柱、梁、板等承重系统的材料，如砖、石材、钢筋混凝土、木材等材料。

2）墙体材料。墙体材料是指用于建筑物内、外承重墙体及内隔墙的材料，如石材、普通砖、空心砖、加气混凝土砌块、混凝土墙板、石膏板、金属板材以及复合墙板等。

3）功能材料。功能材料主要是指具有某种特殊功能的材料，如防水材料、保温隔热材料、吸声材料、装饰材料、防腐材料等。

二、 建筑材料的标准

建筑材料生产的现代化、管理的科学化，要求对材料产品的各项技术制定统一的执行标准。

建筑材料的标准是衡量企业产品质量是否合格的技术依据，也是供需双方对产品质量进行验收的依据。这些标准一般包括产品的规格、分类、技术性能检验方法、验收规则、包装、储存及运输等方面的要求。

目前，我国常用的标准共有三类：第一类是国家标准，包括强制性标准（代号GB）和推荐性标准（代号GB/T)；第二类是地方标准（代号DB）和企业标准（代号QB)；第三类是行业标准，包括建工行业标准（代号JG)、交通行业标准（代号JT）和冶金行业标准（代号YB）等。例如：

国家标准（强制性)：《通用硅酸盐水泥》（GB 175—2007)。

国家标准（推荐性)：《预应力混凝土用钢丝》（GB/T 5223—2014)。

建材行业标准（推荐性)：《建筑装饰用水磨石》（JC/T 507—2022)。

就强制性国家标准而言，任何技术（或产品）不得低于标准中规定的要求，对于推荐性国家标准，也可以执行其他标准要求，推荐性标准若被强制性标准采纳，就认为是强制性标准，地方标准或企业标准所制定的技术要求应高于国家标准。

为了促进技术进步，提高产品质量，扩大对外贸易和提高标准化水平，我国也采用国际标准和国外先进标准。

对于建筑材料的标准化，世界范围有统一使用的“ISO”国际标准，各国均有自己的标准，如美国的“ASTM”标准、德国的“DIM”标准、日本的“JSI”标准和英国的“BS”标准等。

三、 建筑材料的发展史

建筑材料是随着社会生产力的发展和科学技术水平的提高而逐渐发展的。人类最初居住的是洞穴，使用的是天然石块、树枝、茅草等建筑材料，难以抵御猛兽的袭击。铁的出现，使人类可以对石、木进行粗略加工，建造出简单的房屋。随着砖石的出现，建筑材料由天然材料阶段进入人工生产阶段。“秦砖汉瓦”印证了中国建筑材料的悠久历史。下面这些著名建筑都凝聚着古代劳动人民的智慧。

用砖砌、石砌、砖石混合砌的方法建造的万里长城（见图0-1)，绵延起伏、气势磅礴，总计长度达21 196. 18 km，被视为世界建筑史上一大奇迹，使用的砖、石材料多达1亿m^3。

古埃及是历史悠久的文明古国之一。金字塔（见图0-2）是古埃及文明的代表作，世界八大建筑奇迹之一，数量众多，分布广泛，以开罗西南尼罗河西古城孟菲斯一带最为集中，最大的是胡夫金字塔，高137. 2 m，基座边长230 m，共用230万块平均每块2. 5 t的石块。

图 0-1　万里长城

图 0-2　金字塔

赵州桥（见图 0-3）又称安济桥，是世界上现存最早、保存最完善的古代敞肩石拱桥，全长 64.4 m，跨径 37.02 m，拱顶宽 9 m，拱矢高 7.23 m，是一座空腹式的圆弧形石拱桥。

定州塔（见图 0-4）位于河北省定州市城内，原名开元寺塔，是中国现存最高大的一座砖木结构古塔，有“中华第一塔”之称，建于高大的台基之上，共十一层，塔基外围周长 128 m，高 83.7 m，塔身为砖木结构。砖的规格不一，有十几种。定州塔建造时，为了增加砖与砖之间的拉力，还使用了松柏木质材料，故当地流传着“砍尽嘉山（在曲阳县）木，修成定州塔”的民谚。

图 0-3　赵州桥

图 0-4　定州塔

埃菲尔铁塔（见图 0-5）分为三层：离地面 57.6 m 的第一层建有播放埃菲尔铁塔历史短片的迷你博物馆；离地面 115.7 m 的第二层建有高级餐厅；离地面 276.1 m 处的第三层建有观景台，在这里可将巴黎市区城景尽收眼底。该塔从塔座到塔顶共有 1 711 级阶梯，共用去 7 000 t 钢材、12 000 个金属部件、259 万只铆钉，极为壮观。

图 0-5　埃菲尔铁塔

四、课程性质、任务和学习方法

建筑材料课程讲述常用建筑材料的品种、规格、性质、质量标准、检验方法、基本特点、应用范围、储运和保管等方面的知识，为今后学习相关课程、走向工作岗位打下良好的基础。

学习本课程后，学生应能用所学知识正确、合理地选择和使用常用建筑材料，能够应用常用的检验方法对建筑材料的质量进行分析判断，并具备认识和鉴别新型建筑材料的能力。

学习本课程时，应注意以材料性质为主，以决定材料性质的内在因素和影响材料性质的外界因素为线索，必须了解事物本质的内在联系，即材料的性质与建筑工程之间的关系，才能把握材料的性质。

学习本课程时，还应注意充分利用实践课，加深对知识的认知和掌握，结合工程实际，将理论学习与工程实践和材料试验结合起来。这样不仅增强感性认识，同时可在实践中验证和补充材料的特性、使用方法、使用效果，以及使用中存在的问题等方面的知识。

第一章 建筑材料的基本性质

学习目标

掌握材料的密度、表观密度、堆积密度、孔隙率、空隙率在工程实际中的意义。了解材料孔隙及其对材料性质的影响，以及亲水性、憎水性、吸水性、耐水性、抗冻性、抗渗性、耐久性的内涵。掌握材料受力类型及在外力作用下产生的变形。了解脆性、韧性、硬度、耐磨性及耐久性在工程中的应用。

建筑材料在建筑物各个部位的功能不同，其承受各种不同荷载及周围环境介质的作用也不同，必须具有相应的基本性质。

建筑材料品种繁多，性质各异，有共性也有特性。归纳起来，建筑材料的基本性质包括物理性质、化学性质和力学性质。本章仅介绍建筑材料带有共性的、重要的物理性质和力学性质。

第一节 建筑材料的物理性质

一、材料的密度、表观密度与堆积密度

密度是指物质单位体积的质量，单位为 g/cm^3 或 kg/m^3。由于材料所处的状态不同，故有密度（实际密度）、表观密度和堆积密度之分。

1. 密度

密度是指材料在绝对密实状态下，单位体积所具有的质量，按下式计算：

$$\rho = \frac{m}{V}$$

式中 ρ——密度，g/cm^3 或 kg/m^3；

m——材料在干燥状态下的质量，g 或 kg；

V——材料在绝对密实状态下的体积，cm^3 或 m^3。

绝对密实状态下的体积是指内部不包括孔隙的体积。除了钢材、玻璃等少数接近于绝对密实的材料外，绝大多数材料都有一些孔隙，如砖、石材等块状材料。

思考

如何测定有孔隙材料的密度？

在测定有孔隙的材料密度时，应把材料磨成细粉以排除其内部孔隙，经干燥至恒重后，用密度瓶（李氏瓶）测定其实际体积，该体积即可视为材料绝对密实状态下的体积。材料磨得越细，测定的密度值越精确。

2. 表观密度

表观密度是指材料在自然状态下单位体积的质量，按下式计算：

$$\rho_0 = \frac{m}{V_0}$$

式中 ρ_0——表观密度，g/cm^3 或 kg/m^3；

m——材料的质量，g 或 kg；

V_0——材料在自然状态下的体积，cm^3 或 m^3。

材料在自然状态下的体积是指材料的实际体积与材料内所含全部孔隙体积之和。

自然状态下的体积是指包括内部孔隙在内的外形体积。在材料的内部孔隙中，有的与外界连通，称为开口孔，有的互相独立，不与外界相通，称为闭口孔，如图 1-1 所示。

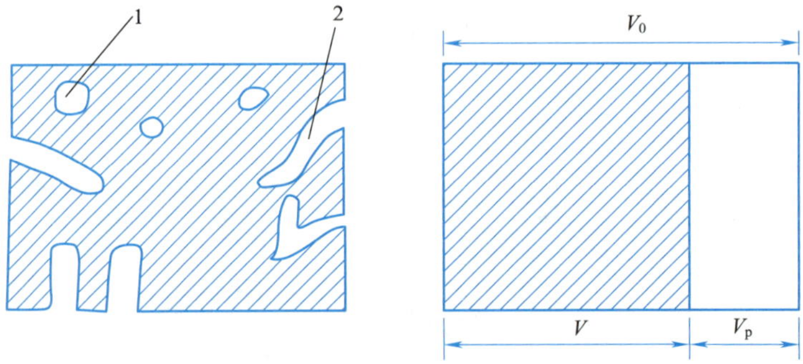

图 1-1 含孔材料体积组成

1—闭口孔 2—开口孔

V_0—自然状态下的体积 V—实际体积 V_p—孔隙体积

对于外形规则的材料，只要测得材料的质量和自然状态下的体积，即可算得表观密度。

知识拓展

外形不规则材料体积的计算

外形不规则材料的体积一般采用排水法求得，但材料表面应预先涂上蜡，以防水分渗入材料内部而影响测定值。

另外，材料的表观密度与含水状态有关。材料含水时，质量要增加，体积也会发生不同程度的变化。因此，一般测定表观密度时，以干燥状态为准，含水状态下测定的表观密度必须注明含水率。

3. 堆积密度

散粒材料在自然堆积状态下单位体积的质量称为堆积密度，按下式计算：

$$\rho_0' = \frac{m}{V_0'}$$

式中　ρ_0'——堆积密度，g/cm^3 或 kg/m^3；

m——材料的质量，g 或 kg；

V_0'——材料的堆积体积，cm^3 或 m^3。

散粒材料在自然状态下的体积，是指包括散粒实际体积、散粒内部的孔隙、散粒之间空隙的总体积，如图 1-2 所示。测定散粒材料的堆积密度时，材料的质量是指在一定容积的容器内的材料质量，其堆积体积是指所用容器的容积。若以捣实体积计算时，则称紧密堆积密度。

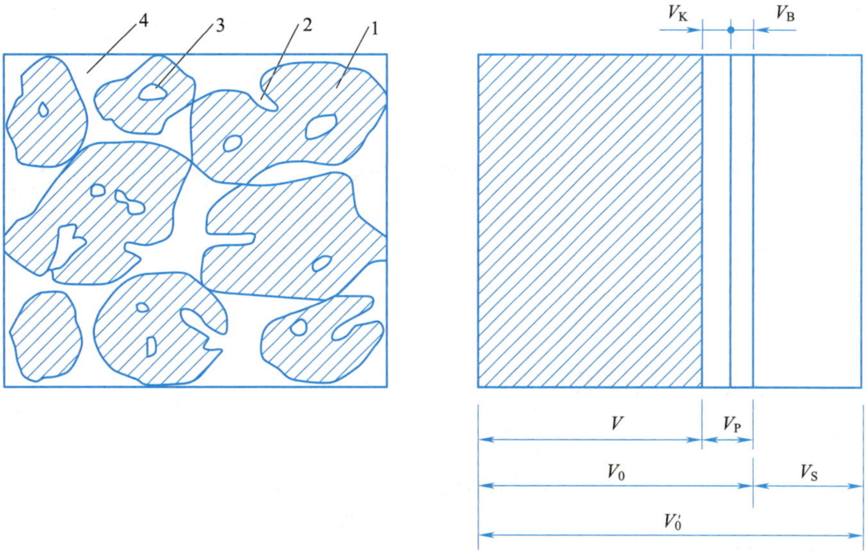

图 1-2　散粒材料松散体积组成

1—散粒中的固体物质　2—散粒的开口孔隙　3—散粒的闭口孔隙　4—散粒间的空隙

V_K—开口孔隙体积　V_B—封闭孔隙体积　V_P—孔隙体积　V_S—空隙体积

在建筑工程中，密度、表观密度、堆积密度常用来计算材料自重、材料用量、构件自重、材料配比，以及确定堆放空间、运输量等。常用建筑材料的密度、表观密度、堆积密度见表 1-1。

表 1-1　常用建筑材料的密度、表观密度、堆积密度

材料名称	密度（g/cm^3）	表观密度（kg/m^3）	堆积密度（kg/m^3）
钢材	7.85	7 850	—

续表

材料名称	密度（g/cm³）	表观密度（kg/m³）	堆积密度（kg/m³）
花岗岩	2.79～3.07	—	—
碎石（石灰岩）	2.6	—	1 400～1 700（碎石）
砂	2.5～2.6	—	1 500～1 700
黏土	2.5～2.7	—	1 600～1 800
水泥	2.8～3.1	—	1 200～1 300
普通混凝土	—	2 100～2 600	—
轻骨料混凝土	—	800～1 900	—
烧结普通砖	2.6～2.7	1 600～1 900	—
烧结空心砖	2.5～2.7	1 000～1 480	—
红松木	1.5～1.60	400～600	—
泡沫塑料	—	20～50	—

二、材料的密实度与孔隙率

1. 密实度

密实度（D）是指固体材料体积内实际物质部分的体积占总体积的比例，表征材料体积内被实际物质所充填的程度，即反映了材料的致密程度。密实度可按下式计算：

$$D=\frac{V}{V_0}\times100\%=\frac{\rho_0}{\rho}\times100\%$$

2. 孔隙率

孔隙率（P）是指材料体积内孔隙体积（V_p）占材料总体积（V_0）的百分率。孔隙率可用下式计算：

$$P=\frac{V_0-V}{V_0}\times100\%=\left(1-\frac{\rho_0}{\rho}\right)\times100\%$$

孔隙率与密实度的关系为：

$$P+D=1$$

由上式推导可以看出，密实度和孔隙率从两个不同的侧面反映了材料的疏密程度。

建筑材料的许多性质（强度、吸水性、抗渗性、抗冻性、导热性、吸声性）都与材料构造的疏密程度有关，除决定于孔隙率的大小以外，还与孔隙的构造特征（开口孔或闭口孔）、大小及分布等有关。

工程中，对于需要保温隔热的建筑构件，要求其所用材料的孔隙率尽量大；相反，对要求高强度或不透水的建筑构件，则要求其所用材料的孔隙率尽量小。

3. 空隙率

空隙率是指散粒状材料在某容器的堆积体积中，颗粒之间的空隙体积（V_S）占堆积体积的百分率，以 P' 表示，因 $V_S=V_0'-V_0$，则空隙率可用下式计算：

$$P' = \frac{V_0' - V_0}{V_0'} \times 100\% = \left(1 - \frac{\rho_0'}{\rho_0}\right) \times 100\%$$

空隙率与孔隙率有诸多区别，孔隙率适用于个体材料，空隙率适用于堆积材料之间，孔隙率可以判断材料的性质，空隙率可以进行材料用量计算。

4. 填充率

填充率是指散粒状材料堆积体积内，散粒材料的颗粒所填充的程度（即散粒材料的颗粒体积占总体积的百分率），以 D'表示，可按下式计算：

$$D' = \frac{V_0}{V_0'} \times 100\% \qquad 或 \qquad D' = \frac{\rho_0'}{\rho_0} \times 100\%$$

三、 材料与水有关的性质

1. 亲水性与憎水性

不同材料与水接触时会出现不同的现象，据其能否被水湿润，可将材料分为两大类：亲水性材料与憎水性材料。

材料被水润湿的情况可用润湿角（θ）表示。当材料与水接触时，从材料、水、空气三相的交界点出发，作沿水滴表面的切线，此切线与材料和水接触面的夹角称为润湿角。如图 1-3 所示，润湿角越小，材料越容易被水润湿。常用润湿角判断材料的亲水性与憎水性，见表 1-2。

表 1-2　润湿角大小与亲水性和憎水性的关系

润湿角	表　现	性质	材料举例
$\theta \leqslant 90°$	材料表面吸附水，能被水润湿	亲水性	砖、混凝土（见图 1-3a）
$\theta > 90°$	材料表面不吸附水	憎水性	沥青、石蜡、油漆、塑料（见图 1-3b）

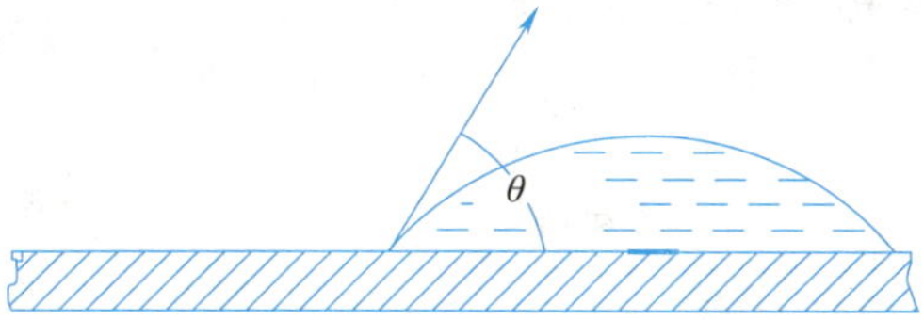

a）

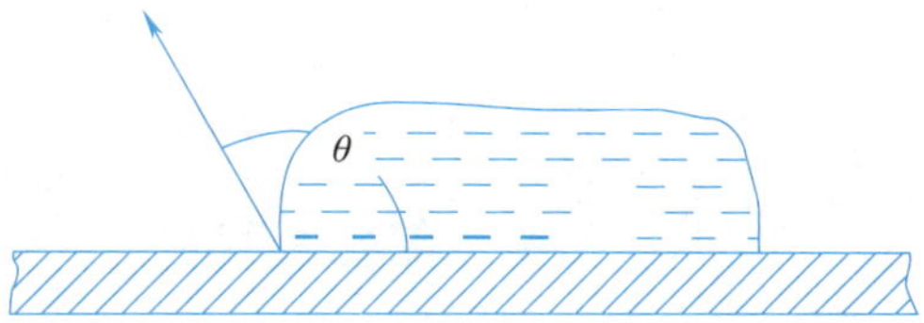

b）

图 1-3　材料的润湿角

a）亲水性材料　b）憎水性材料

上述概念也适用于其他液体对固体材料的润湿情况，相应材料称为亲液材料和憎液材料。

材料与水接触时，材料与水分子之间的亲合力大于水分子之间的内聚力时，材料表现为亲水性；材料与水接触时，材料与水分子之间的亲合力小于水分子之间的内聚力时，材料则表现为憎水性。

思考

憎水性材料在实际工程中有何意义？

憎水性材料常用作防潮、防水、防腐材料，也可以对亲水性材料进行表面处理，以便降低其吸水性。

2. 吸水性与吸湿性

（1）吸水性

材料在水中能吸收水分的性质称为吸水性。材料的吸水性强弱用吸水率表示，吸水率包括质量吸水率和体积吸水率。

1）质量吸水率。质量吸水率是指材料在吸水饱和后，内部所吸水分的质量占材料干燥质量的百分率，计算公式为：

$$W_{质}=\frac{m_{湿}-m_{干}}{m_{干}}\times 100\%$$

式中 $W_{质}$——材料的质量吸水率，%；

$m_{湿}$——材料在吸水饱和状态下的质量，g；

$m_{干}$——材料在干燥状态下的质量，g。

2）体积吸水率。体积吸水率是指材料在吸水饱和后，其内部所吸水分的体积占干燥材料自然体积的百分率，计算公式为：

$$W_{体}=\frac{V_{水}}{V_0}\times 100\%$$

式中 $W_{体}$——材料的体积吸水率，%；

$V_{水}$——材料内部吸水的体积，cm^3；

V_0——干燥材料在自然状态下的体积，cm^3。

知识拓展

影响材料吸水能力的因素

材料吸水率的大小不仅取决于材料的亲水性或憎水性，还取决于材料的孔隙率和孔隙特征。密实材料及具有闭口孔的材料是不吸水的，具有粗大孔的材料因水分不易存留，其吸水率也常小于开口孔隙率，而那些孔隙率较大且有细小开口连通孔的亲水性材料往往具有较强的吸水能力。

思考

干燥的木材放在潮湿的空气中会变湿，湿木材在干燥的空气中会变干，为什么？

（2）吸湿性

材料在潮湿空气中吸收水分的性质称为吸湿性。吸湿性用含水率表示，即材料所含水的质量与材料干燥时的质量之比。吸湿作用一般是可逆的，也就是说，材料既可吸收空气中的水分，也可向空气中释放水分。

$$W_{wc}=\frac{m_{含}-m_{干}}{m_{干}}\times 100\%$$

式中　W_{wc}——材料的含水率，%；

$m_{含}$——材料含水时的质量，g；

$m_{干}$——材料干燥时的质量，g。

3. 耐水性

材料长期在水作用下不破坏，强度也不明显降低的性质称为耐水性。材料的耐水性用软化系数表示，用公式表示为：

$$K_{软}=\frac{f_{饱}}{f_{干}}$$

式中　$K_{软}$——材料的软化系数；

$f_{饱}$——材料在饱水状态下的抗压强度，MPa；

$f_{干}$——材料在干燥状态下的抗压强度，MPa。

材料的软化系数在 0 ~ 1 之间。软化系数越小，说明材料吸水饱和后强度降低越多，耐水性越差。长期受水浸泡或处于潮湿环境中的重要建筑物，其结构材料的软化系数应大于 0.85；次要建筑物或受潮较轻的情况下，材料的软化系数也不应小于 0.75。处于干燥环境中的建筑物，其结构材料可不考虑耐水性问题。

知识拓展

吸水率和含水率的区别

吸水率与含水率的区别见表 1-3。

表 1-3　吸水率和含水率的区别

比较项目	吸 水 率	含 水 率
适合场合	在水中吸收水分	在空气中吸收水分
表示方法	吸收水分前后的质量比或体积比	吸收水分前后的质量比
吸收水分	可达到饱和	与空气水分平衡，通常小于吸水率

4. 抗渗性

材料抵抗压力水渗透的性质称为抗渗性，或称不透水性。材料的抗渗性通常用渗透系数（K）表示，渗透系数的测定如图 1-4 所示。

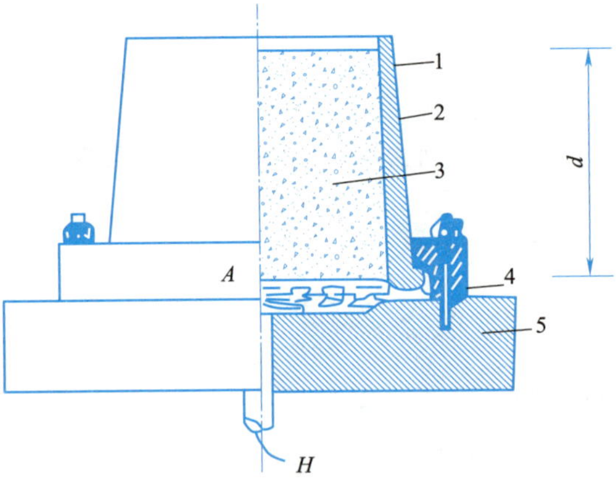

图 1-4　渗透系数的测定

1—金属圆筒　2—止水材料　3—试件　4—橡胶垫圈　5—底座

渗透系数的物理意义是：一定厚度的材料，在一定水压力下，单位时间内透过单位面积的水量，用公式表示为：

$$K=\frac{Wd}{AtH}$$

式中　W——透过材料试件的水量，cm^3；

d——试件厚度，cm；

A——透水面积，cm^2；

t——透水时间，s；

H——静水压力水头，cm。

K 值越大，表示材料渗透的水量越多，即抗渗性越差。材料的抗渗性与其孔隙率和孔隙特征有关。

混凝土的抗渗性用抗渗等级表示。抗渗等级越高，抗渗性能越好。抗渗等级是以规定的试件在标准试验方法下所能承受的最大静水压力来确定，以符号 Pn 表示，其中 n 为该材料所能承受的最大静水压力的 10 倍（单位为 MPa），如 P4、P6、P8、P10、P12 等分别表示材料能承受 0.4 MPa、0.6 MPa、0.8 MPa、1.0 MPa、1.2 MPa 的静水压力而不渗水。

通常来说，憎水性材料的抗渗性优于亲水性材料，密实度高的材料的抗渗性也较高，具有开口空隙的材料抗渗性较差。采取增大混凝土的密实度、改变混凝土中孔隙结构、减小连通孔隙等措施，可以提高混凝土抗渗性。

5. 抗冻性

材料在吸水饱和状态下，能经受多次冻融循环作用而不破坏，也不明显降低强度的性质，称为材料的抗冻性。

材料的抗冻性用抗冻等级表示。抗冻等级是以规定的试件，在规定试验条件下，测得其强度降低不超过 25%，且质量损失不超过 5% 时所能承受的最多的循环次数来确定，用符号 Fn（Dn）表示，其中 n 即为最大冻融循环次数，如 F25、F50、F100、F200 等分别表示该材料可承受 25 次、50 次、100 次、200 次冻融循环。

材料抗冻等级应根据结构物的种类、使用条件、气候条件等进行选择。

知识拓展

材料抗冻性的影响因素

材料抗冻能力的好坏，与材料的吸水程度、强度及孔隙特征有关。一般在相同冻融条件下，材料含水率越大、材料强度越低及材料中含有开口孔的毛细孔越多，受到冻融循环的损伤就越大。

第二节　建筑材料的力学性质

一、材料的强度

材料在外力（荷载）作用下抵抗破坏的能力称为强度。材料在建筑物上受到的外力主要有拉力、压力、弯曲力和剪切力等，材料抵抗这些外力破坏的能力分别称为抗拉强度、抗压强度、抗折强度（即抗弯强度）、抗剪强度，如图 1-5 所示。

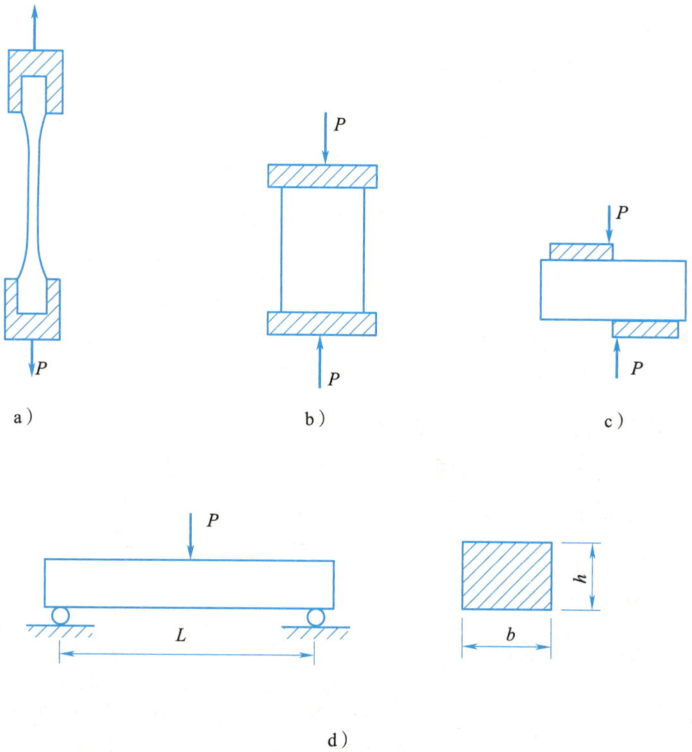

图 1-5　材料所受外力

a）拉力　b）压力　c）剪切力　d）弯曲力

材料抗拉强度、抗压强度、抗剪强度的计算公式如下：

$$f=\frac{F_{max}}{S}$$

式中 f——材料的抗拉、抗压、抗剪强度，MPa；

F_{max}——材料破坏的最大荷载，N；

S——受力（荷载）面积，mm^2。

如图 1-5d 所示，单点集中加荷抗弯强度的计算公式如下：

$$f=\frac{3F_{max}L}{2bh^2}\text{（单点集中加荷）}$$

式中 f——材料的抗弯强度，MPa；

F_{max}——材料破坏的最大荷载，N；

L——两支点的间距，mm；

b、h——材料横截面的边长，其中，h 为平行于加荷方向的边长，mm。

思考

取一根弹簧，用手拉弹簧，在一定限度内，手放开后弹簧恢复原状，若继续拉弹簧超过一定限度，弹簧不能恢复原状，为什么？

二、 材料的弹性与塑性

材料在外力作用下产生变形，当外力去除后，变形随即消失，能完全恢复原来形状的性质称为弹性，这种变形称为弹性变形（瞬时变形），其值大小与外力成正比。材料在外力作用下产生变形，当外力去除后，不能恢复原来形状的性质称为塑性，这种不能恢复的变形称为塑性变形（永久变形）。材料的弹性变形与塑性变形曲线如图 1-6 所示。

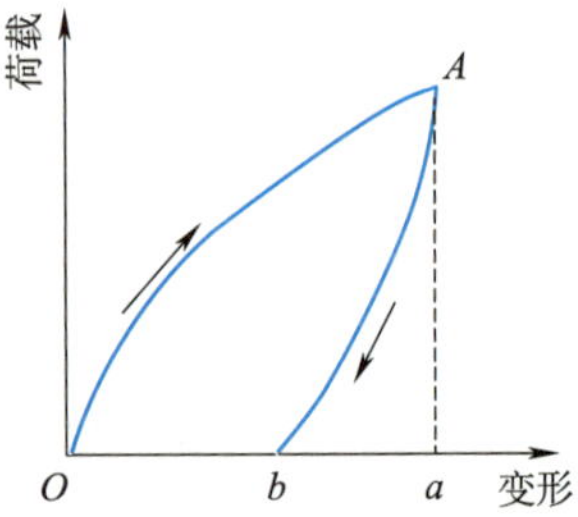

图 1-6 材料的弹性变形与塑性变形曲线

图 1-6 中，OA 段为弹性变形，Ab 段为塑性变形。应该指出，单纯的弹性变形是没有的。有的材料在荷载不大的情况下，外力与变形成正比，产生弹性变形，荷载超过一定限度后，接着出现塑性变形。常用建筑钢材（软钢）就属于这种情况。也有的材料在受力后，弹性变形和塑性变形同时产生，去掉荷载后，弹性变形可以恢复，而其塑性变形则不能恢复。混凝土材料受力后的变形就属于这种情况。

三、 材料的脆性与韧性

材料在外力作用下，当外力达到一定限度时，材料突然破坏且破坏时无明显塑性变形的性质称为脆性。这种材料抵抗冲击和震动的能力差，它们的抗压强度比抗拉强度高很多。混凝土、玻璃、天然岩石、砖瓦、陶瓷、铸铁等属于脆性材料，主要用于基础、墙体、柱子等受压的建筑部位。

在冲击荷载或震动荷载作用下，材料能够承受较大的变形而不破坏的性质称为韧性（或冲击韧性）。建筑钢材、木材、沥青等属于韧性材料。用作路面、桥梁、吊车梁以及抗震结构的材料，应考虑其韧性。

四、 材料的硬度和耐磨性

硬度是材料抵抗其他物体压入其内部的能力，通常用刻痕法和压入法测定。

刻痕法通常用于测定天然矿物质的硬度，即按滑石、石膏、方解石、萤石、磷灰石、正长石、石英、黄玉、刚玉、金刚石硬度递增顺序分为 10 级。通常用它们对材料的刻痕来确定所测材料的硬度，称为莫氏硬度。钢材、木材、混凝土等的硬度采用钢球压入法测定，称为布式硬度（HB）。

耐磨性是材料表面抵抗磨损的能力，通常用磨损率（K）表示，即：

$$K = \frac{m_1 - m_2}{A}$$

式中　m_1、m_2——试件磨损前后的质量；

A——试件受磨的面积。

建筑工程中，用于地面、楼梯踏步、人行道路等部位的材料均应考虑其硬度和耐磨性，一般来说，强度较高的材料，其硬度较大，耐磨性较好。

第三节　材料的耐久性

材料的耐久性是材料在使用中抵抗环境的长期破坏作用，保持其原有性能而不破坏、不变质的能力。材料的耐久性是一项综合性能，一般包括抗渗性、抗冻性、耐腐蚀性、抗老化性、抗碳化性、耐热性、耐磨性等。

一、 影响材料耐久性的环境因素

材料在使用过程中，不仅内在原因使其组成、结构和性能发生变化，同时还受到使用条件和各种自然因素的多种环境作用，这些作用包括物理作用，化学作用和生物作用。

1. 物理作用

物理作用一般是指温度变化、干湿交替、冻融循环等。这些作用会使材料发生体积变化或引起内部裂纹的扩展，从而使材料性能不满足正常使用的要求，如混凝土、岩石、外装修材料的热胀冷缩等。

2. 化学作用

化学作用主要指酸、碱、盐等物质的水溶液及有害气体的侵蚀作用，这些侵蚀作用会使材料逐渐变质而破坏，如水泥石的腐蚀作用、钢筋的锈蚀作用、混凝土在海水中的腐蚀作用、石膏在水中的溶解作用等。

3. 生物作用

生物作用一般是指菌类、昆虫等的侵害作用，包括材料因虫蛀、腐朽而破坏，如木材的腐蚀等。

二、 材料耐久性的评定

材料的用途不同，所处的工程环境条件不同，耐久性的评价侧重指标也不相同。例如，寒冷地区室外工程所用材料的耐久性指标一般以抗冻性表示；处于室外暴露环境的有机材料（沥青路面、塑料等），其耐久性则应重点考虑抗老化性能；工程环境为地下、水中或潮湿环境时，有防水或防潮要求的构件的耐久性应重点考虑抗渗性；对于有正负温度反复交替的构件和材料，则可以用抗冻性作为耐久性的评定指标。

耐久性是材料的一项长期性质，最可靠的判断方法是在使用条件下进行长期观察和测定，但这样做需要很长的时间。通常测定耐久性时，是根据使用要求，在试验室进行快速试验，并据此做出判断，快速试验的项目有干湿循环、冻融循环、加湿与紫外线干燥循环、碳化、盐溶液浸渍与干燥循环、化学介质浸渍等。

三、 提高材料耐久性的措施

由具有良好耐久性的建筑材料修筑的工程结构，一般会具有较长的使用寿命。因此，提高材料耐久性可延长工程结构的使用寿命、节约能源和材料等自然资源。

实际使用中，由于各种原因，土木工程结构常常会因耐久性不足而过早破坏。各国工程技术人员都已认识到，根据耐久性设计土木工程结构，更具有科学性和实用性。只有深入了解并掌握建筑材料耐久性的本质，从材料、设计、施工、使用各方面共同努力，才能保证建筑材料和结构的耐久性，延长工程结构的使用寿命。具体措施包括：根据工程的重要性、所处的环境合理选择材料，增强材料自身对外界作用的抵抗能力（提高材料的密实度等），或采取保护措施使主体材料与腐蚀环境相隔离（涂刷钢筋防锈漆等）。

思考练习题

1. 当某一建筑材料的孔隙率增大时，表 1-4 内的其他性质将如何变化？

表 1-4　建筑材料的性质变化情况

孔隙率	密度	表观密度	堆积密度	力学强度	吸水率	抗冻性	导热性
增大							

2. 块体石料的孔隙率和碎石的孔隙率各如何测定？它们各有何工程意义？
3. 何谓材料的密实度和孔隙率？如何计算？两者有什么关系？
4. 某石材的密度为 2.8 g/cm^3，孔隙率为 5%，今将该石材破碎为碎石，测得碎石的堆积密度为 1 565 kg/m^3，试求此石材的表观密度和碎石的空隙率。
5. 亲水性材料与憎水性材料是如何区分的？怎样改变材料的亲水性和憎水性？
6. 何谓材料的耐久性？在进行工程结构设计时应如何考虑材料的耐久性？
7. 何谓材料的弹性？何谓材料的塑性？
8. 何谓材料的脆性和韧性？

第二章 气硬性无机胶凝材料

学习目标

了解胶凝材料的分类。掌握气硬性胶凝材料的概念和常用品种。掌握石灰的品种，了解石灰的原料，以及生产、熟化和凝结硬化的原理，掌握石灰的技术要求、主要性质及正确应用。理解石膏的凝结与硬化的原理，理解石膏的主要性质、应用及质量要求。了解水玻璃的组成及硬化原理，理解水玻璃的性质与应用。

在建筑工程中，将散粒材料（如砂子、石子）或块状材料（砖或砌块）黏结成整体并具有一定强度的材料称为胶凝材料。按其化学成分不同，胶凝材料可分为以高分子化合物为主要成分的沥青、树脂、橡胶等有机胶凝材料和以无机物为主要成分的水泥、石灰、石膏、水玻璃等无机胶凝材料，如图 2-1 所示。

- 胶凝材料
  - 无机胶凝材料
    - 气硬性胶凝材料
      - 石灰
      - 石膏
      - 水玻璃
    - 水硬性胶凝材料
      - 硅酸盐水泥
      - 其他水泥
  - 有机胶凝材料
    - 沥青类
    - 合成树脂类及天然树脂类

图 2-1　胶凝材料的分类

气硬性胶凝材料只能在空气中（干燥条件下）凝结硬化，产生强度。水硬性胶凝材料不仅在空气中凝结硬化，而且能更好地在水中凝结硬化并产生强度。气硬性胶凝材料只适用于干燥环境，水硬性胶凝材料既适用于干燥环境，也适用于潮湿环境及水中。

第一节 石灰

思考

石灰块用水喷过之后，会冒出大量的白雾，并且腾空而起，若把生鸡蛋埋在石灰里，鸡蛋会变熟，这是为什么呢？

石灰是一种传统而又古老的建筑材料，是以氧化钙（CaO）或氢氧化钙［$Ca(OH)_2$］为主要成分的气硬性胶凝材料。我国在古代已经开始烧制石灰了，长城砖块的黏合、古埃及金字塔的修建都使用了石灰。

一、石灰的生产

石灰的原材料是石灰岩，主要成分为碳酸钙（$CaCO_3$），其中也常含有一定量的碳酸镁（$MgCO_3$），原料分布广泛，生产工艺简单。石灰岩经煅烧生成的生石灰属于轻质的块状物质，颜色由白至灰或呈黄褐色。

石灰岩受热煅烧分解成生石灰，放出二氧化碳。其化学反应式如下：

$$CaCO_3 \rightarrow CaO + CO_2\uparrow$$

$$MgCO_3 \rightarrow MgO + CO_2\uparrow$$

煅烧的温度一般为 1 000～1 200 ℃。石灰岩在灰窑中煅烧时温度低或煅烧时间短，会使石灰岩部分未分解而生成欠火石灰；煅烧时温度高或煅烧时间长，会生成过火石灰。欠火石灰中碳酸钙未完全分解，使用时缺乏黏结力。过火石灰结构密实，表面常包覆一层熔融物，熟化速度非常缓慢，有的细小颗粒可能在石灰应用之后再熟化，体积膨胀，致使已经硬化的砂浆产生崩裂或鼓泡现象，俗称“起蘑菇”，影响工程质量。

生石灰的主要成分是氧化钙，其次是氧化镁。根据行业标准《建筑生石灰》（JC/T 479—2013）的规定：当生石灰中氧化镁的含量大于5%时，称为镁质生石灰；当生石灰中氧化镁的含量小于或等于5%时，称为钙质生石灰。

二、生石灰的熟化与硬化

1. 生石灰的熟化

工地上使用生石灰时，通常将生石灰加水，使之消解为膏状或粉末状的消石灰（熟石灰），这个过程称为生石灰的熟化，又称水化或消化。生石灰熟化的反应式如下：

$$CaO + H_2O \rightarrow Ca(OH)_2 + 64.9kJ$$

生石灰在熟化过程中有两个特点：一是水化热大，即放出大量的热，约为64.9kJ，足可以把鸡蛋烧熟，大量的水蒸气夹杂着熟石灰颗粒腾空而起，这就是人们给石灰块喷水后看到的白雾现象；二是水化过程体积因膨胀而增大，一般增大1.5～3.5倍。

熟化后的生石灰存在两种状态，即熟石灰粉和石灰膏。

（1）熟石灰粉

在工程施工中，生石灰中加入适量的水，经过熟化、陈伏就得到颗粒细小且分散的粉状物（略湿，但不成团），即为熟石灰粉。用水量应以生石灰能充分消解而又熟石灰粉不过湿成团为度。

（2）石灰膏

建筑工程中所用石灰膏是在生石灰中加入大量水（用量为石灰块的2.5～3倍）搅拌成浆，过6 mm孔径的筛网过滤除渣，流入淋灰坑（化灰池）内成为浑浊的石灰乳，经沉淀后分层形成的，上层为水，下层为石灰膏。

为使石灰完全熟化，保证工程质量，石灰膏必须在淋灰坑内保存两周以上，这个过程称为“陈伏”。石灰膏在陈伏期间，应保留上层水，以防石灰碳化。

知识拓展

在工地上，生石灰熟化可采用分层浇水法，每层生石灰块厚 50 cm，或在生石灰堆中插入有孔的水管，缓慢地向内灌水。熟石灰粉在使用以前，也应有类似石灰浆的“陈伏”时间。

2. 石灰的硬化

石灰浆体在空气中的硬化包括两个同时交替进行的过程，即干燥硬化过程和碳化硬化过程。

（1）干燥硬化过程（结晶作用）

石灰浆体中游离水蒸发，氢氧化钙逐渐从饱和溶液中结晶，使浆体产生强度。氢氧化钙的干燥硬化过程主要在内部发生。

（2）碳化硬化过程（碳化作用）

氢氧化钙与空气中二氧化碳化合生成碳酸钙结晶析出，释放水分并蒸发，使浆体产生强度。

石灰浆体硬化后，表面是由两种不同的晶体组成的，时间越长，表面的碳酸钙越厚。碳化作用实际是空气中二氧化碳与水反应生成碳酸，然后与氢氧化钙反应生成碳酸钙。这个过程不能在无水的全干状态下进行。碳化作用在长时间内只限于表面，生成了碳酸钙坚硬的外壳，阻碍内部碳化反应的发展。同时也阻碍了内部水分的蒸发，使得石灰浆体较长时间处于湿润状态，不易硬化，强度、硬度小，收缩大易产生裂缝。因此，一般情况下纯石灰浆不能单独使用。

三、 石灰的特性

1. 可塑性与保水性好

微观下，石灰膏是球形的细小颗粒，且呈高度分散的胶体状态，表面及颗粒间空隙有较多的化合水和游离水，降低了颗粒间的摩擦力。这些特点使石灰膏易于铺摊成均匀的薄层，具有良好的可塑性与保水性。

2. 硬化后体积收缩大且强度低

石灰浆体硬化时，蒸发大量水分，内部毛细管失水收紧，体积收缩大，表面会出现干缩裂缝，故一般不宜单独使用。大量水分蒸发导致硬化后的石灰内产生大量的空隙，密实度减小，强度低。

3. 硬化速度慢且耐水性差

由于熟石灰的碳化作用发生在与空气接触的表层，生成的氢氧化钙膜层较致密，阻碍了空气中二氧化碳渗入和内部水分向外蒸发，导致硬化速度缓慢。由于石灰浆体中大部分是尚未硬化的氢氧化钙，易在水中溃散，故石灰不宜用于潮湿环境。

四、石灰的应用与保管

1. 石灰的应用

石灰的用途很广，经不同加工处理后可得到磨细生石灰粉、消（熟）石灰粉、石灰膏等不同品种的石灰。它们有不同的用途。

（1）制作硅酸盐制品

将块状生石灰磨细成粉状的石灰，可用于制作硅酸盐制品，如灰砂砖、粉煤灰砖、粉煤灰砌块、硅酸盐砌块等。

（2）调制石灰乳

石灰乳是由消石灰粉或熟化好的石灰膏加入大量的水搅拌稀释而成，是廉价易得的涂料，主要用于内墙和顶棚刷白，以增加室内亮度。

（3）配制砂浆

石灰膏和消石灰粉中氢氧化钙颗粒非常小，与水调和后具有很好的可塑性。因此，常用石灰膏或消石灰粉配制成石灰砂浆或水泥石灰混合砂浆，用于砌筑和抹面工程。

（4）拌制灰土和三合土

石灰与黏土按一定比例（2∶8或3∶7）拌合后称为石灰土或灰土，如果再加入砂或炉渣、石屑等，即成为三合土。灰土和三合土在我国已有数千年的应用历史，主要用于建筑物的地基基础和道路工程的基层、垫层。另外，用石灰与粉煤灰、碎石拌制的“三渣”也常用于道路工程。

2. 石灰的保管

生石灰在空气中易吸湿，与水迅速反应，堆放时应注意防潮，运输过程中应有防雨措施。生石灰不应与易燃易爆及液体物品共存及运输，以免发生火灾和引起爆炸，运进工地后应将储存期变为熟化期，立即进行陈伏。

知识拓展

在实际施工过程中，使用石灰时必须掺入填充料。例如，调制石灰浆掺入砂可减少石灰浆的收缩，起骨架作用，更重要的是掺入的砂能在石灰浆内形成连通的毛细孔，使内部的水分蒸发并进一步碳化，以加快硬化，产生并提高其强度。另外，为了避免石灰浆收缩产生裂缝，影响建筑物外观质量，常在石灰浆中加入纤维材料制成石灰麻刀灰、纸筋灰、玻璃纤维灰等。

思考

1. 为什么石灰砂浆不能用来砌筑基础？
2. 石灰在使用时为什么加入玻璃纤维或纸筋？

第二节 石膏

我国石膏资源极其丰富，储量大，分布广。石膏胶凝材料及其制品具有许多优良的性质，在建筑工程中得到广泛的应用。石膏胶凝材料品种很多，建筑上使用较多的是建筑石膏、高强石膏、无水石膏水泥等。

一、 石膏的原材料

1. 生石膏（又称为软石膏）

生石膏通常指天然二水石膏，分子式为 $CaSO_4 \cdot 2H_2O$，是生产建筑石膏最主要的原料。生石膏粉加水不硬化，无胶结力。

2. 化工石膏

化工石膏指含有二水硫酸钙（$CaSO_4 \cdot 2H_2O$）及硫酸钙（$CaSO_4$）混合物的化工副产品，也可作为生产建筑石膏的原料，但性能不及用生石膏制得的建筑石膏。

3. 硬石膏

硬石膏指天然无水石膏，分子式为 $CaSO_4$，不含结晶水，性质与生石膏差别较大，通常用于生产建筑石膏制品或添加剂。

二、 建筑石膏的生产

将主要成分为二水石膏的天然石膏或化工石膏在 107 ~ 170 ℃条件下煅烧脱去部分结晶水制得的半水石膏，称为建筑石膏，又称为熟石膏。建筑工程中应用的石膏胶凝材料主要是建筑石膏。

生石膏在加热过程中，随着温度和压力不同，其产品的性能也随之变化，具体见表 2-1。

表 2-1　石膏生产及性能

产品名称	β 型半水石膏	α 型半水石膏	可溶性硬石膏	慢溶性硬石膏
条件	107 ~ 170 ℃	125 ℃、0.13 MPa	170 ~ 300 ℃	400 ~ 1 000 ℃
特性	晶粒较细，调制一定稠度的浆体时，需水量较大，硬化后强度较低	晶粒较粗，拌制石膏浆体时的需水量较小，硬化后强度较高，故称为高强石膏	凝结速度比半水石膏快，但需水量大，强度低	难溶于水，只有当加入某些激发剂后，才具有水化硬化能力。强度较高，耐磨性能较好。将 $CaSO_4$－Ⅱ与激发剂混磨后得到的产品称为硬石膏水泥

三、 建筑石膏的凝结硬化

建筑石膏与适量水拌和后，与水发生水化反应生成二水硫酸钙的过程称为建筑石膏的凝结硬化，也称为水化。该反应过程如图 2-2 所示。

半水石膏拌水后形成流动的可塑性凝胶体，并开始溶于水中，很快形成饱和溶液，溶液中的半水石膏与水反应生成二水石膏。由于二水石膏在常温下的溶解度仅为半水石膏的五分之一，故二水石膏浆体变稠，进而失去流动性。石膏胶体颗粒将从溶液中析出，并促使一批新的半水石膏溶解和水化，直至半水石膏全部转化为二水石膏。

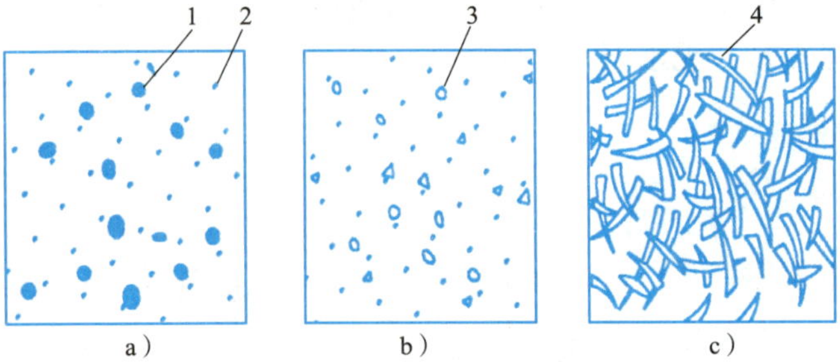

图 2-2　建筑石膏的凝结硬化

a）胶化　b）结晶开始　c）结晶长大与交错

1—半水石膏　2—二水石膏胶体微粒　3—二水石膏晶体　4—交错的晶体

随着水化反应的不断进行，自由水分被水化和蒸发而不断减少，加之生成的二水石膏微粒比半水石膏细，比表面积大，吸附更多的水，可塑性也开始下降，这一过程称为石膏的初凝；又随着二水石膏微粒结晶长大，晶体颗粒逐渐互相搭接、交错、共生，从而产生强度，这一过程称为石膏的硬化。实际上，上述水化和凝结硬化过程是相互交叉而连续进行的。

四、 建筑石膏的主要技术性质

1. 凝结硬化快

建筑石膏加水拌和后 10 min 内便失去塑性而初凝，30 min 内即终凝硬化，并产生强度。由于建筑石膏初凝时间短，不便于施工操作，使用时一般均加入缓凝剂，以延长凝结时间。常用的缓凝剂有经石灰处理的动物胶（掺量 0. 1%～0. 2%）、亚硫酸酒精废液（掺量 1%）、硼砂、柠檬酸、聚乙烯醇等。掺缓凝剂后，石膏制品的强度将有所降低。

2. 表观密度小，强度低

建筑石膏水化的理论需水量只占半水石膏的 18. 6%。在使用建筑石膏的过程中，为使浆体具有足够的流动性，通常加水量可达 50%～60%，导致与水泥相比强度较低，表观密度小。

建筑石膏的强度发展快，一般 7 h 即可达最大值。抗压强度为 8～12 MPa。

3. 体积微膨胀

建筑石膏凝结硬化过程中会产生体积膨胀（约 1%），不像石灰和水泥那样出现体积收缩，可浇注出纹理细致的浮雕花饰，制品表面光滑、体形饱满、无收缩裂纹，特别适用于刷面和制作建筑装饰制品。这是其他胶凝材料所不具有的特性。

4. 颜色洁白，可加彩色

建筑石膏颜色洁白，且杂质含量少，还可加入各种颜料调制成彩色石膏制品，保色性好。

5. 保温性能好

由于石膏制品生产时往往加入过量的水，水分蒸发后形成大量的内部毛细孔，孔隙率达 50%～60%，表观密度小（800～1 000 kg/m^3），导热系数小，故具有良好的保温绝热性能，常用作保温材料，并具有一定的吸声效果。

6. 耐水性差但具有一定的调湿功能

建筑石膏制品的软化系数只有0.2～0.3，不耐水，但由于毛细孔隙较多，比表面积大，当空气过于潮湿时能吸收水分，当空气过于干燥时则能释放水分，从而调节空气的相对湿度。提高石膏耐水性的主要措施有掺加矿渣、粉煤灰等活性混合材料，或者掺加防水剂、进行表面防水处理等。

7. 防火性好

建筑石膏制品的导热系数小，传热慢，比热又大，更重要的是二水石膏遇火脱水，产生的水蒸气能有效阻止火势蔓延，起到防火作用，但脱水后制品强度会下降。

思考

石膏固定护理利用了石膏的哪些性质？

五、 建筑石膏的应用

建筑石膏在土木工程中用作室内抹灰及粉刷、生产建筑装饰制品（见图2-3）和石膏板。

图2-3　建筑装饰制品（吊顶）

1. 室内抹灰及粉刷

以建筑石膏为胶凝材料，加入水和砂子配成石膏砂浆，可用于内墙面抹平。由建筑石膏的特性可知，石膏砂浆具有良好的保温、隔热、隔音、防火性能，能调节室内空气的湿度。由于石膏砂浆不耐水，故不宜在外墙使用。

在建筑石膏中加水和适量外加剂，调制成涂料，可用于涂刷装修内墙面。石膏粉刷后的墙面光洁、细腻、洁白，且透湿透气、凝结硬化快、施工方便、黏结强度高，是良好的内墙涂料。

2. 生产建筑装饰制品

在杂质含量少的建筑石膏（有时称为模型石膏）中加入少量纤维增强材料和建筑胶水等，可以制成各种装饰制品，也可掺入颜料制成彩色制品。

3. 生产石膏板

石膏板是土木工程中使用量最大的一类板材，包括石膏装饰板、空心石膏板、蜂窝板等，常用于装饰吊顶、隔板，具有保温、隔声、防火等功能。

知识拓展

建筑石膏可作为生产某些硅酸盐制品（如粉煤灰砖、炉渣制品等）时的增强剂，也可用作油漆或粘贴墙纸等的基层找平。

运输和储存建筑石膏时要注意防潮，储存期一般不宜超过3个月，否则石膏制品的质量将下降。

六、建筑石膏的技术标准

建筑石膏为粉状胶凝材料，堆积密度为800～1 000 kg/m^3，密度为2.5～2.8 g/cm^3。国家标准《建筑石膏》（GB/T 9776—2022）规定，建筑石膏按照强度、细度和凝结时间划分为优等品、一等品和合格品，见表2-2。其中，各等级建筑石膏的初凝时间均不得小于6 min，终凝时间不得大于30 min。表2-2中所列强度指标为2 h的强度值。

表2-2　建筑石膏的质量指标

技术指标	优等品	一等品	合格品
抗折强度（MPa）	≤2.5	≤2.1	≤1.8
抗压强度（MPa）	≤4.9	≤3.9	2.0～2.9
细度（0.2 mm方孔筛，%）	≤5.0	≤10.0	≤15.0
凝结时间	初凝时间不早于6 min，终凝时间不迟于30 min		

第三节　水玻璃

一、水玻璃的组成和生产

水玻璃俗称泡花碱，能溶于水，是一种由碱金属氧化物和二氧化碳结合而成的硅酸盐材料。水玻璃分为钠水玻璃和钾水玻璃两类，钠水玻璃为硅酸钠水溶液，钾水玻璃为硅酸钾水溶液。土木工程中主要使用钠水玻璃。优质纯净的水玻璃为无色透明的黏稠液体，溶于水，当含有杂质时呈淡黄色或青灰色。

水玻璃主要成分是石英粉（SiO_2）、纯碱（Na_2CO_3）或含硫酸钠的原料，将原料磨细，按比例配合，在玻璃熔炉内加热至1 300～1 400 ℃，熔融而成硅酸钠，冷却后即成固态水玻璃。固态水玻璃在0.3～0.8 MPa的蒸压锅内加热，可溶解为无色、淡黄或青灰色透明、半透明的黏稠液体，即成液态水玻璃。它能溶解于水，并能在空气中凝结、硬化。

钠水玻璃分子式中的n称为水玻璃的模数，代表氧化钠和二氧化硅的分子数比，是非常重要的参数。n值越大，水玻璃的黏性和强度越高，但是在水中的溶解能力却随之下降。我国生产的水玻璃模数一般在2.4～3.3之间。水玻璃在水溶液中的含量（或称浓度）常用密度或者波美度（°B′e）表示。土木工程中常用水玻璃的密度一般为1.36～1.50 g/cm^3，相当于波美度38.4～48.3。密度越大，水玻璃含量越高；黏度越大，水玻璃模数越大。

知识拓展

水玻璃和普通玻璃的区别

水玻璃是将硅酸钠溶于水而制成的，在建材生产中常以液态应用，故又名液体玻璃。它与普通玻璃的区别是既能溶于水，又能在空气中硬化。

二、 水玻璃的凝结固化

水玻璃溶液在空气中吸收二氧化碳，形成二氧化碳凝胶，并逐渐干燥而硬化。上述硬化过程很慢，为加速硬化，可将水玻璃溶液加热或加入硅氟酸钠（Na_2SiF_6）作为促凝剂（硅氟酸钠加入量为水玻璃的12%~15%）。

知识拓展

硅氟酸钠加入量对水玻璃硬化过程的影响

如果硅氟酸钠用量太少，不但水玻璃硬化速度缓慢，强度降低，而且未经反应的水玻璃易溶于水，因而耐水性差。如果硅氟酸钠用量过多，又会引起水玻璃凝结过速，导致施工困难，而且渗透性大，强度也低。

随着碳化反应的进行，水玻璃中硅胶含量增加，接着自由水分蒸发，硅胶脱水成固体二氧化硅而凝结硬化，其特点是速度慢、体积收缩、强度低。

三、 水玻璃的主要技术性质

1. 黏结力和强度较高

水玻璃硬化后的主要成分为硅凝胶和固体，比表面积大，因而具有较高的黏结力。但是，水玻璃自身质量、配合料性能及施工养护对其强度有显著影响。

2. 耐酸性好

水玻璃耐酸性好，除氢氟酸（HF）、热磷酸和高级脂肪酸以外，几乎不与其他无机酸和有机酸反应。

3. 耐热性好

水玻璃硬化后形成的二氧化硅网状骨架在高温下不燃烧、不分解，强度不降低。当采用耐热耐火骨料配制水玻璃砂浆和混凝土时，可耐1 000 ℃高温。因此，水玻璃混凝土的耐热性主要取决于骨料的耐热性。

4. 耐碱性和耐水性差

水玻璃加入硅氟酸钠后仍不能完全硬化，仍有一定量的硅酸钠存在。由于硅酸钠和二氧化硅均可溶于碱，且硅酸钠可溶于水，因此水玻璃硬化后的耐碱性和耐水性都较差。

四、水玻璃的应用

1. 涂刷材料表面，提高抗风化能力

水玻璃溶液涂刷或浸渍材料后，能渗入缝隙和孔隙中，固化的硅凝胶能堵塞毛细孔通道，提高材料的密度和强度，从而提高材料的抗风化能力。

但水玻璃不得用来涂刷或浸渍石膏制品，因为水玻璃可与石膏反应生成硫酸钠（Na_2SO_4），在制品孔隙内结晶膨胀，导致石膏制品开裂破坏。

2. 加固土壤

将水玻璃与氯化钙溶液交替注入土壤中，两种溶液迅速反应生成硅胶和硅酸钙凝胶，起到胶结和填充孔隙的作用，使土壤的强度和承载能力提高。这种性质常用于粉土、砂土和填土的地基加固，称为双液注浆。

3. 配制速凝防水剂

水玻璃可与多种矾配制成速凝防水剂，用于堵漏、填缝等局部抢修。这种多矾防水剂的凝结速度很快，一般为几分钟，其中四矾防水剂的凝结速度不超过1 min，故工地上使用时必须即配即用。

4. 配制耐酸胶凝、耐酸砂浆和耐酸混凝土

水玻璃耐酸胶凝是用水玻璃和耐酸粉料（常用石英粉）配制而成的，与水玻璃耐酸砂浆和水玻璃耐酸混凝土一样，主要用于有耐酸要求的工程，如硫酸池等。

5. 配制耐热胶凝、耐热砂浆和耐热混凝土

水玻璃耐热胶凝主要用于耐火材料的砌筑和修补。水玻璃耐热砂浆和水玻璃耐热混凝土主要用于高炉基础和其他有耐热要求的结构。

6. 用于多种建筑涂料的原料

将液体水玻璃与耐火填料等调成糊状的防火漆，涂于木材表面，可抵抗瞬间火焰。

知识拓展

在金属冶炼、化工等行业，水玻璃、高铝水泥与磷酸盐等可作为结合剂，再添加适量外加剂，构成复合炉衬。

思考练习题

1. 为什么石灰砂浆不能用来砌筑基础？
2. 石灰在使用时为什么加玻璃纤维或纸筋？
3. 简述水玻璃的主要技术性质。
4. 简述建筑石膏的主要技术性质。

第三章　水　泥

学习目标

了解硅酸盐水泥的生产过程、矿物组成及特性。掌握硅酸盐水泥的技术性质、特性及应用。理解水泥石腐蚀的概念和避免方法。掌握掺混合材料的硅酸盐水泥品种、特性及应用。了解其他品种水泥的特点及应用。了解水泥的储存与运输方法。掌握水泥试样的选取及代表批量。

本章首先介绍水泥的生产过程和分类，然后重点讲述硅酸盐水泥的矿物组成、水化反应、凝结硬化的过程、技术性质及应用，并在此基础上介绍普通硅酸盐水泥、矿渣硅酸盐水泥、火山灰质硅酸盐水泥、粉煤灰硅酸盐水泥和复合硅酸盐水泥的性能及应用，最后总结六大水泥的特征、各自适用范围，以及如何结合工程环境特点选用适合的水泥。

第一节　水泥的生产过程和分类

水泥又叫洋灰，顾名思义，它是从国外引进我国的。说它是泥，是指水泥加水拌和后具有可塑造性，可根据个人的意图随意设计成想要的外观，待凝结硬化后成为坚不可摧的水泥石造型。

水泥属于水硬性胶凝材料，它是一种多组分的人造矿物粉料，与水拌和后成为塑性胶体，既能在空气中硬化，也能在水中硬化，并能将砂石等材料凝结成具有一定强度的整体。水泥作为我国经济建设的“三材”（钢材、木材、水泥）之一，大量应用于工业、农业、国防、交通等建设领域，新中国成立以来水泥产量见表 3-1。

表 3-1　新中国成立以来水泥产量

时间	1951—1960 年	1971—1980 年	1985 年	1995 年	1996 年	2000 年	2005 年	2010 年	2012 年	2021 年
产量	300 万 t	1.0 亿 t	2.0 亿 t	4.5 亿 t	4.9 亿 t	5.97 亿 t	10.69 亿 t	18.68 亿 t	21.84 亿 t	23.62 亿 t

一、水泥的分类

水泥的品种很多，按其主要水硬性物质名称可分为硅酸盐系列水泥、铝酸盐水泥、硫铝酸盐水泥等多种系列水泥，本章主要介绍应用最广的硅酸盐系列水泥。

硅酸盐系列水泥按其用途及性能分为三类，即通用水泥、专用水泥、特性水泥。

1. 通用水泥

通用水泥是工业与民用建筑土木工程中应用较为广泛的水泥，它包括六大品种，即硅酸盐水泥、普通硅酸盐水泥、矿渣硅酸盐水泥、火山灰质硅酸盐水泥、粉煤灰硅酸盐水泥和复合硅酸盐水泥。

2. 专用水泥

专用水泥是以所用工程的名称命名的水泥，如油井水泥、道路硅酸盐水泥、砌筑水泥等。

3. 特性水泥

特性水泥是指具有某种突出特性的水泥，如快硬硅酸盐水泥、低热矿渣硅酸盐水泥、膨胀硫铝酸盐水泥等。

二、常用水泥生产过程

生产硅酸盐系列水泥的原料主要是石灰石、黏土和铁矿石，硅酸盐系列水泥的生产工艺流程如图 3-1 所示。

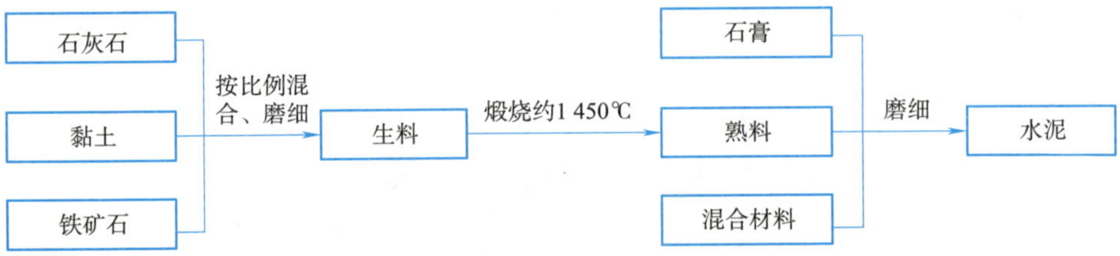

图 3-1　硅酸盐系列水泥的生产流程

硅酸盐系列水泥的生产有三大环节，即生料制备、熟料煅烧和水泥粉磨出厂，这三大环节的主要设备是生料粉磨机、水泥熟料煅烧窑和水泥粉磨机，生产过程通常概括为“两磨一烧”，具体生产环节为：

1. 生料制备

生料制备即将石灰质原料、黏土质原料与少量校正原料破碎后按一定比例配合、磨细，并调配为成分合适、质地均匀的生料。

2. 熟料煅烧

熟料煅烧即将生料放在水泥窑内煅烧至部分熔融，得到以硅酸钙为主要成分的硅酸盐水泥熟料。

3. 水泥粉磨出厂

水泥粉磨出厂即将熟料加入适量石膏、混合材料或添加剂共同磨细为水泥，并包装出厂。

知识拓展

按照生料制备方法不同，硅酸盐水泥的生产方法可分为湿法、干法和半干法三种：

1. 湿法，即生料湿粉磨，制成料浆配制生料，然后在转窑烘干、煅烧。

2. 干法，即生料粉磨、配制均为干燥状态，利用转窑余热预分解生料，然后再进入转窑煅烧。

3. 半干法，即将干法制得的生料粉调配均匀并加适量的水，制成料球再入窑（如立窑、立波尔窑等）煅烧。

三、 水泥中掺加混合材料种类

在生产水泥时，为改善水泥性能、调节水泥标号而加到水泥中去的人工的和天然的矿物材料，称为水泥混合材料。水泥混合材料的作用是改善水泥的性能、增加品种、提高产量、节约熟料、降低成本、扩大水泥的使用范围，可以分为活性混合材料和非活性混合材料。

1. 活性混合材料

加水拌和本身并不硬化，但与石灰、石膏或硅酸盐水泥一起加水拌和后能发生化学反应，生成有一定胶凝性的物质，且具有水硬性，这种混合材料称为活性混合材料，主要成分为二氧化硅、三氧化二铝等。活性混合材料具有火山灰性或潜在水硬性（激发剂一般为熟石灰和石膏）。

常用活性混合材料有以下几种：

（1）粒化高炉矿渣

粒化高炉矿渣的主要化学成分为氧化钙、二氧化硅和三氧化二铝，具有潜在水硬性。

（2）火山灰质混合材料

火山灰质混合材料的主要化学成分为二氧化硅和三氧化二铝，具有火山灰性，有天然和人工两种，天然的有火山灰、凝灰岩、浮石等，人工的有煤矸石渣、烧页岩、烧黏土等。

（3）粉煤灰

粉煤灰的主要化学成分为二氧化硅和三氧化二铝，具有火山灰性。

2. 非活性混合材料（填充性混合材料）

非活性混合材料是不具活性或活性甚低的人工或天然的矿物质材料，经磨细后，掺入水泥中不起化学作用或化学作用很弱，仅起提高产量、降低水泥强度、减小水化热等作用，主要有磨细的石英砂、石灰石、黏土、慢冷矿渣、炉渣等。不符合技术要求的活性混合材料可作为非活性混合材料。

在水泥熟料、适量石膏中掺入不同种类、数量的适当混合材料，可制成六大品种的水泥，即硅酸盐水泥、普通硅酸盐水泥、矿渣硅酸盐水泥、火山灰质硅酸盐水泥、粉煤灰硅酸盐水泥、复合硅酸盐水泥。六大品种水泥成分表见表3-2。

表 3-2　六大品种水泥成分表

水泥种类	硅酸盐水泥	普通硅酸盐水泥	矿渣硅酸盐水泥	火山灰质硅酸盐水泥	粉煤灰硅酸盐水泥	复合硅酸盐水泥
成分及掺量	以硅酸钙为主要成分，掺5%以下的石灰石或粒化高炉矿渣，并加适量石膏	由硅酸盐水泥熟料、5%～20%的混合材料及适量石膏组成	由硅酸盐水泥熟料、20%～50%的粒化高炉矿渣和适量石膏组成	由硅酸盐水泥熟料、20%～40%的火山灰质混合材料和适量石膏组成	由硅酸盐水泥熟料、20%～40%的粉煤灰和适量石膏组成	由硅酸盐水泥熟料、20%～50%的两种或两种以上混合材料和适量石膏组成

第二节　通用水泥

通用水泥包括六大品种，即硅酸盐水泥、普通硅酸盐水泥、矿渣硅酸盐水泥、火山灰质硅酸盐水泥、粉煤灰硅酸盐水泥和复合硅酸盐水泥。

一、硅酸盐水泥

凡由硅酸盐水泥熟料、5%以下石灰石或粒化高炉矿渣、适量石膏磨细制成的水硬性胶凝材料，称为硅酸盐水泥（即国外通称的波特兰水泥）。根据是否掺入混合材料，可将硅酸盐水泥分为两种类型，不掺加混合材料的称为Ⅰ型硅酸盐水泥，代号为P·Ⅰ；在硅酸盐水泥粉磨时掺加不超过水泥质量5%的石灰石或粒化高炉矿渣混合材料的称为Ⅱ型硅酸盐水泥，代号为P·Ⅱ。

1. 硅酸盐水泥水化与凝结硬化过程

（1）硅酸盐水泥的水化

工程中使用水泥时，首先要用水拌和，水泥颗粒与水接触，其表面的熟料矿物即与水发生化学反应并放出一定热量，这个过程称为水化反应。在水化反应进行的同时，水泥熟料磨细时掺入的石膏也参加了化学反应。

硅酸盐水泥加水拌和后，熟料矿物与水发生水化作用，生成各种水化产物，水化产物又会同水泥中的其他组分发生作用，形成新的水化物。因此，水泥的水化作用比各熟料矿物单独水化时要复杂。硅酸盐水泥在实际使用中的水化作用是在少量水中进行的，一般加水量为30%～60%，硅酸三钙和硅酸二钙水化生成的水化硅酸钙不溶于水，以胶体微粒析出，并逐渐凝聚成凝胶体（C－S－H）；生成的氢氧化钙使溶液很快达到饱和或过饱和。另外，水泥中所掺加的石膏也同时发生溶解。因此，水泥的水化作用实质上是在石灰和石膏的溶液中进行的。其水化后生成的主要产物有氢氧化钙、C－S－H凝胶、水化硫铝酸钙和水化铁酸钙。这些水化产物中，C－S－H凝胶为纤维状薄片，从各熟料颗粒上向外伸展出去，逐渐形成连续的网状结构，与水化硫铝（铁）酸钙、氢氧化钙等晶体互相穿插，填充在水泥颗粒空间，增加它们之间的黏结力，使水泥强度不断提高。

知识拓展

硅酸盐水泥熟料由四种矿物成分构成，其名称及含量见表 3-3。

表 3-3　硅酸盐水泥熟料的矿物成分及含量

矿物成分	分子式	缩写	含量
硅酸三钙	$3CaO \cdot SiO_2$	C_3S	37%～60%
硅酸二钙	$2CaO \cdot SiO_2$	C_2S	15%～37%
铝酸三钙	$3CaO \cdot Al_2O_3$	C_3A	7%～15%
铁铝酸四钙	$4CaO \cdot Al_2O_3 \cdot Fe_2O_3$	C_4AF	10%～18%

注：硅酸钙（$C_3S + C_2S$）含量为 75%～82%，$C_3A + C_4AF$ 含量为 18%～25%。

（2）硅酸盐水泥的凝结硬化

水泥加水拌和，成为可塑性水泥浆，水泥浆逐渐变稠失去塑性，但尚不具有强度的过程称为水泥的凝结。随后，水泥产生明显的强度并逐渐变成坚硬的人造石——水泥石。这一过程称为水泥的硬化。凝结和硬化是人为划分的，实际上是一个连续、复杂的物理、化学变化过程。

自 1882 年雷・查特理首先提出水泥凝结硬化理论以来，该理论已经有了很大发展。

当水泥遇水后，在水泥颗粒表面即发生水化反应，水化产物立即溶于水中。这时，水泥颗粒又暴露出一层新的表面，水化反应继续进行。由于各种产物溶解度很小，水化产物的生成速度大于水化产物向溶液中扩散的速度，所以很快使水泥颗粒周围溶液中的水化产物浓度达到饱和或过饱和状态，并从溶液中析出，成为高度分散的凝胶体。随着水化作用继续进行，凝胶体不断增加，游离水分不断减少，水泥将逐渐失去塑性，即出现凝结现象，但此时尚不具有强度。

随着水化产物的不断增加，水泥颗粒之间的毛细孔不断被填实，加之水化产物中的氢氧化钙晶体、水化铝酸钙晶体不断贯穿于水化硅酸钙等凝胶之中，逐渐形成了具有一定强度的水泥石，从而进入了硬化阶段。水化产物的进一步增加，水分的不断丧失，使水泥石的强度不断提升。实际上，水泥的水化过程很慢，较粗水泥颗粒的内部很难完全水化。因此，硬化后的水泥石是由晶体、胶体、未完全水化颗粒、游离水及气孔等组成的不均质体。

2. 影响硅酸盐水泥凝结硬化的因素

（1）矿物组成

水泥的矿物组成是影响水泥凝结硬化的最重要的内在因素。不同矿物成分单独和水起反应时所表现出来的特点是不同的。例如，铝酸三钙水化速度最快，放热量最大，早期强度高而后期强度一般；硅酸二钙水化速度较慢，放热量最少，早期强度低，后期强度增长迅速。因此，改变水泥的矿物组成，其凝结硬化将产生明显变化。

（2）石膏

石膏是作为延缓水泥凝结时间的组分而掺入水泥的。实践表明：不掺石膏时，铝酸三钙的迅速水化将导致水泥急速凝结，使水泥不能正常使用。石膏起缓凝作用的机理可解释为：水泥水化时，石膏能很快与铝酸三钙作用生成水化硫铝酸钙（即钙矾石），钙矾石很难溶于水，它沉淀在水泥颗粒表面上形成保护膜，从而阻碍了铝酸三钙的水化反应，控制了水泥的水化速度，延缓了凝结时间。

（3）水泥细度

在矿物组成相同的条件下，水泥的细度越细，与水接触时水化反应表面积越大，水化反应产物增长越快，凝结硬化速度越快，水化热越多。

（4）环境温度、湿度

提高环境温度可以使水泥水化反应加速，强度增长加快；相反，环境温度降低，则水化反应减慢，强度增长变缓。温度为零度以下，水泥的水化反应基本停止，强度不仅不增长，甚至会因水结冰而导致水泥石结构破坏。实际工程中，常通过蒸汽养护加速水泥制品的凝结硬化过程，但高温养护往往导致水泥后期强度增长缓慢，甚至下降。水的存在是水泥水化反应的必备条件。当环境较干燥时，水泥中的水分将很快蒸发，导致水泥不能充分水化，硬化也将停止；反之，水泥的水化将得以充分进行，强度增长正常。所以，水泥混凝土在浇筑后的一段时间里，应特别注意保温保湿养护。

（5）龄期

龄期指水泥在正常养护条件下所经历的时间。水泥的凝结、硬化是随龄期的增长而渐进的过程，在适宜的温、湿度环境中，水泥的强度是随龄期增长而增加的。在水泥水化作用的最初几天内，强度增长最为迅速，如水化 7 d 的强度可达到 28 d 强度的 70% 左右，28 d 以后的强度增长明显减缓，如图 3-2 所示。

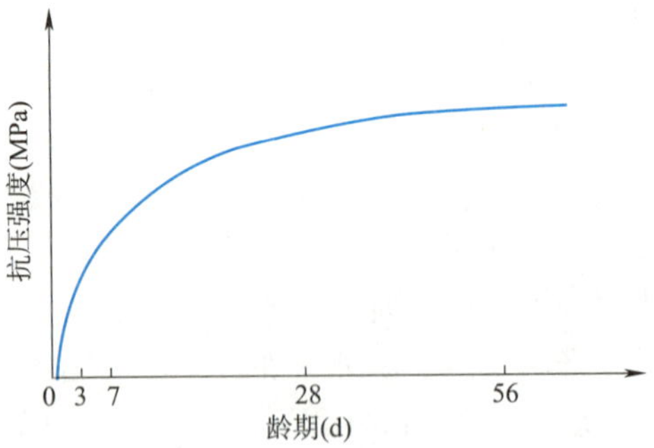

图 3-2　硅酸盐水泥强度发展与龄期的关系

水泥的凝结、硬化除与上述主要因素有关外，还与水泥的存放时间、受潮程度及掺入的外加剂种类等因素有关。

3. 水泥石的腐蚀与防护方法

在通常条件下，硅酸盐水泥硬化后有较好的耐久性。当水泥石长时间处于侵蚀性介质（如流动的淡水、酸和酸性水、硫酸盐和镁盐溶液、强碱等）中时，会逐渐受到侵蚀，变得疏松，导致强度降低甚至造成建筑物结构破坏，这种现象称为水泥石腐蚀。

（1）典型的腐蚀作用

引起水泥石腐蚀的原因很多，也很复杂，下面介绍几种典型的腐蚀作用。

1）淡水腐蚀。水泥石对于一般江、河、湖水和地下水等硬水具有足够的抵抗能力，尤其是在不流动的水中，水泥石不会受到明显侵蚀，但在冷凝水、雨水等流动性淡水作用下，氢氧化钙成分会加速其溶解，致使水泥石孔隙增大，强度降低，逐渐被破坏。

2）酸性腐蚀。在工业废水、地下水、沼泽中常含有不同种类的酸，这些酸与水泥石中的氢氧化钙作用，生成的化合物有的易溶于水，有的体积膨胀，使水泥石受到腐蚀导致破坏。

3）硫酸盐腐蚀。海水、地下水或某些工业废水中常含有硫酸钠、硫酸钾、硫酸铵等硫酸盐，它们与水泥石中的氢氧化钙起置换作用，在水泥石的孔隙中形成石膏，石膏进一步与水泥石中的水化铝酸钙作用，生成针状结晶的水化硫铝酸钙，体积增大2～2.5倍，从而对水泥石产生巨大的破坏作用。因水化硫铝酸钙的针状结晶与细菌中的杆菌外形相似，所以称为“水泥杆菌”。

除上述腐蚀类型外，对水泥石有腐蚀作用的还有一些其他物质，如糖、动物脂肪、含环烷酸的石油产品等。

（2）水泥石腐蚀的主要原因

实际上，水泥石的腐蚀是一个极为复杂的物理化学作用过程，腐蚀过程中很少仅有单一的侵蚀作用，往往是几种侵蚀作用同时存在，互相影响。产生水泥石腐蚀的主要原因有如下几个方面。

1）水泥石中存在能引起腐蚀的成分，如氢氧化钙和水化铝酸钙。

2）水泥石本身不密实，有很多毛细孔通道，侵蚀性介质容易侵蚀其内部。

3）腐蚀与通道的相互作用。

知识拓展

干的固体化合物对水泥石不起侵蚀作用，腐蚀性化合物必须呈溶液状态，而且浓度应在某一最小值以上。促使化学腐蚀发生的因素是较高的温度、较快的流速、干湿交替和出现钢筋的锈蚀。

（3）防止水泥石腐蚀的措施

根据以上对水泥石腐蚀原因的分析，使用水泥时，可采取以下防止水泥石腐蚀的措施：

1）根据侵蚀环境特点，合理选用水泥品种。例如，采用水化产物中氢氧化钙含量较少的水泥，可减小软水的侵蚀作用：掺入活性混合材料，可提高硅酸盐水泥对多种介质的抗腐蚀性。

2）提高水泥石的密实度。例如，硅酸盐水泥水化只需水（化学结合水）20%左右（占水泥质量的百分数），而实际用水量较大（占水泥质量的40%～70%），多余的水分蒸发后在水泥石中形成连通的空隙，腐蚀介质就容易透入水泥石内部，加快水泥石的腐蚀。降低硅酸盐水泥水化的用水量，可以提高水泥石的密实度，防止水泥腐蚀。

3）加做保护层。当侵蚀作用较强时，可在混凝土及砂浆表面加上耐腐蚀性高而且不透水的保护层，一般可用耐酸陶瓷、耐酸石料、玻璃、塑料、沥青等。

4. 硅酸盐水泥的特性与应用

硅酸盐水泥的特性与针对不同特性的应用具体如下：

（1）快凝快硬高强。与硅酸盐系列的其他品种水泥相比，硅酸盐水泥凝结（终凝）快、早期强度（3 d）高、强度等级高（低为42.5，高为62.5），特别适合早期强度要求高的工程、重要结构的高强混凝土和预应力混凝土工程。

（2）抗冻性好。由于硅酸盐水泥未掺或掺很少量的混合材料，故其抗冻性好，适用于严寒地区遭受反复冻融的工程及干湿交替的工程部位。

（3）抗腐蚀性差。硅酸盐水泥水化产物中有较多的氢氧化钙和水化铝酸钙，耐软水及耐化学腐蚀能力差，不宜用于受流动水、压力水、酸类和硫酸盐类侵蚀的工程。

（4）碱度高，抗碳化能力强。碳化是指水泥石中的氢氧化钙与空气中的二氧化碳反应生成碳酸钙的过程。碳化对水泥石（或混凝土）本身是有利的，但会使水泥石（或混凝土）内部碱度降低，从而失去对钢筋的保护作用。因此，硅酸盐水泥特别适用于重要结构的钢筋混凝土结构和预应力混凝土工程。

（5）水化热大。硅酸盐水泥中含有大量的铝酸三钙、硅酸三钙，在水泥水化时，放热速度快且放热量大，用于冬期施工则可避免冻害影响，但如无可靠的降温措施，不宜用于大体积混凝土工程。

（6）耐热性差。硅酸盐水泥中的一些重要成分在250 ℃时会发生脱水或分解，使水泥石强度下降，当受热700 ℃以上时，这些成分将被破坏，故不宜单独用于高温环境的工程。

（7）耐磨性好。硅酸盐水泥强度高，耐磨性好。

二、其他类型通用水泥

1. 普通硅酸盐水泥（代号P·O）

（1）掺量

普通硅酸盐水泥是在硅酸盐水泥熟料中掺入5%~20%的混合材料及适量石膏，经磨细后得到的普通水泥。

（2）特性

普通硅酸盐水泥的早强能力略低于硅酸盐水泥，耐冻、耐磨能力低于硅酸盐水泥，其他特性与硅酸盐水泥差不多，耐腐蚀能力略优于硅酸盐水泥。

（3）强度等级

普通硅酸盐水泥分42.5、42.5R、52.5、52.5R四个强度等级，其中代号R表示早强型水泥。

普通硅酸盐水泥中绝大部分仍为硅酸盐水泥熟料，其性质与硅酸盐水泥相近。但由于掺入了少量混合材料，与硅酸盐水泥相比，早期硬化速度稍慢，抗冻性与耐磨性能也略差。普通硅酸盐水泥的使用范围与硅酸盐水泥也相同，广泛用于各种混凝土或钢筋混凝土工程。

2. 矿渣硅酸盐水泥（代号P·S）

矿渣硅酸盐水泥（也称矿渣水泥）是由硅酸盐水泥熟料、粒化高炉矿渣和适量石膏磨细制成的水硬性胶凝材料。粒化高炉矿渣掺量为20%~50%。

3. 火山灰质硅酸盐水泥（代号P·P）

火山灰质硅酸盐水泥（也称火山灰水泥）是由硅酸盐水泥熟料和火山灰质混合材料、适量石膏磨细制成的水硬性胶凝材料。火山灰质混合材料掺量为20%~40%。

4. 粉煤灰硅酸盐水泥（代号P·F）

粉煤灰硅酸盐水泥（也称粉煤灰水泥）是由硅酸盐水泥熟料和粉煤灰、适量石膏磨细制成的水硬性胶凝材料。粉煤灰掺量为20%~40%。

粉煤灰水泥的凝结硬化过程与火山灰水泥极为相似，但有其自身的特点，如干缩性较小、抗裂性好、配制的混凝土和易性较好。

5. 复合硅酸盐水泥（P·C）

复合硅酸盐水泥是由硅酸盐水泥、两种或两种以上规定的混合材料、适量石膏磨细制成的水硬性胶凝材料，其特性与所掺混合材料的种类、掺量以及相对比例有密切关系。总体上，复合硅酸盐水泥的特性与矿渣硅酸盐水泥、火山灰质硅酸盐水泥、粉煤灰硅酸盐水泥有不同程度的相似之处。

三、通用水泥的特性

1. 密度

普通水泥密度为3 100~3 200 kg/m^3，容重通常采用1 300~1 600 kg/m^3。

2. 细度

细度是指水泥颗粒的粗细程度，对水泥的性质有很大影响。颗粒越细，水泥水化反应越快而且较完全，早期强度和后期强度都较高，但在空气中的硬化收缩较大，成本也较高。颗粒过粗则不利于水泥活性的发挥。水泥颗粒粒径一般在7~200 μm（0.007~0.2 mm）范围内。

水泥的细度可用筛分法和比表面积法检验，硅酸盐水泥和普通硅酸盐水泥的细度以比表面积表示，要求不低于300 m^2/kg；矿渣硅酸盐水泥、粉煤灰硅酸盐水泥、火山灰质硅酸盐水泥和复合硅酸盐水泥的细度以筛余表示，其80 μm方孔筛筛余不大于10%或45 μm方孔筛筛余不大于30%。筛分法试验详见本章试验部分。

3. 凝结时间

水泥的凝结时间分为初凝时间和终凝时间，对施工有重要意义。初凝时间是指水泥从加水拌和成标准稠度起，到开始失去可塑性所需的时间，已经初凝的水泥，塑性大为降低。终凝时间是指水泥从加水到完全失去可塑性并开始产生强度所需的时间。为使混凝土和砂浆有充分的时间进行搅拌、运输、浇捣和砌筑，通常要求水泥的初凝时间不宜过早。施工完毕后，则要求水泥尽快硬化，具有强度，故终凝时间不能太长。

国家标准规定水泥的凝结时间是以标准稠度的水泥净浆，在规定高温及湿度环境下用水泥净浆凝结时间测定仪测定。硅酸盐水泥初凝时间不得早于45 min，终凝时间不得迟于390 min；普通硅酸盐水泥、矿渣硅酸盐水泥、火山灰质硅酸盐水泥、粉煤灰硅酸盐水泥、复合硅酸盐水泥初凝时间不得早于45 min，终凝时间不得迟于600 min。

水泥凝结时间的影响因素主要有以下几个方面：

（1）水泥熟料中铝酸三钙的含量过高、石膏掺量不足，都会使水泥快凝。

（2）水泥的细度越细，水化作用越快，凝结越快。

（3）水泥的水灰比越小，凝结时的温度越高，凝结越快。

（4）混合材料掺量过大、水泥过粗等都会使水泥凝结缓慢。

4. 强度与强度等级

强度是水泥的重要技术指标，也是划分水泥强度等级的依据。强度是根据按国家标准强度检验方法测得的规定龄期的抗折强度和抗压强度确定的。具体而言，即把水泥和标准砂以1∶3的比例，水灰比为0.5，按规定方法制成40 mm×40 mm×160 mm的水泥砂浆试件，带模在湿空气中养护24 h，脱模后放入温度为（20±1）℃的水中，到规定龄期后，测其抗压、抗折强度来确定水泥的强度。数值越大，强度越高。

根据测定结果，将硅酸盐水泥分为42.5、42.5R、52.5、52.5R、62.5、62.5R六个强度等级，其中代号R表示早强型水泥。各强度等级、各类型硅酸盐水泥的各龄期强度不得低于表3-4中的数值。

5. 体积安定性

体积安定性简称安定性，是指水泥在硬化过程中体积变化的均匀性。事实上，水泥遇水后，在凝结硬化的过程中，体积必然要发生变化，但变化不能太大并应保持均匀，否则会使水泥制品产生膨胀性裂缝，甚至使构件破坏，引起严重的事故。

体积安定性不良的原因一般是熟料中所含游离氧化钙或游离氧化镁过多。熟料中所含游离氧化钙和游离氧化镁都是过烧的，水化很慢，往往在水泥硬化后才开始水化，这些氧化物水化时体积会膨胀，使水泥石开裂。体积安定性不良的原因也可能是掺入石膏过多。当石膏掺量过多时，水泥硬化后，石膏和水化铝酸钙反应生成水化硫铝酸钙，使体积膨胀，也能引起水泥石的开裂。体积安定性是水泥在施工中保证质量的一项重要技术指标，国家标准规定：体积安定性不合格的水泥是废品水泥，不得使用；水泥安定性用沸煮法检验必须合格，详见本章试验部分。

6. 水化热

水化热是指水泥在水化过程中放出的热量。水化放热量与放热的快慢不仅决定于水泥中矿物质的种类和含量，还与水泥的细度、水泥中掺混合材料及外加剂的品种、数量等有关。水泥中矿物质进行水化时，铝酸三钙放热量最大，速度也快，硅酸三钙放热量稍低，硅酸二钙放热量最低，速度也慢。细度大的水泥水化时放热量较多，放热速度也较快。

知识拓展

水泥的水化热对施工的影响

对于小断面、小体积混凝土构件的低温施工，水化热可加快其硬化速度。但对于水坝、大型基础等大体积混凝土工程，则由于水化热积聚在内部不易散发、内部温度上升过高，致使混凝土产生内应力而开裂或破坏。因此，在大体积混凝土工程中，为降低水泥的放热量，宜采用低热水泥，也可采用掺粉煤灰等掺合料或各种特殊的冷却方法，使内部温度不致上升过高。

7. 碱含量

碱含量是指水泥中氧化钠（Na_2O）和氧化钾（K_2O）的含量。国家标准规定：若使用活性骨料，用户提供低碱水泥时，水泥中碱含量（按 $Na_2O+0.658K_2O$ 计算）不应大于0.60%或由供需双方协商。

凡凝结时间、体积安定性、强度、不溶物含量、氧化镁含量、三氧化硫含量、氯离子含量中的任一项指标不符合标准规定时，均为不合格品。

为了保证水泥和水泥制品的易用性，国家标准规定了水泥的主要技术指标，用户在选购水泥时应对这些技术指标有所了解，详见表3-4。

表 3-4 水泥的主要技术指标

<table>
<tr><th colspan="2">项目</th><th colspan="2">硅酸盐水泥</th><th colspan="2">普通
硅酸盐水泥</th><th colspan="2">矿渣硅酸盐水泥、
火山灰质硅酸盐水泥、
粉煤灰硅酸盐水泥</th><th colspan="2">复合
硅酸盐水泥</th></tr>
<tr><td colspan="2">细度</td><td colspan="4">比表面积不小于 300 m²/kg</td><td colspan="4">80 μm 方孔筛筛余不大于 10% 或
45 μm 方孔筛筛余不大于 30%</td></tr>
<tr><td rowspan="2">凝结时间</td><td>初凝</td><td colspan="8">≥45 min</td></tr>
<tr><td>终凝</td><td colspan="2">≤390 min</td><td colspan="6">≤600 min</td></tr>
<tr><td rowspan="3">体积安定性</td><td>安定性</td><td colspan="8">沸煮法必须合格（若沸煮法和雷氏法有争议，以雷氏法为准）</td></tr>
<tr><td>氧化镁</td><td colspan="8">≤6%</td></tr>
<tr><td>三氧化硫</td><td colspan="8">≤3.5%(矿渣硅酸盐水泥≤4.0%)</td></tr>
<tr><td>强度等级</td><td>龄期</td><td>抗压强度（MPa）</td><td>抗折强度（MPa）</td><td>抗压强度（MPa）</td><td>抗折强度（MPa）</td><td>抗压强度（MPa）</td><td>抗折强度（MPa）</td><td>抗压强度（MPa）</td><td>抗折强度（MPa）</td></tr>
<tr><td>32.5</td><td>3 d
28 d</td><td>—</td><td>—</td><td>—</td><td>—</td><td>≥10.0
≥32.5</td><td>≥2.5
≥5.5</td><td>—</td><td>—</td></tr>
<tr><td>32.5R</td><td>3 d
28 d</td><td>—</td><td>—</td><td>—</td><td>—</td><td>≥15.0
≥32.5</td><td>≥3.5
≥5.5</td><td>—</td><td>—</td></tr>
</table>

续表

强度等级	龄期	抗压强度（MPa）	抗折强度（MPa）	抗压强度（MPa）	抗折强度（MPa）	抗压强度（MPa）	抗折强度（MPa）	抗压强度（MPa）	抗折强度（MPa）
42.5	3 d	≥17.0	≥3.5	≥17.0	≥3.5	≥15.0	≥3.5	≥15.0	≥3.5
	28 d	≥42.5	≥6.5	≥42.5	≥6.5	≥42.5	≥6.5	≥42.5	≥6.5
42.5R	3 d	≥22.0	≥4.0	≥22.0	≥4.0	≥19.0	≥4.0	≥19.0	≥4.0
	28 d	≥42.5	≥6.5	≥42.5	≥6.5	≥42.5	≥6.5	≥42.5	≥6.5
52.5	3 d	≥23.0	≥4.0	≥23.0	≥4.0	≥21.0	≥4.0	≥21.0	≥4.0
	28 d	≥52.5	≥7.0	≥52.5	≥7.0	≥52.5	≥7.0	≥52.5	≥7.0
52.5R	3 d	≥27.0	≥5.0	≥27.0	≥5.0	≥23.0	≥4.5	≥23.0	≥4.5
	28 d	≥52.5	≥7.0	≥52.5	≥7.0	≥52.5	≥7.0	≥52.5	≥7.0
62.5	3 d	≥28.0	≥5.0	—	—	—	—	—	—
	28 d	≥62.5	≥8.0						
62.5R	3 d	≥32.0	≥5.5	—	—	—	—	—	—
	28 d	≥62.5	≥8.0						
碱含量	用户要求低碱水泥时，按 $Na_2O+0.685K_2O$ 计算的碱含量不得大于 0.60%，或由供需双方商定								

四、 水泥的储存与保管

水泥很容易吸收空气中的水分，发生水化作用凝结成块状，从而失去胶结能力。因此，水泥在运输和保管过程中应特别注意防水、防潮。

运输和储存水泥要按不同品种、强度等级及出厂日期存放，并加以标识。散装水泥应分库存放；袋装水泥一般堆放高度不应超过 10 袋，平均每平方米堆放量不超过 1 t，并应考虑先存先用；即使在良好的储存条件下，水泥也不可储存过久，因为水泥会吸收空气中的水分和二氧化碳，使颗粒表面水化甚至碳化，丧失胶结能力，强度大大降低。

一般储存条件下，3 个月后，水泥强度降低 10%～20%，6 个月后，降低15%～30%，一年后，降低25%～40%。因此，使用存放3 个月以上的水泥时，必须重新检验其强度，否则不得使用。受潮水泥的处理方法和使用范围见表 3-5。

表 3-5　受潮水泥的处理方法和使用范围

受潮程度	处理方法	使用范围
有松块、小球，可以捏成粉末，但无硬块	将松块、小球等压成粉末，使用时加强搅拌	试验后根据实际强度使用
部分结成硬块	去除硬块，并将松块压碎	1. 试验后根据实际强度使用 2. 用于不重要、受力较小的部位 3. 用于砌筑砂浆
硬块	将硬块压成粉末，掺入 25% 硬块质量的新鲜水泥做强度试验	试验后根据实际强度使用

第三节 其他品种水泥

在土木工程中，除了前面介绍的通用水泥外，还需使用一些特殊水泥和专用水泥。本节介绍快硬水泥、高铝水泥、膨胀水泥和装饰水泥。

一、快硬水泥

快硬水泥是以硅酸盐水泥熟料和适量石膏磨细制成，以 3 d 抗压强度表示强度的水硬性胶凝材料。

快硬水泥的制造方法与硅酸盐水泥基本相同，主要依靠调节矿物质组成及控制生产措施，使制得成品的性质符合要求。

快硬水泥熟料中硬化最快的矿物成分是硅酸三钙和铝酸三钙。制造快硬水泥时，可适当提高它们的含量，通常铝酸三钙为 50%～60%，硅酸三钙为 8%～14%。为加快硬化进度，可适当增加石膏的掺量和提高水泥的细度。

国家标准对快硬水泥作出如下规定：细度方面，0. 08 mm 方孔筛筛余量不得超过 10%；凝结时间安定性与硅酸盐水泥相同；强度方面，各龄期强度数值不得低于表 3-6 中的数值。

表 3-6　快硬硅酸盐水泥各龄期强度要求　MPa

强度等级	抗压强度			抗折强度		
	1 d	3 d	28 d	1 d	3 d	28 d
32. 5	15. 0	32. 5	52. 5	3. 5	5. 0	7. 2
37. 5	17. 0	37. 5	57. 5	4. 0	6. 0	7. 6
42. 5	19. 0	42. 5	62. 5	4. 5	6. 4	8. 0

快硬水泥的使用已日益广泛，主要用于早期强度高的工程、紧急抢修工程、抗冲击及抗震性工程、冬季施工工程，以及制作混凝土和预应力混凝土预制构件。

二、高铝水泥

高铝水泥是以铝酸钙为主，以氧化铝含量约 50% 的熟料磨制的水硬性胶凝材料。高铝水泥的强度以按国家标准规定的强度检验方法测得的 3 d 抗压强度表示。

国家标准对高铝水泥作出如下规定：细度方面，0. 080 mm 方孔筛筛余不得超过 10%；凝结时间方面，初凝时间不得早于 40 min，终凝时间不得迟于 10 h；强度方面，各龄期强度数值不得低于表 3-7 中的数值。

表 3-7　高铝水泥各龄期强度　MPa

强度等级	抗压强度		抗折强度	
	1 d	3 d	1 d	3 d
42. 5	36. 0	42. 5	4. 0	4. 5

续表

强度等级	抗压强度		抗折强度	
	1 d	3 d	1 d	3 d
52.5	46.0	52.5	5.0	5.5
62.5	56.0	62.5	6.0	6.5
72.5	66.0	72.5	7.0	7.5

高铝水泥具有快凝、早强、高强、耐热性好和耐硫酸盐腐蚀性好等特点，可用于紧急军事工程、抢修工程、冬季施工工程，以及配制耐热混凝土及耐硫酸盐混凝土。但是，高铝水泥的水化热大、耐碱性差、长期强度会降低，使用时应注意。

高铝水泥施工过程中应注意以下事项：

1. 一般不得与硅酸盐水泥、石灰等能析出氢氧化钙的胶凝物质混合，使用前拌和设备等必须冲洗干净。

2. 不得用于接触强碱性溶液的工程。

3. 高铝水泥水化热集中于早期释放，从硬化开始应立即浇水养护，一般不宜浇注大体积混凝土结构。

4. 高铝水泥混凝土后期强度下降较大，应按最低稳定强度值设计。高铝水泥混凝土最低稳定强度值以试体脱模后放入（50±2）℃水中养护，取龄期为7 d和14 d强度值中低者来确定。

5. 用蒸汽养护加速混凝土硬化时，养护温度不高于50 ℃。

6. 用于钢筋混凝土时，钢筋保护层的厚度不得小于30 mm。

7. 未经试验，不得加入任何外加物。

8. 不得与未硬化的硅酸盐水泥混凝土接触使用；可以与具有脱模强度的硅酸盐水泥混凝土接触使用，但接茬处不应长期处于潮湿状态。

三、膨胀水泥

前述各种水泥的共同点是在硬化过程中产生一定的收缩，可能造成裂缝、透水，不宜用于某些工程。膨胀水泥的不同之处是在硬化过程中不但不收缩，而且有一定程度的膨胀，可以克服或改善普通水泥混凝土的上述缺点。

膨胀水泥可分为以下四种：

1. 硅酸盐膨胀水泥：以硅酸盐水泥为主，外加高铝水泥和石膏配制而成。

2. 铝酸盐膨胀水泥：以高铝水泥为主，外加石膏配制而成。

3. 硫铝酸盐膨胀水泥：以无水硫铝酸钙和硅酸二钙为主要成分，外加石膏配制而成。

4. 铁铝酸钙膨胀水泥：以铁相、无水硫铝酸钙和硅酸二钙为主要成分，外加石膏配制而成。

它们的膨胀都源于水泥石中所形成的钙矾石的膨胀。通过调整各种组分的比例，就可得到不同膨胀值的水泥。

知识拓展

膨胀水泥的膨胀会在限制条件下使水泥混凝土产生压应力，即所谓的自应力。按自应力的大小，膨胀水泥可分为两种：自应力值大于等于2.0 MPa时，称为自应力水泥；自应力值小于2.0 MPa（通常约为0.5 MPa），则称为膨胀水泥。自应力水泥适用于制造自应力钢筋混凝土压力管及其配件。

四、装饰水泥

装饰水泥常用于装饰建筑物的内外表层，特点是施工简单，造型方便，容易维修，价格便宜，主要包括白色硅酸盐水泥和彩色硅酸盐水泥。

1. 白色硅酸盐水泥

白色硅酸盐水泥以硅酸钙为主要成分，加少量铁质熟料及适量石膏磨细而成。

2. 彩色硅酸盐水泥

彩色硅酸盐水泥以白色硅酸盐水泥熟料和优质白色石膏为主要成分，掺入颜料、外加剂共同磨细而成。常用的颜料有氧化铁（红、黄、褐、黑）、二氧化锰（褐、黑）、氧化铬（绿）、钴蓝（蓝）、群青蓝（靛蓝）、孔雀蓝（海蓝）、炭黑（黑）等。

装饰水泥与硅酸盐水泥相似，国家标准规定：白色硅酸盐水泥分为32.5、42.5、52.5三个强度等级；按白度分为1级和2级两个级别。白色硅酸盐水泥的初凝时间不得早于45 min，终凝时间不得迟于12 h，对细度、沸煮安定性和三氧化硫含量的要求与普通硅酸盐水泥相同。熟料中氧化镁含量不得超过4.5%。白色硅酸盐水泥的施工及养护要求与普通硅酸盐水泥相同，但比较容易污染，器械工具必须干净。

第四节 常用水泥的选用原则

表3-8中所列的六种水泥是我国广泛使用的水泥，在混凝土结构工程中，这些水泥的成分、特性和适用范围参见表3-8，选用见表3-9。

表3-8 六种常用水泥的成分、特性和适用范围

品种	硅酸盐水泥	普通硅酸盐水泥	矿渣硅酸盐水泥	火山灰质硅酸盐水泥	粉煤灰硅酸盐水泥	复合硅酸盐水泥
代号	P·Ⅰ、P·Ⅱ	P·O	P·S	P·P	P·F	P·C
成分	水泥熟料及少量石膏	在硅酸盐水泥中掺活性混合材料15%~20%	在硅酸盐水泥中掺入20%~50%的粒化高炉矿渣	在硅酸盐水泥中掺入20%~40%的火山灰质混合材料	在硅酸盐水泥中掺入20%~40%的粉煤灰	硅酸盐水泥熟料中加入20%~50%的两种或两种以上规定的混合材料、适量石膏磨细制成

续表

品种	硅酸盐水泥	普通硅酸盐水泥	矿渣硅酸盐水泥	火山灰质硅酸盐水泥	粉煤灰硅酸盐水泥	复合硅酸盐水泥
特性	早期强度高；水化热较高；抗冻性较好；耐蚀性较差；干缩较小	与硅酸盐水泥基本相同	早期强度低，后期强度增长较快；水化热较低；耐蚀性较强；抗冻性差；干缩较大，对钢筋的黏结力较好，能防止钢筋锈蚀	早期强度低，后期强度增长较快；水化热较低；耐蚀性较好；抗渗性好；抗冻性差；干缩较大	早期强度低，后期强度增长较快；水化热较低；耐蚀性较好；抗冻性差；干缩较小；抗裂性较好	当掺混合材料较少（小于20%）时，它的性能与普通水泥相似，随着混合材料掺量的增加，性能也趋向所掺混合材料
适用范围	一般土建工程中的钢筋混凝土结构；受反复冻融的结构；配制高强混凝土	与硅酸盐水泥基本相同	高温车间和有耐热耐火要求的混凝土结构；大体积混凝土结构；蒸汽养护的构件；有抗硫酸盐侵蚀要求的工程	地下、水中大体积混凝土结构和有抗渗要求的混凝土结构；有抗硫酸盐侵蚀要求的工程	地上、地下及水中大体积混凝土构件；抗裂性要求较高的构件；有抗硫酸盐侵蚀要求的工程	高湿环境或长期处于水中，受侵蚀性介质作用的工程
不适用范围	大体积混凝土结构；受化学物质及海水侵蚀的工程	与硅酸盐水泥基本相同	早期强度要求高的工程；有抗冻要求的工程	处在干燥环境中的工程；其他同矿渣硅酸盐水泥	有抗碳化要求的工程；其他同矿渣硅酸盐水泥	要求快硬、高强（>C40）的工程，严寒地区处于水位升降范围内的工程
强度等级	42.5、42.5R、52.5、52.5R、62.5、62.5R	32.5、32.5R、42.5、42.5R、52.5、52.5R	32.5、32.5R、42.5、42.5R、52.5、52.5R	32.5、32.5R、42.5、42.5R、52.5、52.5R	32.5、32.5R、42.5、42.5R、52.5、52.5R	32.5、32.5R、42.5、42.5R、52.5、52.5R

表 3-9　常用水泥的选用

混凝土环境条件或工程特点		优先选用	可以选用	不得选用
环境条件	在普通气候环境中的混凝土	普通硅酸盐水泥	矿渣硅酸盐水泥、火山灰质硅酸盐水泥、粉煤灰硅酸盐水泥	—
	在干燥环境中的混凝土	普通硅酸盐水泥	矿渣硅酸盐水泥	火山灰质硅酸盐水泥、粉煤灰硅酸盐水泥

续表

混凝土环境条件或工程特点		优先选用	可以选用	不得选用
环境条件	在高湿度环境中或永远处在水下的混凝土	矿渣硅酸盐水泥	火山灰质硅酸盐水泥、粉煤灰硅酸盐水泥	—
	严寒地区的露天混凝土、寒冷地区处在水位升降范围内的混凝土	普通硅酸盐水泥	矿渣硅酸盐水泥	火山灰质硅酸盐水泥、粉煤灰硅酸盐水泥
	严寒地区处在水位升降范围内的混凝土	普通硅酸盐水泥	—	—
	受侵蚀性水或侵蚀性气体作用的混凝土	根据侵蚀性介质的种类、浓度等具体条件按专门（或设计）规定选用		
	厚大体积的混凝土	粉煤灰硅酸盐水泥、矿渣硅酸盐水泥	普通硅酸盐水泥、火山灰质硅酸盐水泥	硅酸盐水泥、快硬硅酸盐水泥
工程特点	要求快硬的混凝土	快硬硅酸盐水泥、硅酸盐水泥	普通硅酸盐水泥	火山灰质硅酸盐水泥、粉煤灰硅酸盐水泥、矿渣硅酸盐水泥
	要求高强（大于 C60）的混凝土	硅酸盐水泥	普通硅酸盐水泥、矿渣硅酸盐水泥	火山灰质硅酸盐水泥、粉煤灰硅酸盐水泥
	有抗渗性要求的混凝土	普通硅酸盐水泥、火山灰质硅酸盐水泥	—	矿渣硅酸盐水泥
	有耐磨性要求的混凝土	硅酸盐水泥、普通硅酸盐水泥	矿渣硅酸盐水泥	火山灰质硅酸盐水泥、粉煤灰硅酸盐水泥

注：蒸压养护时用的水泥品种宜根据具体条件通过试验确定。

试验一 水泥试验

一、水泥试样准备方法和注意事项

1. 对同一水泥厂生产的同期出厂的同品种、同等级的散装水泥，以一次运进的同一出厂编号的水泥为一批，但一批的总量不超过 500 t。随机地从不少于 3 个车罐中各取等量水泥，经拌和均匀后，再从中称取不少于 12 kg 水泥作为检验试样。

2. 对同一水泥厂生产的同期出厂的同品种、同等级的袋装水泥，以一次运进的同一出厂编号的水泥为一批，但一批的总量不超过 200 t。随机地从不少于 20 袋中各取等量水泥，经拌和均匀后，再从中称取不少于 12 kg 水泥作为检验试样。

3. 对来源固定、质量稳定，且又掌握其性能的水泥，视运进水泥的情况，可不定期地采集试样进行强度检验。如有异常情况，应做相应项目的检验。

4. 对已运进的每批水泥，应视存放情况重新采集试样，复验其强度和安定性。存放期超过 3 个月的水泥，使用前必须复验，并按照结果使用。

5. 取得的水泥试样应首先充分拌匀，然后通过 0.9 mm 方孔筛记录筛余物情况，但要防止过筛时混进其他水泥。

二、 水泥细度测定

1. 试验目的

本试验的目的是测定水泥细度。

2. 试验方法

水泥细度的测定有水泥细度负压筛法、水筛法和干筛法。当对检验结果有争议时，应以负压筛法为准，本次试验采用负压筛法。

3. 主要仪器设备

本试验采用的主要仪器设备是水泥细度负压筛析仪，如图 3-3 所示，主要由筛座、负压筛、负压源及收尘器等部件组成。

图 3-3　水泥细度负压筛析仪

4. 试验步骤

（1）将水泥试样充分拌匀，过 0.9 mm 的方孔筛，记录筛余物情况。

（2）筛析试验前，应把负压筛放在筛座上，盖上筛盖，接通电源，检查控制系统，调节负压至 4 000 ~6 000 Pa 范围内。

（3）称取试样 25 g，放入洁净的负压筛中，盖上筛盖，放在筛座上。

（4）启动水泥细度负压筛析仪，连续筛析 2 min，在此期间若有试样附着在筛盖上，可轻轻地敲击，使试样落下。

（5）筛析完成后，用天平称量筛余物的质量，精确到0.01 g。

注意，当工作负压小于4 000 Pa时，应清理吸尘器内残留水泥，使负压恢复正常。

5. 试验结果分析与评定

水泥试样筛余百分数用下式计算：

$$F = R_s / m \times 100\%$$

式中　F——水泥试样筛余百分数，%（精确至0.1%）；

R_s——水泥筛余物质量，g；

m——水泥试样质量，g。

三、水泥标准稠度用水量测定

1. 试验目的

本试验的目的是测定水泥净浆达到标准稠度时的用水量。

水泥的用水量直接影响水泥的凝结时间和安定性。为了消除试验条件的差异而有利于比较，水泥净浆必须有一个标准的稠度，以便为凝结时间和安定性试验做好准备。后续进行水泥凝结时间、安定性试验时，水泥标准稠度用水量可作为拌和水泥净浆加水量的依据。

2. 试验方法

按照国家标准，水泥标准稠度用水量可以由调整水量法和不变水量法两种方法测定。两种结果有争议时，以调整水量法为准。本次试验用不变水量法。

3. 主要仪器设备

标准稠度与凝结时间测定仪（见图3-4）、水泥净浆搅拌机（见图3-5）、天平（能准确称量至1 g）和人工拌和工具等。

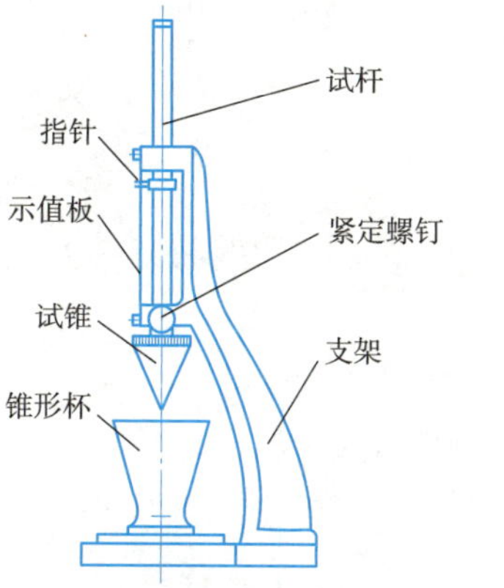

图3-4　标准稠度与凝结时间测定仪

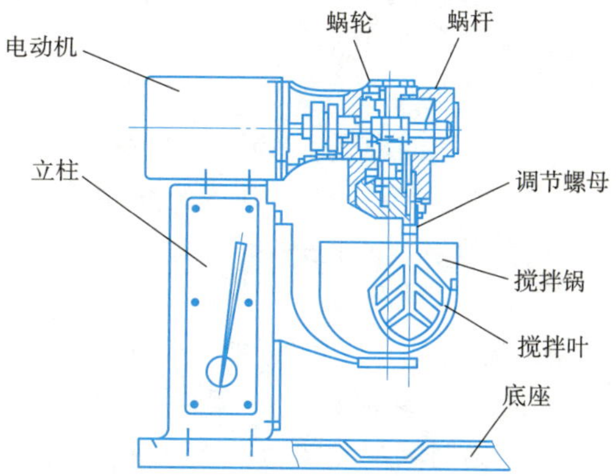

图3-5　水泥净浆搅拌机

4. 试验步骤

（1）检查水泥净浆搅拌机，确保运行正常，保证标准稠度与凝结时间测定仪上的试杆能自由滑动，调整试杆使其接触玻璃板时指针对准标尺零点。

（2）先用湿布擦抹水泥浆拌和用具，然后将拌和水倒入搅拌锅内，在 5 ~ 10 s 内将称好的 500 g 水泥试样倒入。将装有试样的锅放到水泥净浆搅拌机锅座上的搅拌位置，开动机器，慢速搅拌 120 s，停拌 15 s，接着快速搅拌 120 s 后停机。

（3）拌和完毕，立即将净浆一次装入试模中，用小刀插捣并振动数次，刮去多余的净浆，抹平后，迅速放到标准稠度与凝结时间测定仪试锥下面的锥形杯中。将试杆降至净浆表面，拧紧紧定螺钉，然后突然放松，让试杆自由沉入净浆中，到停止下沉，记录试锥下沉深度 S（mm）；升起试杆后，立即擦净。整个操作应在搅拌后 1.5 min 内完成。

5. 试验结果分析与评定

采用标准法进行结果评定时，以试杆沉入净浆并距底板（6 ± 1）mm 的水泥净浆为标准稠度净浆，其拌和水用量为该水泥的标准稠度用水量（P），按水泥质量的百分比计算。

$$P = \frac{\text{拌和水用量}}{\text{水泥用量}} \times 100\%$$

四、水泥凝结时间测定

1. 试验目的

测定水泥的初凝和终凝时间，用以评定水泥是否合格。凝结时间可以用人工测定，也可用符合本标准操作要求的自动凝结时间测定仪测定，两者不一致时以人工测定为准。

2. 主要仪器设备

（1）标准稠度与凝结时间测定仪：试杆有效长度为（50 ± 1）mm，直径为 ϕ（10 ± 0.05）mm，滑动部分的总质量为（300 ± 1）g，将试锥更换为试针。

（2）水泥净浆搅拌机：与测定标准稠度时所用的相同，如图 3-5 所示。

（3）标准养护箱。

3. 试验步骤

（1）测定前的准备工作

将试模放在玻璃板上，在内侧稍稍涂一层机油，调整标准稠度与凝结时间测定仪的试针在接触玻璃板时指针对准标尺零点。

（2）试件的制备

以标准稠度用水量加水并按操作方法制成标准稠度净浆后，立即一次装入试模，振动数次刮平，立即放入养护箱内。记录开始加水的时间，作为凝结时间的起始时间。

（3）凝结时间的测定

试件在养护箱中养护至加水后 30 min 时进行第一次测定。从养护箱中取出试模放到试针下，让试针与净浆面接触，拧紧紧定螺钉 1 ~ 2 s 后突然放松，试针垂直自由沉入净浆，观察试针停止下沉或释放试针 30 s 时指针所指的数值。

当试针沉至距底板（4 ± 1）mm 时，为水泥达到初凝状态。

在完成初凝时间测定后，立刻将试模连同浆体以平移的方式从玻璃板取下，翻转

180°，直径大端向下、小端向上放在玻璃板上，再放入养护箱中继续养护。当下沉不超过0.5 mm时，即为水泥达到终凝状态（此时环形附件开始不能在试体上留下痕迹）。

由开始加水至初凝、终凝状态的时间分别为该水泥的初凝时间和终凝时间。测定时应注意，在最初测定的操作时应轻扶持金属柱，使其徐徐下降，以防试针撞弯，但结果以自由下落为准。在整个测试过程中，试针贯入的位置至少要距圆模内壁10 mm。临近初凝时每隔5 min测定一次，临近终凝时每隔15 min测定一次，到达初凝或终凝状态时应立即重复测一次，当两次结论相同时才能定为到达初凝或终凝状态。每次测定不得让试针落入上一次测定的孔中，每次测试完毕，须将试针擦净并将圆模放回湿气养护箱内，整个测定过程中要防止试模受振。

4. 试验结果分析与评定

由开始加水到初凝、终凝状态的时间分别为水泥的初凝和终凝时间，用min表示。

五、 水泥安定性测定

1. 试验目的

检验水泥浆在硬化时体积变化的均匀性，以确定水泥是否可用。

2. 试验方法

安定性的测定方法有试饼法和雷氏法，有争议时以雷氏法为准。试饼法通过观察水泥净浆试饼沸煮后的外形变化检验水泥的体积安定性；雷氏法通过测定水泥净浆在雷氏夹中沸煮后的膨胀值检验水泥的体积安定性。

3. 主要仪器设备

（1）沸煮箱

沸煮箱如图3-6所示，有效尺寸为410 mm×240 mm×310 mm，内设箅板和加热器，能在（30±5）min内将箱内水加热至沸腾，并可保持沸腾状态3 h不加水。

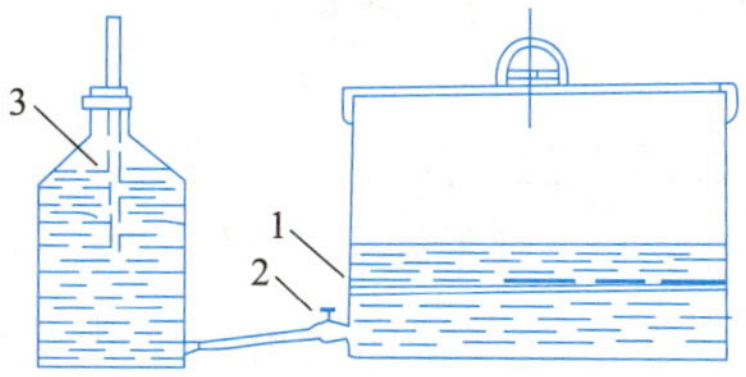

图3-6　沸煮箱

1—箅板　2—阀门　3—水位管

（2）雷氏夹

雷氏夹由铜质材料制成（见图3-7），当一根指针的根部先悬挂在一根金属丝或尼龙丝上，另一根指针的根部再挂300 g砝码时，两指针间距增加应在（17.5±2.5）mm范围内，去除砝码后，指针应回到初始状态。

(3) 其他仪器

其他仪器包括雷氏夹膨胀值测定仪（见图 3-8）、水泥净浆搅拌机、标准养护箱、天平、量水器等。

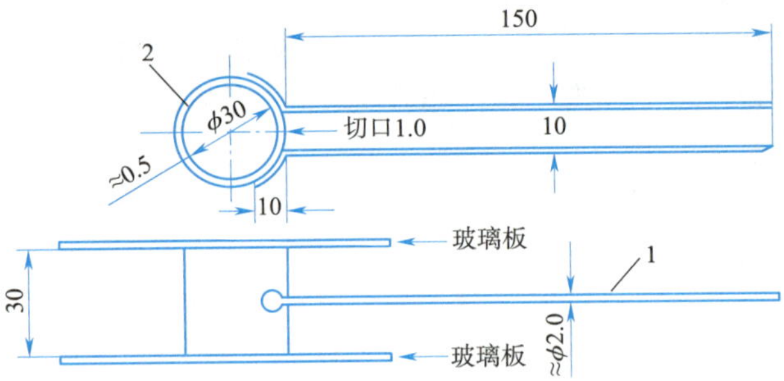

图 3-7　雷氏夹

1—指针　2—环模

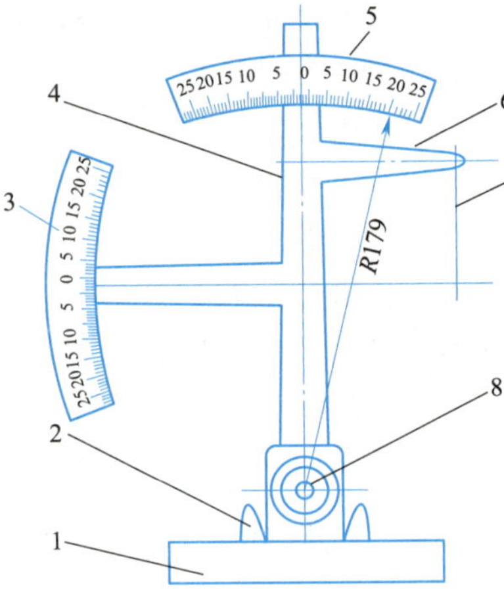

图 3-8　雷氏夹膨胀值测定仪

1—底座　2—模子座　3—测弹性标尺　4—立柱　5—则膨胀值标尺　6—悬臂　7—悬丝　8—弹簧顶扭

4. 试验步骤

(1) 水泥标准稠度净浆的制备

称 500 g 水泥，加标准稠度用水量，搅拌水泥净浆。

(2) 试件制作

1) 试饼法。将制好的净浆取出一部分并平均分成两份，使之呈球形，放在预先准备好的玻璃板上，轻轻振动玻璃板并用湿布擦过的小刀由边缘向中央抹动，做成直径 70 ~ 80 mm、中心厚约 10 mm、边缘渐薄、表面光滑的试饼，接着将试饼放入湿气养护箱内养护（24 ±2）h。

2) 雷氏法。将预先准备好的雷氏夹放在已稍擦油的玻璃板上，并立刻将已制好的标准稠度净浆装满试模。装模时，一只手轻轻扶持试模，另一只手用宽约 10 mm 的小刀插捣净浆 15 次左右，然后抹平，盖上稍涂油的玻璃板，接着立刻将试模移至湿气养护箱内养护（24 ±2）h。

(3) 测定前的准备

采用雷氏法时，每个雷氏夹需配备质量 75 ~ 80 g 的玻璃板两块；采用试饼法时，一个样品需准备两块约 100 mm × 100 mm 的玻璃板。每种方法每个试样需成型两个试件。凡与水泥净浆接触的玻璃板和雷氏夹表面都要稍稍涂一层油。

(4) 沸煮

调整好沸煮箱内的水位，使其能保证在整个沸煮过程中都没过试件，不需中途添补试验用水，并保证能在（30 ±5）min 内加热至沸腾。

养护结束后，拿下玻璃板，取下试件。

当采用试饼法时，先检查试饼是否完整（如已开裂翘曲，要检查原因，确证无外因时，该试饼已属不合格，不必沸煮），在试饼无缺陷的情况下，将试饼放在沸煮箱的箅板上，然后在（30 ±5）min 内加热至沸，并恒沸（180 ±5）min。

当采用雷氏法时，先测量试件指针尖端间的距离（A），精确到 0.5 mm，接着将试件放在沸煮箱的箅板上，指针朝上，试件之间互不交叉，然后在（30 ±5）min 内加热至沸并恒沸（180 ±5）min。

5. 试验结果分析与评定

沸煮结束，放掉箱中的热水，打开箱盖，待箱体冷却至室温，取出试件进行观测或测定。

当采用试饼法时，目测未发现裂缝，用直尺检查也没有弯曲的试饼为安定性合格，反之为不合格。当两个试饼判别结果不一致时，该水泥的安定性为不合格。

当采用雷氏法时，测量试件指针尖端间的距离（C），记录至小数点后一位，当两个试件煮后增加距离（$C-A$）的平均值不大于 5.0 mm 时，即认为该水泥安定性合格，当两个试件的（$C-A$）值相差超过 4.0 mm 时，应用同一样品立即重做一次试验。若仍是这样，则水泥不合格。

六、 水泥胶砂强度检验

1. 试验目的

已知水泥的强度等级，检验是否能达到国家标准规定的 3 d、28 d 强度；或已知 3 d、28 d 抗压和抗折强度，确定水泥的强度等级。

2. 试验方法

水泥的强度除了与水泥矿物熟料成分、相对含量和细度、水灰比、骨料状况等因素有关以外，还与试件制备方法、养护条件、测试方法和龄期等因素有关。因此，测定水泥的强度时，应按标准方法制作和养护试件，并测定规定龄期的抗折强度和抗压强度，此方法称为 ISO 法。

3. 主要仪器设备

本试验使用的仪器设备包括水泥胶砂搅拌机、水泥胶砂振动台、试模及下料漏斗等。

（1）试模（见图 3-9）为可装卸的三联模，由隔板、端板、底座等组成，使用中的模型内腔尺寸为 40 mm ×40 mm ×160 mm，三边应互相垂直。

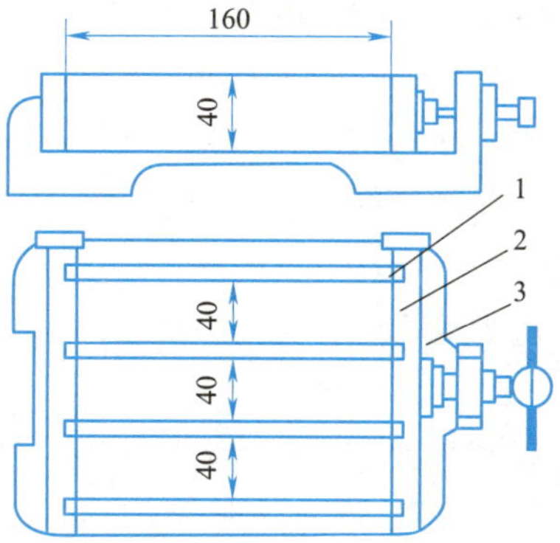

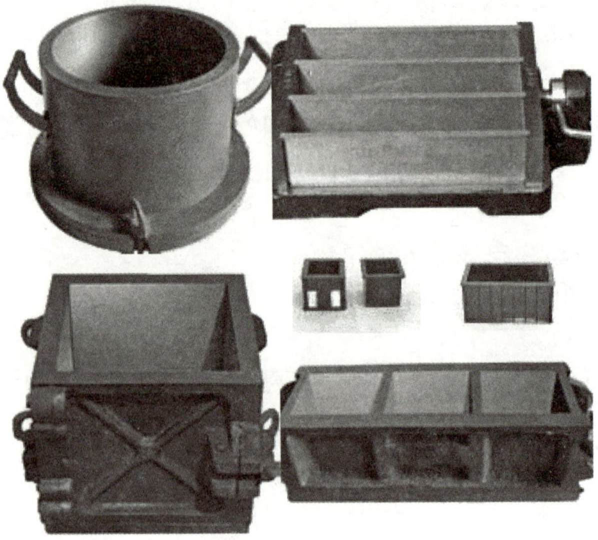

图 3-9　试模

1—隔板　2—端板　3—底座

（2）下料漏斗由漏斗和模套组成。

（3）抗折试验机采用电动双杠杆式，也可采用性能符合要求的其他试验机。

（4）抗压试验机一般采用万能试验机，最大荷载以 200～300 kN 为宜，压力机应具有加荷速度自动调节和记录结果的装置，同时应配有抗压试验专用夹具，夹具由优质碳钢制成，受压面积为 40 mm×40 mm。

（5）刮平刀断面为正三角形，有效长度为 26 mm。

4. 试验步骤

（1）材料要求

水泥试样应充分拌匀，通过 0.9 mm 方孔筛并记录筛余物。标准砂应符合相关质量要求，试验用水必须是洁净的淡水。

（2）温度和湿度要求

试验室温度应保持在 17～25 ℃（包括强度试验室），相对湿度大于 50%。水泥试样、标准砂、拌和水及试模等的温度应与室温相同。

养护箱温度应保持在（20±3）℃，相对湿度大于 90%；养护水温度应保持在（20±2）℃。

（3）试体成型

1）成型前将试模擦净，四周的模板与底座的接触面上应涂润滑脂，紧密装配，防止漏浆，内壁均匀刷一层机油。

2）水泥与标准砂的质量比为 1:3，水灰比为 0.5。取被测水泥（450±2）g，标准砂（1 350±5）g。

3）搅拌。将搅拌锅放在底座上并进行固定。先往锅内加水，再加水泥，开动搅拌机低速搅拌 30 s 后，在第二个 30 s 开始的同时均匀地加入标准砂，将搅拌机转至高速，再搅拌 30 s 形成匀质水泥胶砂。停拌 90 s，在第一个 15 s 内用一胶皮刮将叶片和锅壁上的胶砂刮入锅内，然后在高速下继续旋转 60 s。各个搅拌时间段的误差应在 ±1 s 以内。

4）成型。胶砂制备后，立即进行成型。把空试模和模套固定在振实台上，用勺子从搅拌锅里把胶砂分二层装入试模。装第一层胶砂时，每个槽里约放 300 g 胶砂，用大播料器垂直将每个模槽的料层播平，然后振实 60 次，再装第二层胶砂，用小播料器播平，然后振实 60 次。移走模套，取下试模，用一金属直尺将试体表面抹平，然后编号。

（4）养护

1）编号后，将试模放入养护箱养护，温度应保持在（20 ±1）℃，相对湿度大于 90%。养护箱内箅板必须水平。20 ~ 24 h 取出脱模，脱模时应防止试体损伤。硬化较慢的水泥允许延期脱模，但须记录脱模时间。

2）试体脱模后即放入水槽中养护，试体之间应留有间隙，水面至少高出试体 2 cm，养护水每两周更换一次。

（5）强度试验

各龄期的试体必须在龄期时间 24 h ±15 min、48 h ±30 min、72 h ±45 min、7 d ±2 h、28 d ±8 h 内进行强度试验，试体从水中取出后，在进行强度试验前应用湿布覆盖。

1）抗折强度试验

①每龄期取出三条试体先做抗折强度试验。试验前须擦去试体表面的附着水分和砂粒，清除夹具上圆柱表面附着的杂物，试体放入抗折夹具内，应使侧面与圆柱接触。

②采用杠杆式抗折试验机试验时，试体放入前，应使杠杆成平衡状态。试体放入后调整夹具，使杠杆在试体折断时尽可能地接近平衡位置。

③抗折试验加荷速度为（50 ±5）N/s。

④抗折强度计算：

抗折强度 R_f 以 MPa 表示，按下式进行计算：

$$R_f = \frac{1.5F_f L}{b^3}$$

式中 F_f——折断时施加在棱柱体中部的荷载，N；

L——两支撑圆柱之间的距离，一般取 100 mm；

b——棱柱体正方形截面的边长，一般取 40 mm。

抗折强度计算结果以三块试体平均并取整数为准。当三个强度值中有一个超过平均值 ±10% 时，应剔除后再平均，作为抗折强度试验结果。

2）抗压强度试验。抗折强度试验完成后，应立即对两个断块进行抗压强度试验。抗压强度试验须用抗压夹具进行。将半截棱柱体夹在抗压夹具内，棱柱体中心与夹具压板受压中心差应在 ±0.5 mm 以内，棱柱体漏在压板外面的部分约为 10 mm。开动压力机，以（2 400 ±200）N/s 的加荷速率，均匀地向试体加荷直至破坏。抗压强度 R_C 以 MPa 表示，计算公式如下：

$$R_C = \frac{F_C}{A}$$

式中 F_C——试件破坏时最大荷载，N；

A——试体受压部分的面积，mm^2（$40\ mm \times 40\ mm = 1\ 600\ mm^2$）。

5. 试验结果分析与评定

以一组（三个）棱柱体上得到的六个抗压强度测定值的算术平均值即为检查结果。若六个测定值中有一个超出平均值的 ±10%，应剔除这个值，以余下五个值的算术平均值作为检查结果；若五个测定值中再出现超出它们平均值的 ±10% 的情况，则此组试件作废。

思考练习题

1. 水泥混合材料有什么作用？
2. 影响常用水泥性能的因素有哪些？

第四章 混凝土

学习目标

掌握混凝土组成材料的特点、技术要求及在混凝土中的作用。熟练掌握混凝土拌合物和易性的含义、检测方法及影响因素。熟练掌握混凝土的力学性能。理解影响混凝土强度的主要因素和提高其强度的主要技术措施。熟练掌握硬化混凝土的变形性质。理解混凝土耐久性的概念，以及影响混凝土抗渗性、抗冻性的主要因素；初步了解碳化对混凝土性能的影响；掌握提高混凝土耐久性的主要措施。熟练掌握普通混凝土配合比的设计方法。掌握混凝土的水胶比、砂率及单位用水量三个参数与混凝土性能的关系，以及三个参数的确定原则和方法。

混凝土也称砼，是当代最主要的建筑材料之一。它是由胶结材料、粗细骨料和水，必要时掺入化学外加剂和矿物质混合材料，按一定比例配制，经搅拌振捣成型，在一定条件下养护凝结硬化而成的人造石材。

第一节 混凝土基本知识

一、混凝土的特点

1. 优点

（1）可据不同要求配制各种不同性质的混凝土，强度等级范围宽。

（2）混凝土凝结前具有良好的流动性和可塑性，因此可以浇制成各种形状和大小的构件或结构物。

（3）混凝土与钢筋有牢固的黏结力，能制作钢筋混凝土结构和构件。

（4）混凝土硬化后抗压强度高、耐久性良好。

（5）原料丰富，价格低廉，生产工艺简单。混凝土组成材料中，砂、石等材料占80%，符合就地取材和经济性原则，因而其用量越来越大，使用范围十分广泛，不仅在各种土木工程中使用，在造船业、机械工业、海洋工程、地热工程中，混凝土也是重要的材料。

2. 缺点

混凝土的主要缺点是抗拉强度低，受拉时变形能力小，容易开裂，自重大。

二、混凝土的基本要求

1. 混凝土应具有符合设计要求的强度。
2. 混凝土应具有与施工条件相适应的施工和易性。
3. 混凝土应具有与工程环境相适应的耐久性。
4. 混凝土应具有一定的经济合理性。

三、混凝土的种类与发展

混凝土的种类很多，可采用不同的方法进行分类。

根据表观密度（ρ_0）大小不同（主要是骨料不同），混凝土可分为三大类：普通混凝土（干表观密度为 2 000 ~ 2 800 kg/m^3）、轻混凝土（干表观密度小于 2 000 kg/m^3）、重混凝土（干表观密度大于 2 800 kg/m^3，采用钢屑、重晶石、铁矿石等特别密实的骨料，主要用于辐射屏蔽方面）。根据所用胶凝材料不同，混凝土可分为水泥混凝土、沥青混凝土、石膏混凝土、聚合物混凝土等。根据用途（功能）不同，混凝土可分为结构混凝土、道路混凝土、防水混凝土、耐热混凝土、耐酸混凝土、防辐射混凝土、膨胀混凝土、装饰混凝土等。根据特性与施工工艺不同，混凝土可分为商品混凝土、泵送混凝土、喷射混凝土、碾压混凝土、挤压混凝土、压力灌浆混凝土、预应力混凝土、离心混凝土等。根据强度等级不同，混凝土可分为低强度混凝土、中强度混凝土、高强度混凝土、超高强度混凝土。根据拌合物坍落度不同，混凝土可分为干硬性混凝土（拌合物坍落度不超过 10 mm）、塑性混凝土（拌合物坍落度为 10 ~ 90 mm）、流动性混凝土（拌合物坍落度为 100 ~ 150 mm）、大流动性混凝土（拌合物坍落度不低于 160 mm）。

为了克服混凝土抗拉强度低的缺陷，人们还将水泥混凝土与其他材料复合，得到了钢筋混凝土、预应力混凝土，以及各种纤维增强混凝土和聚合物浸渍混凝土等。

目前，混凝土仍向着轻质、高强、多功能、高效能的方向发展，发展复合材料、不断扩大资源、发展预制混凝土和使混凝土商品化也是今后发展的重要方向。

第二节 普通混凝土组成材料

普通混凝土（简称混凝土）由水泥、粗骨料（碎石或卵石）、细骨料（砂）和水组成，即：水和水泥形成水泥浆，起胶结和硬化的作用；砂和石子形成骨料，起支撑和骨架的作用。

为改善混凝土的某些性能，还常加入适量的外加剂和掺合料。外加剂和掺合料常称为混凝土的第五组分和第六组分。

知识拓展

为什么外加剂和掺合料常称为混凝土的第五组分和第六组分?

加入适量的外加剂和掺合料，在混凝土硬化前能改善拌合物的和易性，而且现代化的施工工艺对拌合物有很高的和易性要求，只有加入适宜的外加剂才能满足。混凝土硬化后，外加剂和掺合料能改善混凝土的物理性质和耐久性等，尤其是在配制高强度混凝土、高性能混凝土时，外加剂和掺合料是必不可少的。

一、混凝土组成材料与结构

砂、石在混凝土中起骨架作用，并能抑制水泥的收缩；水泥和水形成水泥浆，能包裹在粗细骨料表面并填充骨料间的空隙。水泥浆体在混凝土拌合物硬化前起润滑作用，使混凝土拌合物具有良好的流动性，便于施工；混凝土拌合物硬化后，将骨料胶结成为整体，使混凝土产生强度，成为坚硬的人造石材。混凝土的结构如图 4-1 所示。

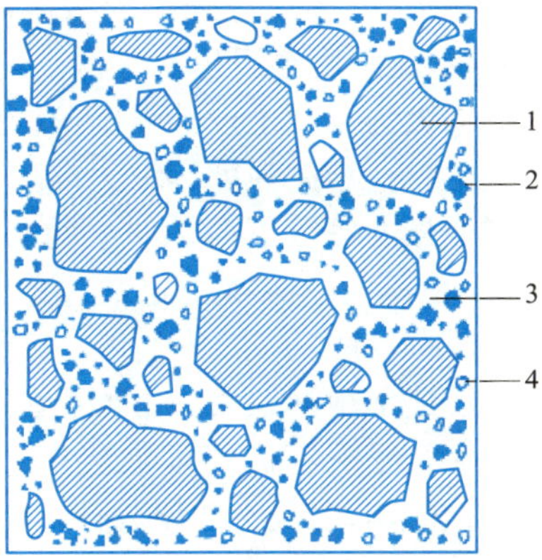

图 4-1　混凝土的结构

1—石子　2—砂子　3—水泥砂浆　4—气孔

二、混凝土组成材料的技术要求

混凝土的技术质量在很大程度上取决于组成材料的性能及其相对含量，同时也与施工工艺有关。因此，必须根据工程性质、设计要求和施工现场条件合理选择原料的品种、质量和用量。要做到合理选择原材料，首先必须了解混凝土组成材料的性质、作用原理和质量要求。

1. 水泥

（1）水泥品种的选择

水泥品种的选择主要根据工程结构特点、工程所处环境及施工条件确定。配制混凝土一般可选用第三章所讲的六大品种的水泥，必要时可采用快硬硅酸盐水泥或其他水泥。水泥的性能指标必须符合现行有关国家标准的规定。

例如，高温车间结构混凝土有耐热要求，一般宜选用耐热性好的矿渣硅酸盐水泥等。用混凝土泵和管道输送的混凝土称为泵送混凝土。配制泵送混凝土应选用硅酸盐水泥、普通硅酸盐水泥、矿渣硅酸盐水泥和粉煤灰硅酸盐水泥。

知识拓展

公路、城市道路、厂矿道路应采用何种水泥?

道路工程中，道路路面要经受高速行驶车辆轮胎的摩擦、载重车辆的强烈冲击、路面与路基因温度差产生的胀缩应力及冻融等影响，因此要求路面混凝土抗折强度高、收缩变形小、耐磨性能好、抗冻性能好，并具有较好的弹性。基于这些要求，配制混凝土一般应采用强度高、收缩性小、耐磨性强、抗冻性好的水泥。公路、城市道路、厂矿道路应采用硅酸盐水泥或普通硅酸盐水泥。桥梁工程中的桥面混凝土对水泥品种的要求与道路工程类似。

(2) 水泥强度等级的选择

水泥强度等级的选择原则为：混凝土设计强度等级越高，则水泥强度等级也宜越高；混凝土设计强度等级低，则水泥强度等级也相应低。

1) 一般情况下，水泥强度等级为混凝土设计强度等级的1.5~2.0倍为宜。

2) 配制高强度等级的混凝土时，水泥强度等级为混凝土的0.9~1.5倍。

3) 用高强度等级水泥配制低强度等级混凝土时，每立方米混凝土用水泥量偏少，会影响和易性和密实度。所以，混凝土中应掺一定数量的外掺料（如粉煤灰），目的是保证混凝土中有足够的水泥，既不过多，也不过少。如果水泥用量过多（低强水泥配制高强度混凝土），一方面会使成本增加，另一方面会使混凝土收缩增大，对耐久性不利。如果水泥用量过少（高强水泥配制低强度混凝土），混凝土的黏聚性会变差，不易获得均匀密实的混凝土，严重影响混凝土的耐久性。

2. 骨料（集料）

(1) 混凝土中骨料的分类

混凝土中骨料的分类如图4-2所示。

- 骨料
  - 细骨料（公称粒径为0.15~4.75 mm的岩石颗粒称为细骨料，即砂）
    - 天然砂：河砂、湖砂、山砂、淡化海砂
    - 机制砂（人工砂）：岩石、矿山尾矿或骨料、工业废渣颗粒（但不包括软质、风化的颗粒）
  - 粗骨料（公称粒径大于4.75 mm的岩石颗粒称为粗骨料，即石子）
    - 卵石：河卵石、海卵石、山卵石
    - 碎石：天然岩石或卵石经机械破碎、筛分制成（但不包括软质、风化的岩石颗粒）

图4-2　混凝土中骨料的分类

普通混凝土中所用细骨料一般为经天然长期风化等自然条件形成的天然砂。

按技术要求不同，河砂、海砂、山砂、机制砂和石子分为Ⅰ类、Ⅱ类和Ⅲ类。Ⅰ类用于强度等级大于C60的混凝土，Ⅱ类用于强度等级为C30~C60及有抗冻、抗渗或其他要求的混凝土，Ⅲ类用于强度等级小于C30的混凝土。

知识拓展

海砂不能直接用于配制钢筋混凝土，主要原因是氯离子含量高，容易导致钢筋锈蚀，如要使用，必须经过淡水冲洗，使有害成分含量降低到规定数值以下。

山砂可以直接用于一般工程混凝土结构，当用于重要结构物时，必须通过坚固性试验和碱活性试验。机制砂是指将卵石或岩石用机械破碎的方法，通过冲洗、过筛制成的砂，通常是在加工碎卵石或碎石时，将小于 10 mm 的部分进一步加工而成。

粗细骨料的总体积一般占混凝土体积的 60%～80%。因此，骨料质量的优劣将直接影响混凝土的各项指标。为此，混凝土用骨料应符合国家标准《建设用砂》（GB/T 14684—2022）和《建设用卵石、碎石》（GB/T 14685—2022）的质量要求。

（2）骨料的质量要求

细骨料中的有害杂质主要包括两部分，必须加以限制。一是黏土和云母，它们黏附于砂表面或夹杂其中，严重降低水泥与砂的黏结强度，从而降低混凝土的强度、抗渗性和抗冻性，增大混凝土的收缩。二是有机物、硫化物及硫酸盐，它们对水泥有腐蚀作用，从而影响混凝土的性能。国家标准《建设用砂》（GB/T 14684—2022）对有害杂质含量的限值见表 4-1、表 4-2、表 4-3 和表 4-4。

1）泥和泥块、石粉的含量。砂子中含泥量是指骨料中粒径小于 75 μm 颗粒的含量；泥块含量是指在砂中原粒径大于 1.18 mm，经水浸泡、淘洗等处理后小于 0.60 mm 的颗粒含量；石粉含量是指卵石、碎石中原粒径大于 4.75 mm，经水浸泡、淘洗等处理后小于 2.36 mm 的颗粒含量。

知识拓展

骨料中的泥颗粒极细，会黏附在骨料表面，降低水泥浆与骨料之间的胶结能力。泥块会在混凝土中形成薄弱部分，对混凝土的质量影响较大。

表 4-1　天然砂、石中含泥量和泥块含量　　%

类　别		Ⅰ	Ⅱ	Ⅲ
含泥量（按质量计）	天然砂	≤1.0	≤3.0	≤5.0
	卵石	≤0.5	≤1.0	≤1.5
	碎石	≤0.5	≤1.5	≤2.0
泥块含量（按质量计）	天然砂	≤0.2	≤1.0	≤2.0
	石子	≤0.1	≤0.2	≤0.7

2）天然砂的含量。石料中的泥对混凝土是有害的，必须严格控制其含量。而机制砂石料中适量的泥粉对混凝土是有益的，适量石粉的存在弥补了机制砂石料配制混凝土和易性差的缺陷，同时，它的掺入对完善混凝土特细骨料的级配（由于生产工艺的限制，天然砂石料特细级配部分是不完善的）、提高混凝土密实性都有益处，进而起到提高混凝土综合性能的作用。

表 4-2　机制砂石粉含量和泥块含量（MB≤1.4 或快速法试验合格）

类　　别	Ⅰ	Ⅱ	Ⅲ
MB 值（亚甲蓝值）	≤0.5	≤1.0	≤1.4 或合格
石粉含量（按质量计，%）	≤15.0		
泥块含量（按质量计，%）	≤0.2	≤1.0	≤2.0

表 4-3　机制砂石粉含量和泥块含量（MB＞1.4 或快速法试验不合格）

类　　别	Ⅰ	Ⅱ	Ⅲ
石粉含量（按质量计，%）	≤1.0	≤3.0	≤5.0

表 4-4　有害杂质含量、砂石中杂质含量及石子针、片状颗粒含量限制　　%

项目	骨料种类＼类别	Ⅰ	Ⅱ	Ⅲ
云母含量（按质量计）	砂	≤1.0	≤2.0	
轻物质含量（按质量计）	砂	≤1.0		
硫化物与硫酸盐含量（按 SO_3 质量计）	砂	≤0.5		
	石子	≤0.5	≤1.0	≤1.0
氯化物含量（以氯离子质量计）*	砂	≤0.01	≤0.02	≤0.06
有机物含量（比色法）	卵石、砂	合格		
贝壳含量（按质量计）	砂	≤3.0	≤5.0	≤8.0
针、片状颗粒总含量（按质量计）	石子	≤5	≤8	≤15

* 该指标仅适应于海砂，其他砂种不作要求。

机制砂是利用制砂生产线等设备破碎大块岩石制成，在生产过程中难免会带入部分杂质，从而导致机制砂中 0.075 mm 以下颗粒中含有部分泥粉。泥粉的存在将会阻碍水泥的正常水化或者与水泥中成分进行化学反应，这些负面影响可导致混凝土强度的降低、收缩的加剧以及耐久性的下降。国家标准《建设用砂》（GB/T 14684—2022）规定，机制砂中的泥粉含量需用亚甲蓝方法检测，要求机制砂的 MB 值不得大于 1.4，因此应严格控制机制砂中泥粉的含量。

知识拓展

机制砂与天然砂的区分

从外观看，机制砂石料和天然砂石料有明显不同。天然砂石料外观呈黄色，含泥量高也不易看出。机制砂石料多数外观呈灰白色或黑色，看上去石粉很多。机制砂石料在生产过程中要产生一定量的石粉，这是机制砂石料和天然砂石料最明显的区别之一。

骨料的颗粒形状近似球形或立方体形，且表面越光滑，表面积越小，对混凝土流动性越有利，然而表面光滑的骨料与水泥浆黏结较差。砂的颗粒较小，一般较少考虑其形状，但是石子就必须考虑其针、片状颗粒的含量。卵石、碎石颗粒的长度大于该颗粒所属相应粒级的平均粒径 2.4 倍者为针状颗粒，厚度小于平均粒径 0.4 倍者为片状颗粒。针、片状颗粒不仅受力时易折断，而且会增加骨料间的空隙，所以国家标准《建设用卵石、碎石》（GB/T 14685—2022）中对针、片状颗粒含量作出了限制要求。

3）坚固性。坚固性是指混凝土在自然风化和其他外界物理化学因素作用下抵抗破裂的能力。

砂、石中含大量风化岩体，在冻融或干湿循环作用下有可能继续风化。因此，对某些重要工程或特殊环境下工作的混凝土用砂，应做坚固性检验，如严寒地区室外工程、处于潮湿或干湿交替状态下的混凝土工程、有腐蚀介质存在或处于水位升降区的混凝土工程等。国家标准《建设用砂》（GB/T 14684—2022）规定，混凝土坚固性采用硫酸钠溶液浸泡→烘干→浸泡循环试验法检验，指标应符合表 4-5 的要求。

表 4-5　砂、石的坚固性指标（用硫酸钠溶液试验，质量损失应符合表中规定）　%

类　别	Ⅰ	Ⅱ	Ⅲ
砂子质量损失	≤8		≤10
石子质量损失	≤5	≤8	≤12

4）强度。为了保证混凝土的强度要求，粗骨料必须质地致密，具有足够的强度。碎石或卵石的强度可用岩石的立方体强度和压碎指标两种方法表示。在水饱和状态下，火成岩的抗压强度应不小于 80 MPa，变质岩的抗压强度应不小于 60 MPa，水成岩的抗压强度应不小于 30 MPa。压碎指标测定的是石子抵抗压碎的能力。工程上采用压碎指标进行质量控制，压碎指标越小，说明石子抵抗破碎的能力越强，见表 4-6。

表 4-6　石子的压碎指标　%

类　别	Ⅰ	Ⅱ	Ⅲ
碎石压碎指标	≤10	≤20	≤30
卵石压碎指标	≤12	≤14	≤16

知识拓展

立方体强度测定

将岩石制成5 cm×5 cm×5 cm的立方体（或直径与高均为5 cm的圆柱体）试件，在水饱和状态下，其抗压强度（MPa）与设计要求的混凝土强度等级之比即为碎石或卵石的强度指标。

5）砂的含水状态。砂的含水状态有4种，如图4-3所示。

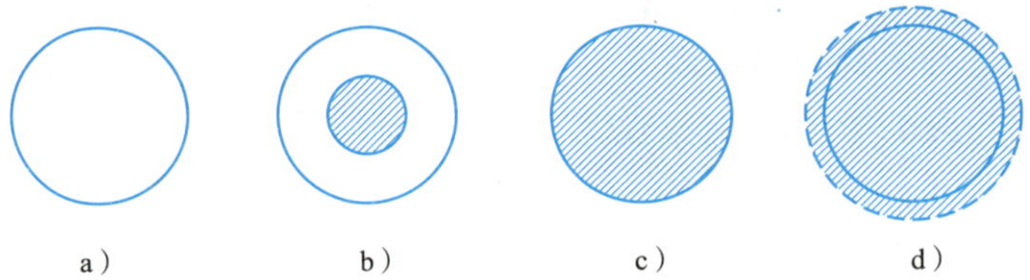

图4-3　砂的含水状态

a）绝干状态　b）气干状态　c）饱和面干状态　d）湿润状态

①绝干状态。砂粒内外不含任何水，通常在（105±5）℃条件下烘干而得。

②气干状态。砂粒表面干燥，内部孔隙中部分含水。该状态是指室内或室外（天晴）空气平衡时砂的含水状态，其含水量大小与空气相对湿度和温度密切相关。

③饱和面干状态。砂粒表面干燥，内部孔隙全部吸水饱和。水利工程上通常采用饱和面干状态计量砂用量。

④湿润状态。砂粒内部吸水饱和，表面还含有部分表面水。施工现场（特别是雨后）常出现此种状况。搅拌混凝土中计量砂用量时，要扣除砂中的含水量；同样，计量水用量时，要扣除砂中带入的水量。

（3）骨料的级配和粗细程度

骨料的级配是指骨料中不同粒径的分布情况。良好的级配应当能使骨料的空隙率和总表面积均较小，从而不仅使所需的水泥浆量较少，还可以提高混凝土的密实度、强度及其他性能。若骨料的粒径分布在同一尺寸范围内，则会产生很大的空隙率，如图4-4a所示；若骨料的粒径分布在两种尺寸范围内，空隙率就减小，如图4-4b所示；若骨料的粒径分布在更多的尺寸范围内，空隙率就更小，如图4-4c所示。由此可见，只有适宜的骨料粒径分布，才能达到良好级配的要求。

骨料的粗细程度是指不同粒径的颗粒混合在一起的总体粗细程度。相同质量的骨料，粒径小时，总表面积大；粒径大时，总表面积小。因此，骨料粒径大时，其表面包裹的水泥浆量就少。水泥浆量相同时，包裹在大粒径骨料表面的水泥浆层就厚，便能减小骨料间的摩擦。砂、石的级配和粗细程度等技术性质如下：

1）砂的粗细程度与颗粒级配。砂的粗细程度是指不同粒径的砂粒混合体平均粒径的大小，通常用细度模数（M_x）表示，其值并不等于平均粒径，但能较准确地反映砂

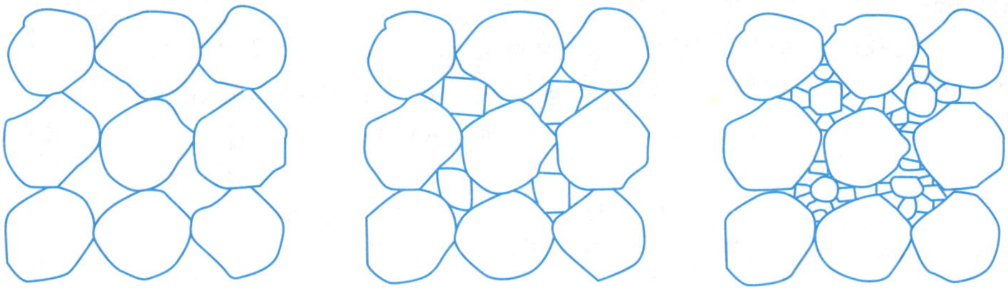

图 4-4　砂颗粒级配

a）骨料粒径分布在同一尺寸范围内　b）骨料粒径分布在两种尺寸范围内

c）骨料粒径分布在更多的尺寸范围内

的粗细程度。M_x越大，表示砂越粗，单位质量总表面积（或比表面积）越小；M_x越小，则砂越细，比表面积越大。

砂的颗粒级配是指不同粒径的砂粒搭配比例。良好的级配指粗颗粒的空隙恰好由中颗粒填充，中颗粒的空隙恰好由细颗粒填充，如此逐级填充（见图 4-4）使砂形成最密致的堆积状态，空隙率达到最小值，堆积密度达最大值。这样可达到节约水泥、提高混凝土综合性能的目的。因此，砂的颗粒级配反映了空隙率的大小。

砂的粗细程度和颗粒级配用筛分析方法测定。

砂的颗粒级配应符合表4-7 的规定，砂的级配类别应符合表4-8 的规定。对于砂浆用砂，4.75 mm 筛孔的累计筛余量应为 0。砂的实际颗粒级配除 4.75 mm 和 600μm 筛档外，可以略有超出，但各级累计筛余超出值总和应不大于 5%。

表 4-7　砂的颗粒级配

砂的分类	天然砂			机制砂、混合砂		
级配区	1 区	2 区	3 区	1 区	2 区	3 区
方筛孔尺寸	累计筛余（%）					
4.75 mm	10 ~ 0	10 ~ 0	10 ~ 0	10 ~ 0	10 ~ 0	10 ~ 0
2.36 mm	35 ~ 5	25 ~ 0	15 ~ 0	35 ~ 5	25 ~ 0	15 ~ 0
1.18 mm	65 ~ 35	50 ~ 10	25 ~ 0	65 ~ 35	50 ~ 10	25 ~ 0
600 μm	85 ~ 71	70 ~ 41	40 ~ 16	85 ~ 71	70 ~ 41	40 ~ 16
300 μm	95 ~ 80	92 ~ 70	85 ~ 55	95 ~ 80	92 ~ 70	85 ~ 55
150 μm	100 ~ 90	100 ~ 90	100 ~ 90	97 ~ 85	94 ~ 80	94 ~ 75

表 4-8　砂的级配类别

类　别	Ⅰ	Ⅱ	Ⅲ
级配区	2 区	1 区、2 区、3 区	

用细度模数表示粗细，用级配区表示砂的级配。根据国家标准《建设用砂》

(GB/T 14684—2022)，筛分析是用一套孔径为 4.75 mm、2.36 mm、1.18 mm、0.600 mm、0.300 mm和0.150 mm的标准筛，将500 g干砂由粗到细依次过筛（详见本章试验部分），称量各筛上的筛余量 m（g），计算各筛上的分计筛余率 a（%），再计算累计筛余率 A（%）。分计筛余率和累计筛余率 A（%）的计算关系见表4-9。

表4-9　分计筛余率与累计筛余率的计算关系

筛孔尺寸（mm）	筛余量（g）	分计筛余率（%）	累计筛余率（%）
4.75	m_1	$a_1=\frac{m_1}{500}$	$A_1=a_1$
2.36	m_2	$a_2=\frac{m_2}{500}$	$A_2=A_1+a_2$
1.18	m_3	$a_3=\frac{m_3}{500}$	$A_3=A_2+a_3$
0.600	m_4	$a_4=\frac{m_4}{500}$	$A_4=A_3+a_4$
0.300	m_5	$a_5=\frac{m_5}{500}$	$A_5=A_4+a_5$
0.150	m_6	$a_6=\frac{m_6}{500}$	$A_6=A_5+a_6$

细度模数根据下式计算（精确至0.01）：

$$M_x=\frac{(A_2+A_3+A_4+A_5+A_6)\ -5A_1}{100-A_1}$$

砂的粗细程度按细度模数不同，分为粗、中、细三种规格，其范围应符合下列规定：

粗砂：$M_x=3.1\sim3.7$

中砂：$M_x=2.3\sim3.0$

细砂：$M_x=1.6\sim2.2$

砂的颗粒级配根据0.600 mm筛孔对应的累计筛余率 A_4，分成1区、2区和3区三个级配区，见表4-7。级配良好的粗砂应落在1区，级配良好的中砂应落在2区，级配良好的细砂则应落在3区。实际使用的砂颗粒级配可能不完全符合要求，除了4.75 mm和0.600 mm对应的累计筛余率外，其余各档筛余允许有不大于5%的超界，当某一筛档累计筛余率超界5%以上时，说明砂级配很差，视作不合格。

累计筛余率取两次试验结果的算术平均值，精确至1%。细度模数取两次试验结果的算术平均值，精确至0.1。如果两次试验的细度模数之差超过0.20，应重新试验。

根据各号筛的累计筛余率，采用修约值比较法评定该试样的颗粒级配。

以累计筛余率为纵坐标，筛孔尺寸为横坐标，根据表4-7可绘制1区、2区、3区的筛分曲线，如图4-5所示。在筛分曲线上可以直观地分析砂的颗粒级配优劣。

配制混凝土时宜选用2区砂。当选用1区砂时，应提高砂率，并保持足够的水泥用量，满足混凝土的和易性要求；当选用3区砂时，宜适当降低砂率；当采用特细砂时，应符合相应规定。配制泵送混凝土，宜选用中砂。

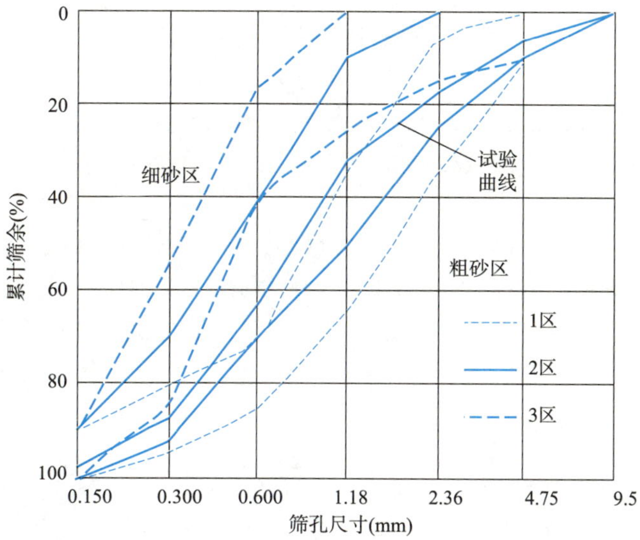

图 4-5　1 区、2 区、3 区筛分曲线

【例 4-1】 某工程用砂，经烘干、称量、筛分析，测得各号筛上的筛余量列于表 4-10，试评定该砂的粗细程度（M_x）和级配情况。

表 4-10　筛分析试验结果

筛孔尺寸（mm）	4.75	2.36	1.18	0.600	0.300	0.150	底盘	合计
筛余量（g）	28.5	57.6	73.1	156.6	118.5	55.5	9.7	499.5

解：

（1）分计筛余率和累计筛余率计算结果列于表 4-11

表 4-11　分计筛余率和累计筛余率计算结果　　%

分计筛余率	a_1	a_2	a_3	a_4	a_5	a_6
	5.71	11.53	14.63	31.35	23.72	11.11
累计筛余率	A_1	A_2	A_3	A_4	A_5	A_6
	5.71	17.24	31.87	63.22	86.94	98.05

（2）计算细度模数

$$M_x = \frac{(A_2 + A_3 + A_4 + A_5 + A_6) - 5A_1}{100 - A_1}$$

$$= \frac{(17.24 + 31.87 + 63.22 + 86.94 + 98.05) - 5 \times 5.71}{100 - 5.71} = 2.85$$

（3）确定级配区、绘制级配曲线

该砂样在 0.600 mm 筛上的累计筛余率（$A_4 = 63.22$）落在 2 区，其他各筛上的累计筛余率也均落在 2 区规定的范围内，因此可以判定该砂为 2 区砂。

（4）结果评定

该砂的细度模数 $M_x=2.85$，属中砂；2 区砂，级配良好；可用于配制混凝土。

砂的掺配使用：配制普通混凝土的砂宜为中砂（$M_x=2.3\sim3.0$）、2 区砂，但实际工程中往往出现砂偏细或偏粗的情况，通常有两种处理方法。

当只有一种砂源时，适当减少偏细砂用量，即降低砂率或者适当增加偏粗砂用量，即增加砂率。

当粗砂和细砂可同时提供时，宜将细砂和粗砂按一定比例掺配使用，这样既可调整细度模数，也可改善砂的级配，有利于节约水泥，提高混凝土性能。掺配比例可根据砂资源状况、粗细砂各自的细度模数及级配情况，通过试验和计算确定。

2）石子级配。石子包括卵石和碎石，如图 4-6 所示。石子级配好坏对节约水泥和保证混凝土具有良好的和易性有很大影响。

a）　　　　b）

图 4-6　石子

a）卵石　b）碎石

粗骨料中，公称粒级的上限称为该骨料的最大粒径。当骨料粒径增大时，其总表面积减小，包裹其表面所需的水泥浆数量相应减少，可节约水泥。因此，在条件许可的情况下，粗骨料最大粒径应尽量大些。在普通混凝土中，骨料粒径大于 40 mm 并无好处，有可能造成混凝土强度下降。国家标准《混凝土质量控制标准》（GB 50164—2011）规定，对于混凝土结构，粗骨料最大公称粒径不得大于构件截面最小尺寸的 1/4，且不得大于钢筋最小净间距的 3/4；对混凝土实心板，粗骨料最大公称粒径不宜大于板厚的 1/3，且不得大于 40 mm；对于大体积混凝土，粗骨料最大公称粒径不宜小于 31.5 mm。石子粒径过大，运输和搅拌都不方便。

石子的颗粒级配和最大粒径石子的级配分为连续粒级和单粒粒级两种，石子的级配通过筛分试验确定，一套标准筛有 12 个筛子，孔径分别为 2.36 mm、4.75 mm、9.50 mm、16.0 mm、19.0 mm、26.5 mm、31.5 mm、37.5 mm、53.0 mm、63.0 mm、75.0 mm 和 90 mm，可按需选用筛号进行筛分，然后计算得每个筛好的分计筛余率和累计筛余率（计算方法与砂相同）。

石子的颗粒级配应符合表 4-12 的规定，混凝土应采用连续粒级。单粒粒级宜用于组合成满足要求的连续粒级，也可与连续粒级混合使用，以改善其级配或配成较大粒度的连续粒级。当卵石的颗粒级配不符合表 4-12 时，应采取措施并经试验证实能确保工程质量后，方可使用。

表 4-12　石子的颗粒级配

公称粒级（mm）		累计筛余（%）方孔筛（mm）											
		2.36	4.75	9.50	16.0	19.0	26.5	31.5	37.5	53.0	63.0	75.0	90
连续粒级	5~16	95~100	85~100	30~60	0~10	0	—	—	—	—	—	—	—
	5~20	95~100	90~100	40~80	—	0~10	0	—	—	—	—	—	—
	5~25	95~100	90~100	—	30~70	—	0~5	0	—	—	—	—	—
	5~31.5	95~100	90~100	70~90	—	15~45	0~5	0	—	—	—	—	—
	5~40	—	95~100	70~90	—	30~65	—	—	0~5	0	—	—	—
单粒粒级	5~10	95~100	80~100	0~15	0	—	—	—	—	—	—	—	—
	10~16	—	95~100	80~100	0~15	—	—	—	—	—	—	—	—
	10~20	—	95~100	85~100	—	0~15	0	—	—	—	—	—	—
	16~25	—	—	95~100	55~70	25~40	0~10	—	—	—	—	—	—
	16~31.5	—	95~100	—	85~100	—	—	0~10	0	—	—	—	—
	20~4	—	—	95~100	—	80~100	—	—	0~10	0	—	—	—
	40~80	—	—	—	—	95~100	—	—	70~100	—	30~60	0~10	0

注：1. 碎石或卵石的颗粒级配应符合上表要求，混凝土用石应采用连续级配。

2. 小的石子用连续粒级，大的可采用单粒粒级。特别是拌制高强度混凝土，石子的颗粒级配更为重要。

3. 混凝土用水

混凝土用水的基本要求是：不影响混凝土的和易性及凝结硬化，无损于混凝土强度发展，不降低混凝土的耐久性，不加快钢筋锈蚀及导致预应力钢筋脆断，不污染混凝土表面。

第三节　混凝土外加剂

混凝土外加剂是指在拌制混凝土过程中掺入的用以改善混凝土性质的物质，其掺量一般不大于水泥质量的5%（特殊情况除外）。

在配制混凝土时掺入少量的外加剂，能明显改善混凝土的性能并节约水泥，具有投资少、见效快、技术经济效益显著的特点，因此受到国内外的普遍重视。

知识拓展

古代，人类早已知道在建筑用胶凝材料中使用一些添加剂。有学者考证，古罗马斗兽场建造过程中，建筑工人已知道在火山灰等凝胶材料中使用一些牛血、牛油、牛奶改善其使用性能。我国古代有史料记载，修建万里长城时，也曾以黏土、石灰等作为胶凝材料，并加入糯米、猪血、豆腐汁等以增加其黏性。这些可称为混凝土外加剂的前身。

目前，针对混凝土工程的各种特殊要求，技术人员已经研制出了许多种能满足各式各样要求的外加剂，将它们以适当方式加到混凝土中就可以达到一些预期的效果。

按作用不同，混凝土外加剂可分为减水剂、速凝剂、缓凝剂、引气剂、防水剂、黏结剂、膨胀剂、阻锈剂、消泡剂、脱模剂、着色剂、防潮剂等。

按主要功能不同，混凝土外加剂可分为四类，分别是改善混凝土拌合物流变性能的外加剂（包括减水剂、引气剂和泵送剂等，其中泵送剂主要由高效减水剂、缓凝剂等组成）、调节混凝土凝结时间和硬化性能的外加剂（包括缓凝剂、早强剂和速凝剂等）、改善混凝土耐久性的外加剂（包括引气剂、防水剂和阻锈剂等），以及改善混凝土其他性能的外加剂（包括黏结剂、膨胀剂、消泡剂、脱模剂、着色剂、防潮剂等）。

一、 常用的混凝土外加剂

1. 减水剂

减水剂是一种表面活性剂，其分子是由亲水基因和憎水基因两部分组成。当水泥加水拌和后，若无减水剂，则水泥颗粒间分子凝聚力的作用会使水泥浆形成絮状结构，如图 4-7a 所示，将一部分拌和用水（游离水）包裹在水泥颗粒的絮状结构内，从而降低混凝土拌合物的流动性。如果在水泥浆中加入减水剂，则减水剂的憎水基因定向吸附于水泥颗粒表面，使水泥颗粒表面带有相同的电荷，在电性斥力作用下，水泥颗粒分开，如图 4-7b 所示，从而将絮状结构中的游离水释放出来。另外，减水剂还能在水泥颗粒表面形成一层减水膜，在水泥颗粒间形成很好的润滑作用，如图 4-7c 所示。

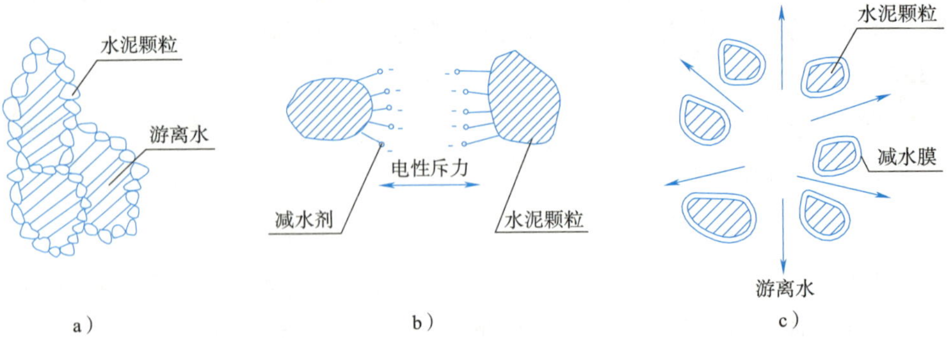

图 4-7　水泥浆结构

a）未掺减水剂时，水泥砂浆中的絮状结构　b）掺减水剂的水泥浆结构　c）水泥颗粒表面的减水膜

减水剂的吸附、分散和湿润作用使混凝土拌合物在不增加用水量的情况下，增加了流动性。

按化学成分不同，减水剂可分为木质素系、萘系、树脂系等几种；按效果不同，减水剂可分为普通减水剂和高效减水剂两种；按凝结时间不同，减水剂可分成标准型、早强型和缓凝型三种；按是否引气，减水剂可分为引气型和非引气型两种。

混凝土中掺入减水剂后，若不减少拌和用水量，能明显提高拌合物的流动性；当减水而不减水泥时，则能提高强度；若减水时适当减少水泥用量，则能节约水泥。

使用减水剂，可以达到以下技术经济效果：

（1）在保持和易性不变的情况下，可使混凝土的单位用水量减少 5%～25%，从而大幅度提高混凝土早期或后期强度。

（2）在保持水胶比不变的情况下，可使混凝土坍落度增大 10～20 cm，从而满足混凝土工程大模板施工、升板施工、泵送等工艺的要求。

（3）在保持混凝土强度不变的情况下，可使单位水泥用量降低 5%～20%。

（4）在普通水泥中加入不同性能的减水剂可分别制得高强混凝土、超高强混凝土、缓凝高强混凝土、早强混凝土、超早强混凝土等，这种方法比研制和使用特种水泥更为经济、简便和灵活。

2. 缓凝剂

缓凝剂是减缓水泥水化速度，从而延长混凝土凝结时间，而不降低混凝土最终强度的外加剂。它可以用来延缓混凝土凝结时间，使新拌混凝土在较长时间内保持塑性，以利于浇灌成型、提高施工质量或降低水化热。

知识拓展

在夏季混凝土施工、大体积混凝土施工中，缓凝剂对延缓混凝土的凝结过程、延长捣实混凝土的时间、推迟水泥水化放热过程、减少温度应力所引起的裂缝等方面均起着重要的作用。

当凝结阶段的作用完成以后，混凝土的水化反应仍在以正常速度甚至加速进行，因此缓凝剂在适宜掺量范围内不影响后期强度。多数缓凝剂有分散作用，可增大混凝土的流动性。在流态混凝土中，缓凝剂与高效减水剂复合使用可以减少坍落度损失。混凝土中掺加缓凝剂，同时也能达到节省水泥用量的目的。一些缓凝剂（如柠檬酸等）可以使混凝土的耐久性提高，并减少混凝土的收缩。羟基羧酸类缓凝剂可使混凝土的含气量降低。

（1）缓凝剂的分类

根据化学成分不同，缓凝剂大体可分为四类，分别是有机酸类、无机盐类、含糖碳水化合物和木质素磺酸盐。

木质素磺酸盐因有较强减水增强作用而缓凝性能较温和，故一般列入普通减水剂；含糖碳水化合物对混凝土兼有良好的减水增强作用，也可归入缓凝型减水剂。

（2）使用技术要求

使用缓凝剂时，应注意以下事项：

1）要根据混凝土的凝结时间、强度要求等确定缓凝剂的品种及掺量。一般而言，糖类缓凝剂的掺量为水泥质量的0.1%~0.5%，羟基羧酸及其盐类缓凝剂的掺量为水泥质量的0.003%~0.1%，锌盐及硼酸盐类缓凝剂的掺量为水泥质量的0.1%~0.2%。

2）缓凝剂对气温有较高的敏感性，因此其掺量应根据气温的变化进行适当的调整。

3）缓凝剂一般应配成适当浓度的水溶液后再使用。

4）对加入缓凝剂的混凝土进行养护时，应适当延迟开始浇水养护的时间。

5）掺加缓凝剂混凝土的浇灌、振捣及养护与普通混凝土相同。

3. 引气剂（加气剂）

引气剂是在搅拌混凝土过程中引入大量均匀分布的、稳定而封闭的微小气泡（直径为10~100 μm）的外加剂，主要品种有松香热聚物、松脂皂和烷基苯磺酸盐等。

引气剂掺入混凝土中对混凝土性能的影响有如下几个方面：

（1）改善混凝土拌合物的和易性

在混凝土拌合物中引入大量微小气泡，既能增加水泥浆的体积，气泡本身又起到如同滚珠轴承的作用，使颗粒间摩擦力减小，从而提高混凝土的流动性，由于水分均匀分布在气泡表面，又显著改善了混凝土的保水性和黏聚性。

（2）提高混凝土的耐久性

由于气泡能隔断混凝土中的毛细管通道，并能缓冲水泥石内水分结冰时所产生的水压力，故能显著提高混凝土的抗渗性和抗冻性。

（3）对强度、耐磨性和变形的影响

大量气泡引入后，减小了混凝土受压有效面积，使混凝土强度和耐磨性有所降低，当保持水胶比不变时，含气量增加1%，混凝土强度约下降3%~5%，故应使混凝土具有适宜的含气量。

引气剂的掺量极微，一般为水泥质量的（0.5~1.5）/10 000。引气剂也可与减水剂、速凝剂等复合使用，以取得较好效果。

4. 防冻剂

防冻剂能使混凝土在负温下硬化，其主要组分有防冻组分、减水组分、引气组分和早强组分等。防冻剂可分为三类，分别是氯盐类、氯盐阻锈类和无氯盐类。减水、引气、早强组分则分别采用各类减水剂、引气剂、早强剂。

二、使用外加剂时需注意的几个问题

1. 避免假冒产品

在购买外加剂时，要严把质量关，许多施工单位使用假冒外加剂后，根本不见效，不仅浪费财力，而且拖延了工期。

2. 复合使用

使用外加剂时，采用多种外加剂复合使用的方法效果较好，但要注意根据实际情况合理选择。

3. 严格规范用量

使用外加剂时，一定要严格按产品说明书执行其使用规范与标准，严格控制掺量，多掺、少掺都会直接影响其质量。一般来说，产品说明书中都详细介绍了产品的使用量及使用方法，不同厂家不尽相同，应按产品说明书的要求使用。

4. 做水泥适应性试验

使用外加剂要慎重。施工时，使用外加剂前，要请专业人员对使用外加剂做科学论证，并做水泥适应性试验，试验结果必须达到工程施工工艺要求。

三、 掺外加剂混凝土施工注意事项

1. 外加剂的掺加原则

外加剂以溶液形式掺加时必须彻底溶解，在搅拌情况下慢慢将外加剂掺入水中，不宜将水掺到外加剂中，谨防溶解不彻底而造成超掺。使用外加剂前，必须检查包装、产品说明书及实物，复验外加剂品种与混凝土配合比通知单是否相符。外加剂计量可用质量法，也可用体积法，允许偏差为外加剂掺量的 ±2%。计量设备必须准确、可靠，并经常保持良好的工作状态。粉状外加剂宜用体积法计量，用质量法计量时要注意含水量的变化；液态外加剂可用体积法或质量法计量，其溶液浓度必须经常检验。掺外加剂的混凝土（或砂浆）宜用机械搅拌，搅拌时间应延长 30 s，以保证拌和均匀。

2. 外加剂的掺加方法

外加剂的掺加方法有先掺法、同掺法、滞水法和后掺法。

采用先掺法时，将粉状外加剂先与水泥混合，然后加水搅拌；采用同掺法时，将外加剂预先溶解成一定浓度的溶液，然后在搅拌时与水一起掺加；采用滞水法时，搅拌过程中外加剂滞后于水 1～3 min 加入；采用后掺法时，外加剂不是在搅拌站搅拌时加入，而是在运输途中或施工现场分一次或几次加入，再经二次或多次搅拌。

3. 掺加外加剂要严格控制用水量

用水量对掺高效减水剂的混凝土拌合物和易性的影响比普通混凝土大。用水量过小时，减水剂的塑化作用不明显；用水量过大时，拌合物会成为“稀汤”，容易泌水。混凝土在运输过程中应保持匀质性，不离析，不漏浆，运至浇筑地点具有规定的坍落度，当有离析时，必须进行二次搅拌。掺外加剂混凝土的振捣方法与不掺外加剂的混凝土相同。掺外加剂混凝土的振捣时间要适宜，时间太短则混凝土不密实，时间太长又会引起分层离析。掺外加剂混凝土成型后应加以覆盖和浇水。一般需在混凝土浇筑完毕后 12 h 内对混凝土进行覆盖和浇水；对于硬性混凝土，若在高温和刮风季节成型，需在 2 h 内加以覆盖。混凝土的浇水养护时间不得少于 7 d；大体积混凝土或有抗冻要求的混凝土的浇水养护时间不得小于 14 d；平均气温低于 5 ℃时不得浇水，必须用保温材料覆盖。

第四节　混凝土拌合物的和易性

混凝土拌合物是指各组成材料按一定比例，经搅拌均匀后尚未凝结硬化的混合物。为了便于施工操作（运输、浇筑、振捣），混凝土拌合物应具有良好的和易性。

一、和易性的基本概念

和易性又称工作性，是指混凝土拌合物能保持其组成成分均匀，不发生分层离析、泌水等现象，适于运输、浇筑、捣实成型等施工作业，并能获得质量均匀、密实的混凝土的性能。

和易性是一项综合技术性质，包括流动性、黏聚性和保水性三个方面。

1. 流动性

流动性指混凝土拌合物在自重或机械振捣力的作用下，能产生流动并均匀密实地充满模型的性能，反映拌合物的稀稠程度。

（1）混凝土拌合物太稠，难以振捣，易造成内部孔隙。

（2）混凝土拌合物过稀，会分层离析，影响混凝土的均匀性。

2. 黏聚性

黏聚性指混凝土拌合物在施工过程中其组成材料之间具有一定的黏聚力，在运输和浇筑过程中不致产生离析分层现象，而使混凝土能保持整体均匀的性能。

3. 保水性

保水性指混凝土拌合物在施工过程中具有一定的保持内部水分的能力，防止产生严重的泌水现象。

流动性、黏聚性和保水性三者互相关联和制约。流动性很大时，往往黏聚性和保水性差，反之亦然；黏聚性好，一般保水性较好。

混凝土拌合物和易性良好，就是指这三方面的性能在某种具体条件下得到了优化。

当混凝土采用泵送施工时，混凝土拌合物的和易性称为可泵性，可泵性包括流动性、稳定性（包括黏聚性和保水性）及管道阻力三个方面内容。一般要求混凝土拌合物的可泵性要好，否则在输送和浇灌过程中容易发生离析，造成堵塞。

二、和易性的测定方法

混凝土拌合物的和易性内涵比较复杂，目前尚没有能够全面反映混凝土拌合物和易性的测定方法。我国国家标准《普通混凝土拌合物性能试验方法标准》（GB/T 50080—2016）规定，用坍落度和维勃稠度测定混凝土拌合物的流动性，并辅以直观经验评定黏聚性和保水性。

1. 坍落度测定

在工地和试验室，通常通过坍落度试验测定混凝土拌合物的流动性，并辅以直观经验评定其黏聚性和保水性。测定流动性的方法是：将混凝土拌合物按规定方法装入标准圆台坍落度筒（无底）内（见图 4-8），装满刮平后，垂直向上将筒提起，移到一旁，混凝土拌合物由于自重将会产生坍落现象，然后量出向下坍落的尺寸数值（mm），这个数值称为坍落度（S），作为流动性指标。坍落度越大，表示混凝土的流动性越好。根据混凝土拌合物坍落度大小，可对混凝土进行如下分级：当 $S=10\sim40$ mm 时，称为低塑性混凝土；当 $S=50\sim90$ mm 时，称为塑性混凝土；当 $S=100\sim150$ mm 时，称为流动性混凝土；当 $S\geqslant160$ mm 时，称为大流动性混凝土；当 $S\leqslant10$ mm 时，则称为干硬性混凝土。

在做坍落度试验的同时，应观察混凝土拌合物的黏聚性、保水性及含砂量等情况，以全面地评定混凝土拌合物的和易性。

用捣棒在已坍落的混凝土拌合物锥体侧面轻轻敲打，如果锥体逐步下沉，表示黏聚性良好；如果突然散落、部分崩裂或石子离析，表示黏聚性不好。当提起坍落度筒后，如果有较多的稀浆从底部析出，锥体部分的混凝土拌合物也因失浆而骨料外露，则表明保水性不好；如无这种现象，则表明保水性良好。

2. 维勃稠度测定

对于干硬性混凝土拌合物（坍落度值小于 10 mm），通长采用维勃稠度仪（见图 4-9）测定其稠度（维勃稠度）。

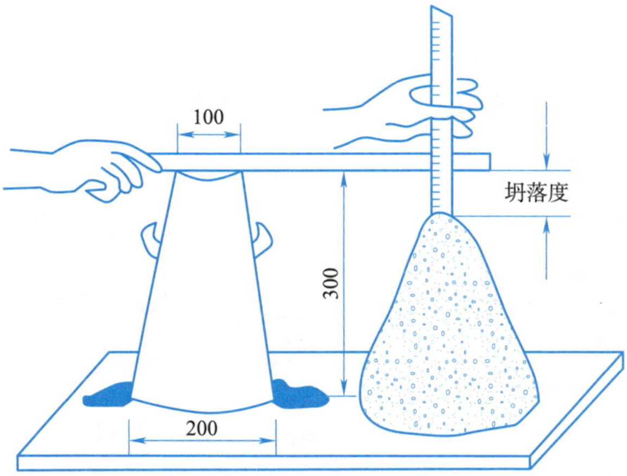

图 4-8　混凝土拌合物坍落度的测定

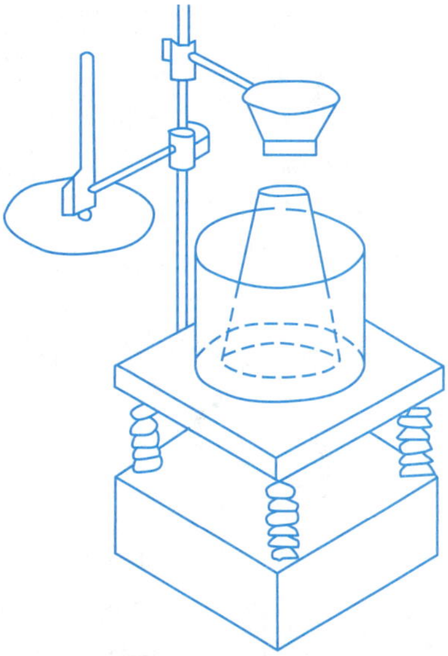

图 4-9　维勃稠度仪

维勃稠度测定方法如下：开始在坍落度筒中按规定方法装满混凝土拌合物，提起坍落度筒，在混凝土拌合物试体顶面放一透明圆盘，开启振动台，同时用秒表记录时间，到透明圆盘底面完全被水泥浆布满的瞬间为止，停止秒表，关闭振动台。此时可认为混凝土拌合物已密实，所读秒数称为维勃稠度（t）。

该法适用于骨料最大粒径不超过 40 mm、维勃稠度在 5 ~ 30 s 之间的混凝土拌合物稠度测定。

根据混凝土拌合物维勃稠度大小，可将混凝土进行如下分级：当 $t \geqslant 31$ s 时，称为超干硬性混凝土；当 $t = 21 \sim 30$ s 时，称为特干硬性混凝土；当 $t = 11 \sim 20$ s 时，称为干硬性混凝土；当 $t = 5 \sim 10$ s 时，称为半干硬性混凝土。

3. 泵送混凝土稳定性的测定

泵送混凝土的稳定性用相对压力泌水率（s_{10}）进行评定，试验仪器采用普通混凝土压力泌水仪。

相对压力泌水率（s_{10}）的测定方法是：将混凝土拌合物按规定方法装入试料筒内，尽快给混凝土加压 3 ~ 5 MPa，立即打开泌水管阀门，同时开始计时，并保持恒压，泌出的水接入 1 000 mL 量筒内，恒压 10 s 后读取泌水量 V_{10}，恒压 140 s 后读取泌水量 V_{140}，则加压至 10 s 时的相对压力泌水率为：

$$s_{10} = V_{10}/V_{140} \times 100\%$$

研究表明，混凝土拌合物泵送过程中的摩阻力是其流动性（坍落度）与稳定性（压力泌水值）的综合反映，而且流动性与稳定性又有一定的关系。因此，混凝土拌合物的可泵性一般可用坍落度值和相对压力泌水率两个指标进行评定。

三、流动性（坍落度）的选择

1. 原则

(1) 结构构件类型及截面尺寸大小

构件截面尺寸较大时，选用较小的坍落度。

(2) 结构构件的配筋疏密

钢筋较疏时，选用较小的坍落度。

(3) 施工捣实方法

机械振捣时，选用较小的坍落度；人工振捣时，选用较大的坍落度。

2. 选用

混凝土浇筑时的坍落度宜按表 4-13 选用。

表 4-13　混凝土浇筑时的坍落度

序号	结构种类	坍落度（mm）
1	基础或地面等的垫层、无配筋的大体积结构（挡土墙、基础等）或配筋稀疏的结构	10 ~ 30
2	板、梁或大型及中型截面的柱子等	30 ~ 50
3	配筋密列的结构（薄壁、斗仓、筒仓、细柱等）	50 ~ 70
4	配筋特密的结构	70 ~ 90

泵送混凝土选择坍落度除考虑振捣方式外，还要考虑其可泵性。混凝土拌合物坍落度过小，泵送时吸入混凝土缸较困难，即活塞后退汲吸混凝土时，进入缸内的数量少，也就是充盈系数小，影响泵送效率。这种混凝土泵送时摩阻力也大，要求用较高的泵送压力，使混凝土泵机件的磨损增加，甚至会产生阻塞，造成施工困难。如果混凝土拌合物坍落度过大，在管道中滞留时间长，则泌水就多，容易产生离析而形成阻塞。泵送混凝土的坍落度可按国家标准《混凝土质量控制标准》（GB 50164—2011）和行业标准《混凝土泵送施工技术规程》（JGJ/T 10—2011）的规定选用。不同泵送高度入泵时混凝土坍落度可按表 4-14 选用。

表 4-14　不同泵送高度入泵时混凝土坍落度选用

泵送高度（m）	30 以下	30 ~ 60	60 ~ 100	100 以上
坍落度（mm）	100 ~ 140	140 ~ 160	160 ~ 180	180 ~ 200

四、影响新拌混凝土和易性的因素

1. 水泥浆数量的影响

新拌混凝土中水泥浆的作用为填充骨料空隙、包裹骨料形成润滑层、增加流动性。

混凝土拌合物保持水胶比不变的情况下，水泥浆用量越多，流动性越大，反之越小。水泥浆用量过多，黏聚性及保水性变差，对强度及耐久性产生不利影响；水泥浆用量过少，黏聚性差。因此，水泥浆用量不能太少，但也不能太多，应以满足混凝土拌合物流动性、黏聚性和保水性要求为宜。

2. 水泥浆稠度的影响

当水泥浆用量一定时，水泥浆的稠度决定于水胶比大小，水胶比（W/B）为用水量与水泥质量之比。

水胶比过小时，水泥浆干稠，混凝土拌合物流动性过低，给施工造成困难；水胶比过大时，水泥浆稀，混凝土拌合物的黏聚性和保水性变差，产生流浆及离析现象，并严重影响混凝土的强度。因此，水胶比大小应根据混凝土强度和耐久性要求合理选用，取值范围为 0.40 ~ 0.75。

无论是水泥浆的数量还是水泥浆的稠度，实际上对混凝土拌合物流动性起决定作用的是单位体积用水量的多少，即恒定用水量法则：在配制混凝土时，若所用粗、细骨料种类及比例一定，水胶比在一定范围内（0.4 ~ 0.8）变动时，为获得要求的流动性，所需拌和用水量基本是一定的。即骨料一定时，混凝土的坍落度只与单位用水量有关。

3. 砂率的影响

砂率是指混凝土中砂的质量占砂、石总质量的百分比。

（1）砂率对和易性的影响

砂率过大，孔隙率及总表面积大，水泥含量不变的情况下就会降低对骨料的润滑作用，拌合物干稠，流动性降低；砂率过小，砂浆数量不足，不能保证粗骨料之间有足够的砂浆层，也会降低拌合物的流动性，且影响黏聚性和保水性。因此，砂率过大或过小，都会降低拌合物的流动性。

（2）合理砂率

合理砂率是指在用水量及水泥用量一定的情况下，能使混凝土拌合物获得最大的流动性，且能保持黏聚性及保水性良好时的砂率值，或指混凝土拌合物获得所要求的流动性及良好的黏聚性及保水性，而水泥用量为最少时的砂率值，如图 4-10 和图 4-11 所示。

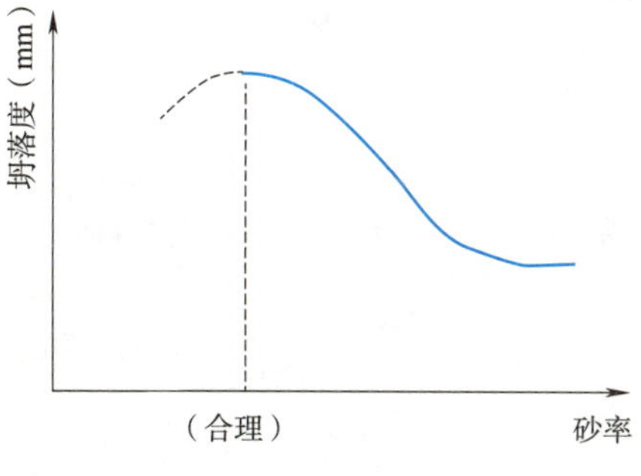

图 4-10 砂率与坍落度的关系
（水与水泥用量一定）

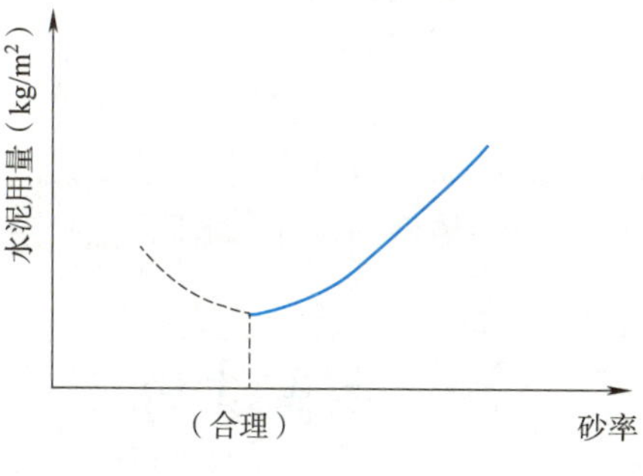

图 4-11 砂率与水泥用量的关系
（达到相同的坍落度）

4. 组成材料性质的影响

（1）水泥品种的影响

水泥对和易性的影响主要表现在水泥的需水性上。使用不同水泥拌制的混凝土，和易性由好至坏的顺序为粉煤灰硅酸盐水泥→普通硅酸盐水泥、硅酸盐水泥→矿渣硅酸盐水泥（流动性好，但黏聚性差）→火山灰质硅酸盐水泥（流动性差，但黏聚性和保水性好）。

（2）骨料性质的影响

1）粒径。粒径越大，总比表面积越小，混凝土拌合物流动性越大。

2）品种。卵石拌制的混凝土拌合物和易性优于碎石。

3）级配。级配优良的混凝土拌合物具有较好的和易性和保水性。

5. 外加剂的影响

外加剂（如减水剂、引气剂等）对混凝土的和易性有很大的影响。少量的外加剂能使混凝土拌合物在不增加水泥用量的条件下，获得良好的和易性，不仅流动性显著增加，而且还能有效地改善混凝土拌合物的黏聚性和保水性。

6. 混凝土拌合物环境温度及存放时间的影响

（1）环境温度

环境温度升高，水分蒸发及水化反应加快，相应坍落度下降。

（2）存放时间

存放时间越长，水分蒸发越多，坍落度下降。

7. 施工工艺的影响

采用同样的配合比设计时，机械搅拌时的坍落度大于人工搅拌时的坍落度，且搅拌时间越长，坍落度越大。

五、改善新拌混凝土和易性的措施

1. 调节混凝土的材料组成

（1）采用合理砂率，并尽可能使用较低的砂率。

（2）改善砂、石的级配。

（3）在可能的条件下，尽量采用较粗的砂、石。

（4）当混凝土拌合物坍落度太小时，保持水胶比不变，增加适量的水泥浆；当混凝土拌合物坍落度太大时，保持砂率不变，增加适量的砂、石。

（5）掺加各种外加剂（如减水剂、引气剂等）。

2. 提高振捣机械的效能

提高振捣机械的效能虽然不能直接改善混凝土的和易性，但可以降低施工条件对混凝土拌合物和易性的要求，即不改变原有和易性仍可通过振捣达到浇筑的效果。

第五节 硬化混凝土的强度

硬化后混凝土的强度包括立方体抗压强度、轴心抗压强度、劈裂抗拉强度、抗折强度（抗弯强度）和与钢筋的黏结强度等。其中抗压强度最高，故混凝土主要是用来承受压力作用的。因此，一般情况下只检测混凝土的立方体抗压强度或轴心抗压强度。

一、混凝土的抗压强度与强度等级

1. 抗压强度

混凝土的抗压强度是指其标准试件在压力作用下直到破坏时，单位面积所能承受的最大压力。抗压强度常作为评定混凝土质量的指标，并作为确定强度等级的依据。

（1）立方体抗压强度（f_{cu}）

按照标准的制作方法制成边长为 150 mm 的正立方体试件，在温度（20 ±2）℃、相对湿度 95% 以上的标准养护条件下，养护至 28 d 龄期，按照标准的测定方法测定其抗压强度值，称为混凝土立方体试件抗压强度（简称立方体抗压强度，以 f_{cu} 表示），单位为 MPa。

知识拓展

标准养护：应在温度为（20 ±2）℃、相对湿度为 95% 以上的环境或水中的标准条件下，养护到 28 d 龄期（由成型时算起）进行试验。粉煤灰混凝土试件的试验龄期可根据配合比设计强度等级的龄期确定，地上工程宜为 28 d，地面工程宜为 28 d 或 60 d，地下工程宜为 60 d 或 90 d，大体积混凝土宜为 90 d 或者 180 d。

（2）立方体抗压强度标准值（$f_{cu,k}$）

按照标准方法制作和养护的边长为 150 mm 的立方体试件，在 28 d 龄期，用标准试验测定的抗压强度总体分布中的一个值，强度低于该值的百分率不超过 5%(即具有 95% 保证率的抗压强度)，该值称为立方体抗压强度标准值，单位为 MPa。

2. 强度等级

混凝土强度等级是根据立方体抗压强度标准值确定的，一般用“C”和“立方体抗压强度标准值”两项内容表示，如 C30 即表示混凝土立方体抗压强度标准值 $f_{cu,k}$ =30 MPa。

我国现行国家标准《混凝土结构设计规范》（GB 50010—2010）规定，普通混凝土按立方体抗压强度标准值划分为 C15、C20、C25、C30、C35、C40、C45、C50、C55、C60、C65、C70、C75、C80 共 14 个强度等级。

混凝土垫层可用 C10 级混凝土。

3. 混凝土强度等级的实用意义

C15 ~ C25 级混凝土用于普通混凝土结构的梁、板、柱、楼梯及屋架，C25 ~ C30 级混凝土用于大跨度结构、耐久性要求较高的结构、预制构件等，C30 级以上混凝土用于预应力钢筋混凝土结构、吊车梁及特种构件等。

4. 混凝土的轴心抗压强度（f_{cp}）

轴心抗压强度采用 150 mm ×150 mm ×300 mm 的棱柱体作为标准试件，如有必要，也可采用非标准尺寸的棱柱体试件，但其高宽比（h/a）应为 2 ~3。在钢筋混凝土结构计算中，计算轴心受压构件的承载力时，都采用混凝土的轴心抗压强度（f_{cp}）作为设计依据。f_{cp}的值比同截面的f_{cu}小，且h/a越大，f_{cp}的值越小。在立方体抗压强度为10～55 MPa范围内时，$f_{cp}\approx$（0.70～0.80）f_{cu}。

知识拓展

混凝土的抗拉强度只有抗压强度的1/20～1/10，故在结构设计中，不考虑混凝土承受拉力，而是在混凝土中配以钢筋，由钢筋来承受拉力。确定混凝土抗裂度时，必须考虑抗拉强度，它是结构设计中确定混凝土抗裂度的主要指标。

测定混凝土的抗拉强度一般采用劈裂法，测出的强度称为劈裂抗拉强度，用f_{ts}表示。

国家标准规定，采用劈裂抗拉试验法确定劈裂抗拉强度（f_{ts}），按下式计算：

$$f_{ts}=0.637F/A$$

式中　F——试件破坏中荷载；

A——试件劈裂面面积。

二、 混凝土与钢筋的黏结强度

1. 强度主要来源

混凝土与钢筋的黏结强度的主要来源是混凝土与钢筋间的摩擦力、钢筋与水泥石间的黏结力和变形钢筋的表面机械咬合力。

2. 影响因素

影响混凝土与钢筋的黏结强度的主要因素有混凝土质量（强度）、钢筋尺寸及种类、钢筋在混凝土中的位置、加载类型、湿度变化和温度变化等。

三、 影响硬化后水泥混凝土强度的因素

混凝土破坏主要包括硬化水泥石与骨料间破坏（与水泥强度、水胶比、骨料性质有关）、硬化水泥石的破坏（与水泥石强度有关），以及骨料本身的破坏（与骨料强度有关）。

影响硬化后水泥混凝土强度的主要因素有材料组成、养护条件、试验条件、施工方法等。

1. 材料组成对混凝土强度的影响

（1）水泥的强度和水胶比的影响

水泥的强度和水胶比是决定混凝土强度的最主要因素。水泥是混凝土中的胶结组分，其强度的大小直接影响混凝土的强度。在配合比相同的条件下，水泥的强度越高，混凝土强度也越高。当采用同一种水泥（品种和强度相同）时，混凝土的强度主要决定于水胶比；在混凝土能充分密实的情况下，水胶比越大，水泥石中的孔隙越多，强度越低，与骨料黏结力也越小，混凝土的强度就越低。反之，水胶比越小，混凝土的强度越高。

混凝土的抗压强度与水胶比和水泥强度之间符合以下近似关系：

$$W/B = \frac{\alpha_a f_b}{f_{cu,0} + \alpha_a \alpha_b f_b}$$

式中　W/B——混凝土水胶比；

$f_{cu,0}$——水泥 28 d 胶砂抗压强度，MPa；

α_a，α_b——回归系数，按规定取值；

f_b——胶凝材料 28 d 胶砂抗压强度，MPa。

（2）骨料的影响

当骨料级配良好、砂率适当时，由于组成了坚强密实的骨架，有利于混凝土强度的提高。如果混凝土骨料中有害杂质较多、品质低、级配不好时，混凝土的强度会降低。

2. 养护条件对混凝土强度的影响

（1）温度和湿度

养护温度高，水泥水化速度快，混凝土强度的发展也快；反之，低温下混凝土强度发展迟缓。当温度降到冰点以下时，水泥将停止水化，强度停止发展，而且易使硬化的混凝土结构遭到破坏。因此，冬季混凝土施工时，应特别注意保温养护，防止早期受冻破坏。

水是水泥水化的必要条件，如果湿度不够，水泥水化反应不能正常进行，甚至停止，会严重降低混凝土强度。因此，混凝土浇筑完毕后，应在 12 h 内进行覆盖；夏季施工时，要特别注意浇水保湿。

温度和湿度对混凝土强度发展的影响如图 4-12 所示。

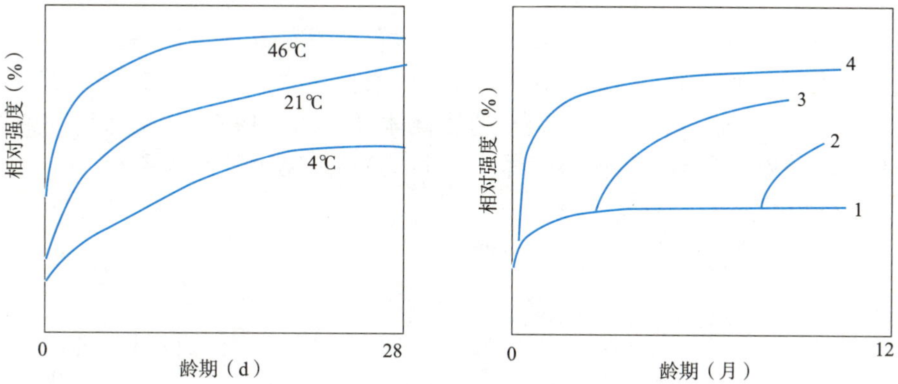

图 4-12　温度和湿度对混凝土强度发展的影响

1—空气养护　2—九个月后水中养护　3—三个月后水中养护　4—标准湿度条件下养护

（2）龄期

龄期是指混凝土在正常养护条件下所经历的时间。混凝土的强度随龄期的增长而提高，早期显著，后期缓慢。在标准养护条件下，普通水泥配制的混凝土的强度发展大致与龄期的常用对数成正比关系，经验公式如下：

$$f_n/f_{28} = \lg n/\lg 28$$

式中 f_n——混凝土 n 天龄期的抗压强度，MPa；

f_{28}——混凝土 28 d 龄期的抗压强度，MPa；

n——养护龄期，d（$n \geqslant 3$）。

根据上式，可估算混凝土 28 d 的强度，或推算 28 d 前混凝土达到某一强度需要养护的天数，如确定生产施工进度、混凝土拆模、构件起吊、放松预应力钢筋、制品堆放、出厂等的日期。

3. 试验条件对混凝土强度的影响

试验条件包括试件尺寸、试件形状、表面状态和加荷速度等。

（1）试件尺寸

同一种混凝土试件，尺寸越小，测得的混凝土强度就越高。我国标准规定，采用边长为 150 mm 的立方体试件作为标准试件，当采用非标准试件时，所测得的抗压强度应乘以表 4-15 所列的换算系数。

表 4-15 不同尺寸混凝土试件的强度换算系数

骨料最大粒径（mm）	试件尺寸（mm）	换 算 系 数
30	100×100×100	0.95
40	150×150×150	1
60	200×200×200	1.05

（2）试件形状

当试件受压面积相同而高度不同时，高宽比越大，抗压强度越小，这是由于环箍效应所致。当试件受压时，试件受压面与试件承压板之间的摩擦力对试件相对于承压板的横向膨胀起着约束作用，该约束有利于强度的提高。越接近试件的端面，这种约束作用就越大，在距端面大约 a 的范围以外，约束作用才消失，如图 4-13 所示。试件破坏后，其上下部分各呈现一个较完整的棱锥体（见图 4-14），就是这种约束作用的结果，称为环箍效应。不受压板约束时，试件的破坏情况如图 4-15 所示。

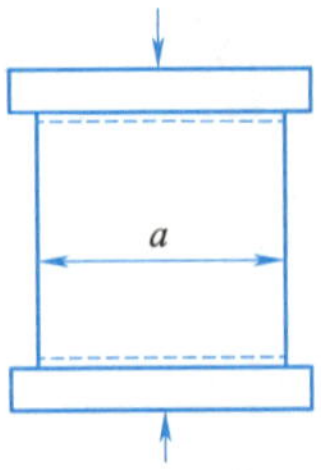

图 4-13 压力机压板对试件的约束作用

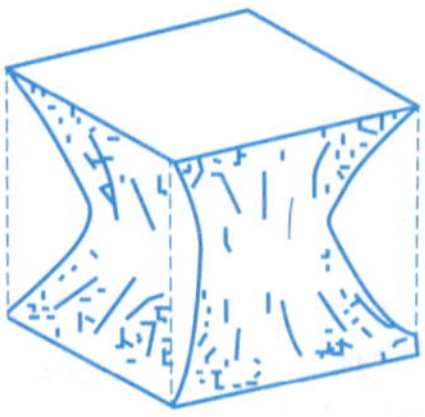

4-14 试件破坏后残存的棱锥体

图 4-15 不受压板约束时试件的破坏情况

（3）表面状态

混凝土试件承压面的状态也是影响混凝土强度的重要因素。当试件受压面有润滑剂时，试件受压时的环箍效应大大减小，测出的强度值较低。

(4) 加荷速度

加荷速度越快，测得的强度值也越大。

4. 施工方法对混凝土强度的影响

混凝土应尽量采用机械搅拌和振捣。干硬性混凝土宜用强制式搅拌机搅拌，塑性混凝土则宜采用自落式搅拌机搅拌。采用振动方法捣实混凝土可使其强度提高，对于干硬性混凝土，可使早期强度提高20%～30%。其他如真空吸水、碾压、加压振动等操作，均能使混凝土更加密实，从而提高强度。

四、提高混凝土强度的措施

1. 选用高强度水泥和早强型水泥。
2. 采用低水胶比的干硬性混凝土。
3. 掺加混凝土外加剂和掺和料。
4. 采用湿热处理——蒸汽养护和蒸压养护。
5. 采用机械搅拌和振捣。

第六节 混凝土的耐久性

混凝土除应具有设计要求的强度，以保证其能安全承受设计荷载外，还应根据其周围的自然环境以及在使用上的特殊要求，具备特殊的性能。混凝土能够抵抗环境介质作用并长期保持其良好的使用性能和外观完整性，从而维持混凝土结构的安全、正常使用的能力，称为混凝土的耐久性。

良好的耐久性对延长混凝土结构的使用寿命，减少维修保养费用，提高经济效益具有重要的意义。近年来，混凝土结构的耐久性及耐久性设计受到普遍的关注。混凝土结构的耐久性设计目标是使混凝土结构在规定的使用寿命内、常规的维修条件下，不出现混凝土劣化、钢筋锈蚀等影响结构正常使用的情况，以及影响外观的损坏。

一、混凝土耐久性的主要指标

混凝土耐久性主要包括抗渗性、抗冻性、耐磨性、抗侵蚀性、控制碳化、抑制碱-骨料反应等性能。

1. 抗渗性

抗渗性指混凝土抵抗水、油等压力液体渗透作用的能力，用抗渗等级（P）表示。抗渗等级是按标准试验方法进行试验，用每组6个试件中4个试件未出现渗水时的最大水压来表示的，有P4、P6、P8、P10、P12等五个等级，即相应表示能抵抗0.4 MPa、0.6 MPa、0.8 MPa、1.0 MPa及1.2 MPa的水压而不渗水。抗渗等级不小于P6级的混凝土称为抗渗混凝土。

混凝土产生渗透是由于其内部存在贯穿孔隙、毛细管、孔洞和蜂窝等。提高混凝土抗渗性的措施有降低水胶比、采用减水剂，以及选用致密、干净、级配良好的骨料等。

2. 抗冻性

抗冻性是指混凝土在饱和水状态下，经受多次冻融循环作用，仍能保证强度和外观完整性的能力。

抗冻性用抗冻等级（F）表示，抗冻等级是采用慢冻法以龄期 28 d 的试块在吸水饱和后，承受反复冻融循环，以抗压强度下降不超过 25%，而且质量损失不超过 5% 时所能承受的最大冻融循环次数来确定。据此可将混凝土划分为 F10、F15、F25、F50、F100、F150、F200、F250、F300 共 9 个抗冻等级，分别表示混凝土能够承受反复冻融循环的次数为 10 次、15 次、25 次、50 次、100 次、150 次、200 次、250 次和 300 次。抗冻等级不小于 F50 的混凝土称为抗冻混凝土。

提高混凝土抗冻性的关键是提高密实度，主要措施是减小水胶比、掺加引气剂等。

3. 耐磨性

耐磨性是指混凝土抵抗机械磨损的能力。影响混凝土耐磨性的主要因素是混凝土的表面光滑程度、水泥品种、石子硬度等。

4. 抗侵蚀性

环境介质对混凝土的化学侵蚀主要是对水泥石的侵蚀，淡水、硅酸盐、酸、碱等对水泥石有侵蚀作用，海水中的氯离子对钢筋也有锈蚀作用，这些都会使混凝土破坏。

混凝土的抗侵蚀性主要取决于其所用水泥的品种及混凝土的密实度。提高混凝土抗侵蚀性的主要措施是合理选用水泥品种、降低水胶比、提高混凝土的密实度，以及尽量减少混凝土中的开口孔隙。

5. 控制碳化

混凝土的碳化是指混凝土内水泥石中的氢氧化钙与空气中的二氧化碳发生化学反应，生成碳酸钙和水的过程。

混凝土碳化的缺点是减弱了对钢筋的保护作用，增加了混凝土的收缩，降低了混凝土的抗拉、抗折强度及抗渗能力；混凝土碳化的优点是提高了混凝土的密实度，对提高抗压强度有利。

影响混凝土碳化的因素有环境中二氧化碳的浓度、环境湿度、水泥品种和水胶比等。二氧化碳的浓度高，碳化速度快；环境湿度在 50% ~ 75% 时，碳化速度最快；环境湿度小于 25% 或大于 100% 时，碳化作用将停止进行。

控制混凝土的碳化，应采取以下措施：

（1）合理选用水泥品种。

（2）使用减水剂，提高混凝土的密实度。

（3）采用水胶比小、单位水泥用量较大的混凝土配合比。

（4）在混凝土表面涂刷保护层，防止二氧化碳侵入。

（5）加强施工质量控制，加强养护，保证振捣质量。

6. 抑制碱-骨料反应

混凝土的碱-骨料反应是指水泥中的碱性物质（氧化钠、氧化钾）与骨料中的活性二氧化硅发生反应，在骨料表面生成复杂的碱-硅酸凝胶，产生吸水和体积膨胀（可增大3倍以上）现象，从而导致混凝土膨胀开裂而破坏。

抑制碱-骨料反应应采取以下几种措施：

（1）选择低碱水泥（碱性物质含量不大于0.6%）。

（2）条件允许可选择非活性骨料。

（3）如果没有水，碱-骨料反应就会大为减少乃至完全停止，因此，设法防止外界水分渗入混凝土或者使混凝土变干可减轻碱-骨料反应的危害程度。

碱-骨料反应速度极慢，但造成的危害极大，而且无法弥补，其危害需几年至几十年才表现出来。测试碱-骨料反应通常用长度法，如六个月中试块的膨胀率超过0.05%或一年期超过0.1%，即认为这种骨料具有活性。

二、 提高混凝土耐久性的措施

1. 合理选择水泥品种

采用品质稳定、强度等级不低于42.5的低碱硅酸盐水泥或低碱普通硅酸盐水泥（掺合料仅为粉煤灰或磨细矿渣），品质应符合相关规定：水泥的比表面积不宜超过300 m^2/kg，其中硅酸钙矿物含量（质量分数）不小于66%，氧化钙与二氧化硅的质量比不小于2.0。

2. 适当控制混凝土的水胶比和水泥用量

水胶比是决定混凝土密实性的主要因素，它不但影响混凝土的强度，而且也严重影响其耐久性，必须严格控制。

保证足够的水泥用量，同样可以起到提高混凝土密实性的作用。《普通混凝土配合比设计规程》（JGJ 55—2011）对工业与民用建筑工程所用混凝土的最大水胶比和最小水泥用量作了规定。

3. 选用品种良好、级配合格的骨料

选用无碱活性、吸水率低、空隙率小的粗骨料，如质地坚硬、级配良好的石灰岩、花岗岩等；细骨料应选择无碱活性且级配合理、质地均匀坚固的天然中粗砂（不宜使用机制砂和山砂，严禁使用海砂），细度模数为2.6～3.0。严格控制云母和泥土的含量，砂的含泥量应不大于1.5%，泥块含量应不大于0.1%。

4. 掺外加剂

掺用引气剂或减水剂对提高混凝土抗渗性、抗冻性等有良好的作用，在某些情况下，还可以节约水泥。

5. 保证混凝土的施工质量

在混凝土施工过程中，应当搅拌均匀、浇筑和振捣密实并加强养护，以保证混凝土的施工质量。

第七节 普通混凝土的配合比设计

普通混凝土简称混凝土，是指水泥混凝土。普通混凝土配合比设计除应符合《普

通混凝土配合比设计规程》（JGJ 55—2011）的规定外，尚应符合国家现行有关标准的规定。

一、 混凝土配合比设计基本要求

混凝土配合比设计是确定混凝土中各组成材料的质量比。配合比有两种表示方法：一种是以 1 m^3混凝土中各组成材料的质量表示，如水泥 300 kg、水 165 kg、砂 675 kg、石子 1 250 kg；另一种是以各材料的质量比表示，以水泥质量为 1，将上例换算成质量比为水泥：砂子：石子：水 =1：2.25：4.16：0.55。

配合比设计应满足以下四项基本要求：

1. 满足施工要求的和易性。

2. 满足设计的强度等级，并具有 95% 的保证率。

3. 满足工程所处环境对混凝土的耐久性要求（抗冻、抗渗和抗侵蚀的性质）。

4. 在保证混凝土质量的前提下，经济合理，最大限度节约水泥，降低混凝土成本。

二、 混凝土配合比设计基本规定

1. 混凝土配合比设计应满足混凝土配制强度及其他力学性能、混凝土拌合物性能、长期性能和耐久性能的设计要求。混凝土拌合物性能、力学性能、长期性能和耐久性能的试验方法应分别符合现行国家标准《普通混凝土拌合物性能试验方法标准》（GB/T 50080—2016）、《混凝土物理力学性能试验方法标准》（GB/T 50081—2019）和《普通混凝土长期性能和耐久性能试验方法标准》（GB/T 50082—2009）的规定。

2. 混凝土配合比设计应采用工程实际使用的原材料，细骨料含水率应小于 0.5%，粗骨料含水率应小于 0.2%。

3. 混凝土的最大水胶比应符合现行国家标准《混凝土结构设计规范》（GB 50010—2010）的规定。

4. 除配制 C15 及以下强度等级的混凝土外，混凝土最小胶凝材料用量应符合表 4-16 的规定。

表 4-16　混凝土最小胶凝材料用量　　kg/m^3

最大水胶比	素混凝土	钢筋混凝土	预应力混凝土
0.60	250	280	300
0.55	280	300	300
0.50	320		
≤0.45	330		

5. 矿物掺合料在混凝土中的掺量应通过试验确定。采用硅酸盐水泥或普通硅酸盐水泥时，钢筋混凝土中矿物掺合料最大掺量宜符合表 4-17 的规定，预应力混凝土中矿物掺合料最大掺量宜符合表 4-18 的规定。对基础大体积混凝土，粉煤灰、粒化高炉矿

渣粉和复合掺合料的最大掺量可增加 5%。采用掺量大于 30% 的 C 类粉煤灰的混凝土应以实际使用的水泥和粉煤灰掺量进行安定性检验。

表 4-17 钢筋混凝土中矿物掺合料最大掺量

矿物掺合料种类	水胶比	最大掺量（%）	
		采用硅酸盐水泥	采用普通硅酸盐水泥
粉煤灰	≤0. 40	45	35
	>0. 40	40	30
粒化高炉矿渣粉	≤0. 40	65	55
	>0. 40	55	45
钢渣粉	—	30	20
磷渣粉	—	30	20
硅灰	—	10	10
复合掺合料	≤0. 40	65	55
	>0. 40	55	45

注：采用其他通用硅酸盐水泥时，宜将水泥混合材料掺量 20% 以上的混合材料计入矿物掺合料；复合掺合料各组分的掺量不宜超过单掺时的最大掺量；在混合使用两种或两种以上矿物掺合料时，矿物掺合料总掺量应符合表 4-18 中复合掺合料的规定。

表 4-18 预应力混凝土中矿物掺合料最大掺量

矿物掺合料种类	水胶比	最大掺量（%）	
		采用硅酸盐水泥	采用普通硅酸盐水泥
磷渣粉	—	20	10
硅灰	—	10	10
复合掺合料	≤0. 40	55	45
	>0. 40	45	35
粉煤灰	≤0. 40	35	30
	>0. 40	25	20
粒化高炉矿渣粉	≤0. 40	55	45
	>0. 40	45	35
钢渣粉	—	20	10

注：采用其他通用硅酸盐水泥时，宜将水泥混合材料掺量 20% 以上的混合材料计入矿物掺合料；复合掺合料各组分的掺量不宜超过单掺时的最大掺量；在混合使用两种或两种以上矿物掺合料时，矿物掺合料总掺量应符合表中复合掺合料的规定。

6. 混凝土拌合物中水溶性氯离子最大含量应符合表 4-19 的规定，其测试方法应符合现行行业标准《水运工程混凝土试验检测技术规范》（JTS/T 236—2019）中关于混凝土拌合物中氯离子含量的快速测定方法的规定。

表 4-19　混凝土拌合物中水溶性氯离子最大含量　%

环境条件	钢筋混凝土	预应力混凝土	素混凝土
干燥环境	0.30	0.06	1.00
潮湿但不含氯离子的环境	0.20		
潮湿且含有氯离子的环境、盐渍土环境	0.10		
除冰盐等侵蚀性物质的腐蚀环境	0.06		

7. 长期处于潮湿或水位变动的寒冷和严寒环境以及盐冻环境的混凝土应掺用引气剂。引气剂掺量应根据混凝土含气量要求经试验确定，混凝土最小含气量应符合表 4-20 的规定，最大不宜超过 7.0%。

表 4-20　掺有引气剂的混凝土最小含气量

粗骨料最大公称粒径（mm）	混凝土最小含气量（%）	
	潮湿或水位变动的寒冷和严寒环境	盐冻环境
40.0	4.5	5.0
25.0	5.0	5.5
20.0	5.5	6.0

三、混凝土配合比设计中的三个基本参数

混凝土配合比设计实质上就是确定胶凝材料、水、砂、石子这四项组成材料之间的三个比例关系，即控制好水胶比（W/B）、单位用水量（W_0）和砂率（S_p）三个基本参数。这三个基本参数的确定原则如下。

1. 水胶比

混凝土中用水量与胶凝材料用量的质量比称为水胶比。胶凝材料是指混凝土中水泥和活性矿物掺合料的总称。胶凝材料用量是指每立方米混凝土中水泥用量和活性矿物掺合料用量之和。活性矿物掺合料掺量是指混凝土中矿物掺合料用量占胶凝材料用量的质量百分比。外加剂掺量是指混凝土中外加剂用量占胶凝材料用量的质量百分比。

在组成材料一定的情况下，在满足混凝土设计强度和耐久性的基础上，应尽量选用较大水胶比，以节约水泥，降低混凝土成本。

2. 单位用水量

在水胶比一定的情况下，单位用水量反映了水泥浆与骨料的组成关系，是控制混凝土拌合物流动性的主要因素。在满足施工和易性的基础上，应尽量选用较小的单位用水量，以节约水泥，因为当水胶比一定时，用水量越大，所需水泥用量也越大。

3. 砂率

砂率表示混凝土中细骨料（砂）和粗骨料（石子）的组成关系。确定砂率的原则

为：砂子的用量应填满石子的空隙并略有富余。砂率对混凝土和易性、强度和耐久性影响很大，也直接影响水泥用量，故应尽可能选用最优砂率，并根据砂的细度模数、坍落度要求等加以调整，有条件时宜通过试验确定。

四、混凝土配合比设计步骤

普通混凝土配合比设计一般包括如下步骤。

一是初步配合比。在进行混凝土配合比设计时，首先应掌握原材料的特征、混凝土的各项技术要求、施工方法、施工管理质量水平、混凝土结构特征、混凝土所处的环境条件等基本资料。并按原材料性能及对混凝土的技术要求进行初步计算，得出初步配合比（理论配合比）。

二是基准配合比。在初步配合比的基础上，经和易性调整获得的配合比称为基准配合比。

三是实验室配合比。在基准配合比的基础上，经强度复核获得的配合比称为实验室配合比。

四是施工配合比。在实验室配合比的基础上，根据工地砂、石的实际含水情况对实验室配合比进行修正得到的配合比，称为施工配合比。

1. 初步配合比的计算

（1）混凝土配制强度的确定

1）混凝土配制强度应按下列规定确定

①当混凝土的设计强度等级小于 C60 时，配制强度应按下式确定：

$$f_{cu,0} \geqslant f_{cu,k} + 1.645\sigma$$

式中　$f_{cu,0}$——混凝土配制强度，MPa；

$f_{cu,k}$——混凝土立方体抗压强度标准值，这里取混凝土的设计强度等级值，MPa；

σ——混凝土强度标准差，MPa。

②当设计强度等级不小于 C60 时，配制强度应按下式确定：

$$f_{cu,0} \geqslant 1.15 f_{cu,k}$$

2）混凝土强度标准差的确定

①当具有近 1～3 个月的同一品种、同一强度等级混凝土的强度资料，且试件组数不小于 30 时，其混凝土强度标准差应按下式计算：

$$\sigma = \sqrt{\frac{\sum_{i=1}^{n} f_{cu,i}^{2} - n m_{icu}^{2}}{n-1}}$$

式中　σ——混凝土强度标准差，MPa；

$f_{cu,i}$——第 i 组的试件强度，MPa；

m_{icu}——n 组试件的强度平均值，MPa；

n——试件组数。

②对于强度等级不大于 C30 的混凝土，当混凝土强度标准差计算值不小于 3.0 MPa 时，应按公式计算结果取值；当混凝土强度标准差计算值小于 3.0 MPa 时，应取 3.0 MPa。

③对于强度等级大于 C30 且不大于 C60 的混凝土，当混凝土强度标准差计算值不小于 4.0 MPa 时，应按计算结果取值；当混凝土强度标准差计算值小于 4.0 MPa 时，应取 4.0 MPa。

④当没有近期的同一品种、同一强度等级混凝土的强度资料时，其强度标准差可按表 4-21 取值。

表 4-21　混凝土强度标准差　MPa

混凝土强度等级	≤C20	C25～C45	C50～C55
混凝土强度标准（σ）	4.0	5.0	6.0

（2）混凝土配合比计算

1）水胶比。当混凝土强度等级小于 C60 时，混凝土水胶比宜按下式计算：

$$W/B=\frac{\alpha_a f_b}{f_{cu,0}+\alpha_a\alpha_b f_b}$$

式中　W/B——混凝土水胶比；

f_b——胶凝材料 28 d 胶砂抗压强度，MPa；

α_a、α_b——回归系数。

公式中回归系数（α_a、α_b）按表 4-22 规定取值。

表 4-22　回归系数（α_a、α_b）取值

回归系数＼粗骨料品种	碎　石	卵　石
α_a	0.53	0.49
α_b	0.20	0.13

公式中，胶凝材料 28 d 胶砂抗压强（f_b）可实测，无实测值时，按下式计算：

$$f_b=\gamma_f\gamma_s f_{ce}$$

式中　γ_f、γ_s——粉煤灰影响系数和粒化高炉矿渣粉影响系数，可按表 4-23 选用；

f_{ce}——水泥 28 d 胶砂抗压强度，MPa，可实测，无实测值时可按下式计算：

$$f_{ce}=\gamma_c f_{ce,g}$$

γ_c——水泥强度等级富余系数，可按实际统计资料确定，当无实际统计资料时，可按表 4-24 选用；

$f_{ce,g}$——水泥强度等级值。

表 4-23 粉煤灰影响系数（γ_f）和粒化高炉矿渣粉影响系数（γ_s）

掺量（%）	粉煤灰影响系数	粒化高炉矿渣粉影响系数
0	1.00	1.00
10	0.85～0.95	1.00
20	0.75～0.85	0.95～1.00
30	0.65～0.75	0.90～1.00
40	0.55～0.65	0.80～0.90
50	—	0.70～0.85

注：1. 采用Ⅰ级粉煤灰时宜取上限值。

2. 采用 S75 级粒化高炉矿渣粉时宜取下限值，采用 S95 级粒化高炉矿渣粉时宜取上限值，采用 S105 级粒化高炉矿渣粉时可取上限值加 0.05。

3. 当超出表中的掺量时，粉煤灰影响系数和粒化高炉矿渣粉影响系数应经试验确定。

表 4-24　水泥强度等级富余系数表

水泥强度等级	32.5	42.5	52.5
水泥强度等级富余系数	1.12	1.16	1.10

2）用水量和外加剂用量。每立方米干硬性或塑性混凝土的用水量（m_{w0}）应符合下列规定。

①混凝土水胶比为 0.40～0.80 时，用水量可按表 4-25 和表 4-26 选取；混凝土水胶比小于 0.40 时，用水量可通过试验确定。

表 4-25　每立方米干硬性混凝土的用水量　kg

混凝土拌合物稠度		卵石最大公称粒径（mm）			碎石最大公称粒径（mm）		
项目	指标	10.0	20.0	40.0	16.0	20.0	40.0
维勃稠度（s）	16～20	175	160	145	180	170	155
	11～15	180	165	150	185	175	160
	5～10	185	170	155	190	180	165

表 4-26　每立方米塑性混凝土的用水量　kg

混凝土拌合物稠度		卵石最大公称粒径（mm）				碎石最大公称粒径（mm）			
项目	指标	10.0	20.0	1.5	40.0	16.0	20.0	31.5	40.0
坍落度（mm）	10～30	190	170	160	150	200	185	175	165
	35～50	200	180	170	160	210	195	185	175
	55～70	210	190	180	170	220	205	195	185
	75～90	215	195	185	175	230	215	205	195

注：1. 本表用水量系采用中砂时的取值。采用细砂时，每立方米混凝土用水量可增加 5～10 kg；采用粗砂时，每立方米混凝土用水量可减少 5～10 kg。

2. 掺用矿物掺合料和外加剂时，用水量应相应调整。

②掺外加剂时，每立方米流动性或大流动性混凝土的用水量（m_{w0}）可按下式计算：

$$m_{w0} = m'_{w0}(1 - \beta)$$

式中 m_{w0}——计算配合比每立方米混凝土的用水量，kg；

m'_{w0}——未掺外加剂时推定的满足实际坍落度要求的每立方米混凝土用水量，kg/m^3，以表4-26中90 mm坍落度的用水量为基础，按每增大20 mm坍落度相应增加5 kg/m^3用水量计算，当坍落度增大到180 mm以上时，随坍落度相应增加的用水量可减少；

β——外加剂的减水率，%，应经混凝土试验确定。

每立方米混凝土中外加剂用量m_{a0}应按下式计算：

$$m_{a0} = m_{t0}\beta_a$$

式中 m_{a0}——计算配合比每立方米混凝土中外加剂用量，kg；

m_{b0}——计算配合比每立方米混凝土中胶凝材料用量，kg；

β_a——外加剂掺量，%，应经混凝土试验确定。

3）胶凝材料、矿物掺合料和水泥用量

①每立方米混凝土的胶凝材料用量（m_{b0}）应按下式计算，并应进行试拌调整，在满足混凝土拌合物性能的情况下，取经济合理的胶凝材料用量。

$$m_{b0} = \frac{m_{w0}}{W/B}$$

式中 W/B——混凝土水胶比。

②每立方米混凝土的矿物掺合料用量（m_{f0}）应按下式计算：

$$m_{f0} = m_{b0}\beta_f$$

式中 m_{f0}——计算配合比每立方米混凝土中矿物掺合料用量，kg；

β_f——矿物掺合料占比，%。

③每立方米混凝土的水泥用量（m_{c0}）应按下式计算：

$$m_{c0} = m_{b0} - m_{f0}$$

式中 m_{c0}——计算配合比每立方米混凝土中水泥用量，kg。

4）砂率。砂率（β_s）应根据骨料的技术指标、混凝土拌合物性能和施工要求，参考既有历史资料确定。当缺乏历史资料时，混凝土砂率的确定应符合下列规定：

①坍落度小于10 mm的混凝土，其砂率应经试验确定；

②坍落度为10～60 mm的混凝土，其砂率可根据粗骨料品种、最大公称粒径及水胶比选取；

③坍落度大于60 mm的混凝土，其砂率可经试验确定，也可在表4-27的基础上，按坍落度每增大20 mm，砂率增大1%的幅度予以调整。

表 4-27　混凝土的砂率　%

水胶比	卵石最大公称粒径（mm）			碎石最大粒径（mm）		
	10.0	20.0	40.0	16.0	20.0	40.0
0.40	26～32	25～31	24～30	30～35	29～34	27～32
0.50	30～35	29～34	28～33	33～38	32～37	30～35
0.60	33～38	32～37	31～36	36～41	35～40	33～38
0.70	36～41	35～40	34～39	39～44	38～43	36～41

注：1. 本表数值系中砂的选用砂率，对细砂或粗砂，可相应地减少或增大砂率。
2. 采用人工砂配制混凝土时，砂率可适当增大；只用一种单粒级粗骨料配制混凝土时，砂率应适当增大。

5）粗、细骨料用量

①采用质量法计算混凝土配合比时，粗、细骨料用量

$$m_{cp}=m_{f0}+m_{c0}+m_{g0}+m_{s0}+m_{w0}$$

$$\beta_s=\frac{m_{s0}}{m_{g0}+m_{s0}}\times100\%$$

式中　m_{g0}——计算配合比每立方米混凝土的粗骨料用量，kg；

m_{s0}——计算配合比每立方米混凝土的细骨料用量，kg；

β_s——砂率，%；

m_{cp}——每立方米混凝土拌合物的假定质量，kg，可取 2 350～2 450 kg。

②采用体积法计算混凝土配合比时，粗、细骨料用量

$$\frac{m_{c0}}{\rho_c}+\frac{m_{f0}}{\rho_f}+\frac{m_{g0}}{\rho_g}+\frac{m_{s0}}{\rho_s}+\frac{m_{w0}}{\rho_w}+0.01\alpha=1$$

$$\beta_s=\frac{m_{s0}}{m_{g0}+m_{s0}}\times100\%$$

式中　ρ_c——水泥密度，kg/m^3，可按现行国家标准《水泥密度测定方法》（GB/T 208—2014）测定，也可取 2 900～3 100 kg/m^3；

ρ_f——矿物掺合料密度，kg/m^3，可按现行国家标准《水泥密度测定方法》（GB/T 208—2014）测定；

ρ_g——粗骨料的表观密度，kg/m^3，应按现行国家标准《建设用卵石、碎石》（GB/T 14685—2022）测定；

ρ_s——细骨料的表观密度，kg/m^3，应按现行国家标准《建设用砂》（GB/T 14684—2022）测定；

ρ_w——水的密度，kg/m^3，可取 1 000 kg/m^3；

α——混凝土含气量百分数，在不使用引气剂或引气型外加剂时，α 可取 1。

2. 试配确定基准配合比

（1）混凝土试配应采用强制式搅拌机进行搅拌，并应符合现行行业标准《混凝土试验用搅拌机》（JG 244—2009）的规定，搅拌方法宜与施工采用的方法相同。

（2）试验室成型条件应符合现行国家标准《普通混凝土拌合物性能试验方法标

准》（GB/T 50080—2016）的规定。

（3）每盘混凝土试配的最小搅拌量应符合表4-28的规定，并不应小于搅拌机公称容量的1/4且不应大于搅拌机公称容量。

表4-28　混凝土试配的最小搅拌量

粗骨料最大公称粒径（mm）	拌合物数量（L）
≤31.5	20
40.0	25

在计算配合比的基础上应进行试拌。计算水胶比宜保持不变，并应通过调整配合比其他参数使混凝土拌合物性能符合设计和施工要求，然后修正计算配合比，提出试拌配合比。

3. 强度复核确定实验室配合比

在试拌配合比的基础上应进行混凝土强度试验，并应符合下列规定：应采用三个不同的配合比，其中一个应为试拌配合比，另外两个配合比的水胶比宜较试拌配合比分别增加和减少0.05，用水量应与试拌配合比相同，砂率可分别增加和减少1%；外加剂掺量也做减少和增加的微调；进行强度试验时，混凝土拌合物性能应符合设计和施工要求；进行强度试验时，每个配合比应至少制作一组试件，并应标准养护到28 d或设计规定龄期时试压。

4. 调整修正确定施工配合比

（1）配合比调整规定

1）绘制强度和水胶比的线性关系图或插值法确定略大于配制强度对应的水胶比。

2）在试拌配合比的基础上，用水量（m_w）和外加剂用量（m_e）应根据确定的水胶比作调整。

3）胶凝材料用量（m_b）应以用水量乘以确定的水胶比计算得出。

4）粗骨料和细骨料用量（m_g和m_s）应根据用水量和胶凝材料用量进行调整。

（2）混凝土拌合物表观密度和配合比校正系数的计算

1）配合比调整后混凝土拌合物的表观密度应按下式计算：

$$\rho_{c,c} = m_c + m_f + m_g + m_s + m_w$$

式中　$\rho_{c,c}$——混凝土拌合物的表观密度计算值；

m_c——每立方米混凝土的水泥用量；

m_f——每立方米混凝土的矿物掺合料用量；

m_g——每立方米混凝土的粗骨料用量；

m_s——每立方米混凝土的细骨料用量；

m_w——每立方米混凝土的用水量。

2）混凝土配合比校正系数应按下式计算：

$$\delta = \frac{\rho_{c,t}}{\rho_{c,c}}$$

式中　δ——混凝土配合比校正系数；

$\rho_{c,t}$——混凝土拌合物的表观密度实测值，kg/m^3。

3）当混凝土拌合物表观密度实测值与计算值之差的绝对值不超过计算值的2%时，可维持不变；当二者之差超过2%时，应将配合比中每项材料用量均乘以混凝土配合比校正系数（δ）。

4）配合比调整后，应测定混凝土拌合物中水溶性氯离子的含量。

5）对耐久性有设计要求的混凝土应进行相关耐久性试验验证。

6）生产单位可根据常用材料设计出常用的混凝土配合比备用，并应在启用过程中予以验证或调整。遇有下列情况之一时，应重新进行配合比设计：对混凝土性能有特殊要求时；水泥、外加剂或矿物掺合料等原材料品种、质量有显著变化时。

【例4-2】某高层住宅楼的基础底板设计使用C30等级混凝土，采用泵送施工工艺，坍落度为160～180 mm，请根据《普通混凝土配合比设计规程》（JGJ 55—2011）的规定计算配合比。原材料如下：

（1）水泥

P·O 42.5级水泥，28 d胶砂抗压强度为48.5 MPa，安定性合格。

（2）矿物掺合料

Ⅱ级粉煤灰，细度为18.1%，需水量比为100%，烧失量为7.1%。

矿粉，比表面积为427 m^2/kg，流动度比为97%，28 d活性指数为99%。

（3）粗骨料

碎石，最大公称粒径为25 mm，连续级配，含泥量为1.1%，泥块含量为0.5%，针片状颗粒含量为8.9%。

（4）细骨料

天然河砂，细度模数为2.70，级配2区，含泥量为1.9%，泥块含量为0.5%。

（5）外加剂

减水剂，减水率为25%，含固量为20%，减水剂掺量为1%。

（6）水

自来水。

解：

1. 计算配制强度

由于缺乏强度标准差统计资料，因此根据表4-21选择强度标准差σ为5.0 MPa。

配制C30混凝土（＜C60），采用以下公式计算配制强度如下：

$$f_{cu,0} \geq f_{cu,k} + 1.645\sigma = 30 + 1.645 \times 5 = 38.225\ (\text{MPa})$$

结论：C30混凝土配制强度不小于38.3 MPa。

2. 确定水胶比

（1）矿物掺合料掺量选择（确定3种情况，比较其技术经济性）

根据表4-23的规定，并考虑混凝土原材料、应用部位和施工工艺等因素，确定粉煤灰掺量。

综合考虑：

方案1：C30混凝土的粉煤灰掺量为30%。

方案 2：C30 混凝土的粉煤灰掺量为 30%，粒化高炉矿渣粉掺量为 10%。

方案 3：C30 混凝土的粉煤灰掺量为 25%，粒化高炉矿渣粉掺量为 20%。

（2）胶凝材料胶砂强度

胶凝材料胶砂强度试验应按现行国家标准《水泥胶砂强度检验方法（ISO 法）》（GB/T 17671—2021）规定执行，对 3 种胶凝材料进行胶砂强度试验，也可从表 4-23 中选取 3 个方案的粉煤灰或粒化高炉矿渣粉的影响系数，计算胶凝材料 28 d 胶砂强度。

3. 检测、计算结果

方案 1 中，实测掺加 30% 粉煤灰的胶凝材料 28 d 胶砂强度为：

$$f_b = 0.72 \times 48.5 = 34.920\ (\text{MPa})，取 35.0\ \text{MPa}$$

方案 2 中，根据表 4-23 选取粉煤灰和粒化高炉矿渣粉影响系数，计算胶凝材料 28 d 胶砂强度：

$$f_b = 0.70 \times 1.0 \times 48.5 = 33.950\ (\text{MPa})，取 34.0\ \text{MPa}$$

方案 3 中，根据表 4-23 选取粉煤灰和粒化高炉矿渣粉影响系数，计算胶凝材料 28 d 胶砂强度：

$$f_b = 0.75 \times 0.98 \times 48.5 = 35.647\ (\text{MPa})，取 35.6\ \text{MPa}$$

4. 水胶比计算

$$W/B = \frac{\alpha_a f_b}{f_{cu,0} + \alpha_a \alpha_b f_b}$$

据表 4-22 对回归系数（α_a、α_b）进行取值。

计算结果如下：

方案 1 中，掺加 30% 粉煤灰时混凝土的水胶比为：

$$W/B = 0.53 \times 35.0 / (38.3 + 0.53 \times 0.2 \times 35.0) = 0.442$$

方案 2 中，掺加 30% 粉煤灰和 10% 粒化高炉矿渣粉时混凝土的水胶比为：

$$W/B = 0.53 \times 34.0 / (38.3 + 0.53 \times 0.2 \times 34.0) = 0.430$$

方案 3 中，掺加 25% 粉煤灰和 20% 粒化高炉矿渣粉时混凝土的水胶比为：

$$W/B = 0.53 \times 35.6 / (38.3 + 0.53 \times 0.2 \times 35.6) = 0.448$$

5. 计算用水量

确定坍落度设计值为 170 mm，计算用水量步骤如下：

（1）塑性混凝土单位用水量

根据表 4-26 选择单位用水量。满足坍落度 90 mm 的塑性混凝土单位用水量为 210 kg（插值）。

（2）推定未掺外加剂时混凝土用水量

以满足坍落度 90 mm 的塑性混凝土单位用水量为基础，按坍落度每增大 20 mm，单位用水量相应增加 5 kg，计算坍落度 170 mm 时的单位用水量：

$$m'_{w0} = (170 - 90) / 20 \times 5 + 210 = 230\ (\text{kg})$$

（3）掺外加剂时的混凝土单位用水量

掺外加剂时的混凝土单位用水量计算如下：

$$m_{w0}=m'_{w0}(1-\beta)=230\times(1-25\%)=173\ (kg)$$

6. 计算胶凝材料用量

$$m_{b0}=\frac{m_{w0}}{W/B}$$

方案 1 中，混凝土的胶凝材料用量为：

$$m_{b0}=173/0.442=391\ (kg)$$

方案 2 中，混凝土的胶凝材料用量为：

$$m_{b0}=173/0.430=402\ (kg)$$

方案 3 中，混凝土的胶凝材料用量为：

$$m_{b0}=173/0.448=386\ (kg)$$

7. 计算外加剂用量

选定 C30 混凝土的减水剂掺量为 1.0%，计算外加剂用量：

$$m_{a0}=m_{b0}\beta_a$$

方案 1 中，混凝土的外加剂单位用量为：$m_{a0}=391\times1\%=3.91$（kg）

方案 2 中，混凝土的外加剂单位用量为：$m_{a0}=402\times1\%=4.02$（kg）

方案 3 中，混凝土的外加剂单位用量为：$m_{a0}=386\times1\%=3.86$（kg）

8. 计算矿物掺合料用量

根据上述确定的粉煤灰和粒化高炉矿渣粉掺量，分别计算粉煤灰和矿粉用量：

$$m_{f0}=m_{b0}\beta_f$$

方案 1 中，混凝土的粉煤灰用量为：$m_{f0}=391\times30\%=117$（kg）

方案 2 中，混凝土的粉煤灰和粒化高炉矿渣粉用量分别为：$m_{f0}=402\times30\%=121$（kg），$m_{k0}=402\times10\%=40$（kg）

方案 3 中，混凝土的粉煤灰和粒化高炉矿渣粉用量分别为：$m_{f0}=386\times25\%=97$（kg），$m_{k0}=386\times20\%=77$（kg）

9. 计算配合比每立方米混凝土中水泥用量

根据胶凝材料用量、粉煤灰用量，计算水泥用量：

$$m_{c0}=m_{b0}-m_{f0}$$

方案 1 中，混凝土的水泥用量为：$m_{c0}=391-117=274$（kg）

方案 2 中，混凝土的水泥用量为：$m_{c0}=402-121-40=241$（kg）

方案 3 中，混凝土的水泥用量为：$m_{c0}=386-97-77=212$（kg）

10. 计算砂率

根据规定，初步选取坍落度 60 mm 时砂率值为 31%(插值)，随后按坍落度每增大 20 mm、砂率增大 1% 的幅度进行调整，得到坍落度 170 mm 时混凝土的砂率 $\beta_s=[(170-60)/20]\times100\%+31\%=36.5\%$。

11. 计算粗细骨料用量

用质量法计算混凝土配合比，假定 C30 混凝土容重为 2 400 kg/m³，则粗、细骨料用量、砂率应按下式计算：

$$m_{cp}=m_{f0}+m_{c0}+m_{g0}+m_{s0}+m_{w0}$$

$$\beta_s = \frac{m_{s0}}{m_{g0} + m_{s0}} \times 100\%$$

方案 1 中，混凝土的砂和石子用量分别为：

$$117 + 274 + m_{g0} + m_{s0} + 173 = 2\ 400$$

$$36.5\% = m_{s0} / (m_{g0} + m_{s0}) \times 100\%$$

$$m_{s0} = 670 \text{ kg}$$

$$m_{g0} = 1\ 166 \text{ kg}$$

方案 2 中，混凝土的砂和石子用量分别为 666 kg 和 1 159 kg。

方案 3 中，混凝土的砂和石子用量分别为 673 kg 和 1 170 kg。

12. 调整用水量

扣除液体外加剂的水分，C30 混凝土实际单位用水量计算结果为：

方案 1 中，混凝土的调整用水量为：173 − 3.91 × （1 − 20%） = 169.872（kg），取 170 kg。

方案 2 中，混凝土的调整用水量为：173 − 4.02 × （1 − 20%） = 169.784（kg），取 170 kg。

方案 3 中，混凝土的调整用水量为：173 − 3.84 × （1 − 20%） = 169.921（kg），取 170 kg。

13. 试拌配合比（共计 3 个方案的配合比）

综上所述，计算得到 C30 混凝土的试拌配合比见表 4-29。

表 4-29 计算试拌配合比 kg

序号	强度等级	胶凝材料	水泥	粉煤灰	粒化高炉矿渣粉	粗骨料	细骨料	减水剂	水
1	C30	391	274	117	0	1166	670	3.91	170
2	C30	402	241	121	40	1159	666	4.02	170
3	C30	386	212	97	77	1169	672	3.84	170

第八节 其他品种混凝土

一、抗渗混凝土

抗渗混凝土是抗渗等级大于或等于 P6 级的混凝土，能抵抗 0.6 MPa 及以上的静水压力作用而不发生透水现象。抗渗混凝土使用范围包括水工工程、基础工程、地下室工程、屋面防水工程等。

混凝土强度越高，其抗渗等级越高。一般情况为，混凝土强度等级为 C25，抗渗等级为 P6，混凝土强度等级为 C30，其抗渗等级可达到 P8。

1. 混凝土抗渗性的影响因素

混凝土的抗渗性主要与其密实度及内部孔隙的大小和构造有关，影响混凝土抗渗性的因素有：

（1）水胶比

采用较小的水胶比可提高混凝土的密实度，从而使其有较好的抗渗性，因此，控制最大水胶比是抗渗混凝土配合比设计的重要法则。另外，胶凝材料和细骨料用量太少也对混土抗渗性能不利。

（2）骨料的最大粒径

在水胶比相同时，混凝土骨料的最大粒径越大，其抗渗性能越差。这是由于骨料和水泥石的界面处易产生裂隙且较大骨料下方易形成孔穴。

（3）养护方法

蒸汽养护的混凝土，其抗渗性较自然养护的混凝土要差。在干燥条件下，混凝土早期失水过多，容易形成收缩裂隙，会降低混凝土的抗渗性。

（4）水泥品种

水泥的品种不同，硬化后水泥石孔隙不同，孔隙越小，强度越高，则抗渗性越好。

（5）外加剂

在混凝土中掺入某些外加剂，如减水剂等，可减小水胶比，改善混凝土的和易性，因而可提高混凝土的抗渗性能。

（6）掺合料

在混凝土中加入掺合料，如优质粉煤灰，可提高混凝土的密实度、细化孔隙，改善孔结构和骨料与水泥石界面的过渡区结构，提高混凝土的抗渗性。

（7）龄期

混凝土龄期越长，由于水泥的水化，导致混凝土密实度增大，使其抗渗性提高。

2. 抗渗混凝土试验项目

设计抗渗混凝土配合比时，应增加抗渗性能试验，试配要求的抗渗水压值应比设计值提高 0.2 MPa，宜采用水胶比最大的配合比做抗渗试验，试验结果结果应符合下式的要求：

$$P_t \geqslant P/10 + 0.2$$

式中 P_t——6 个试件中 4 个未出现渗水时的最大水压值，MPa；

P——设计要求的抗渗等级值。

二、 抗冻混凝土

抗冻等级不低于 F50 的混凝土称为抗冻混凝土。影响混凝土抗冻性的因素包括以下几点：

1. 混凝土水胶比大则密实性差，对抗冻性能不利，因此要控制混凝土最大水胶比。最小胶凝材料用量应符合规定。

2. 在通常水胶比情况下，混凝土中掺入过量矿物掺合料也对抗冻性能不利。混凝土中掺用引气剂是提高抗冻性能的有效方法之一。

3. 混凝土骨料含泥（包括泥块）较多和骨料坚固性差都对抗冻性能不利。

三、 高强混凝土

高强混凝土是指强度等级不低于 C60 的混凝土。

1. 高强混凝土的组成材料要求

（1）水泥应选用硅酸盐水泥或普通硅酸盐水泥，其胶砂强度较高，适合配制高强度等级混凝土且混合材料较少，可掺加较多的矿物掺合料，改善高强混凝土的施工性能。

（2）粗骨料宜采用连续级配。对于 C60 混凝土，其粗骨料最大粒径不大于 31.5 mm；对强度等级高于 C60 级的混凝土，其粗骨料最大粒径不大于 25 mm。粗骨料的针片状颗粒含量不大于 5.0%，含泥量不大于 0.5%，泥块含量不大于 0.2%。

（3）细骨料的细度模数宜为 2.6 ~ 3.0（大于 2.6），含泥量不大于 2.0%，泥块含量不大于 0.5%。

（4）配制高强混凝土时应掺用高效型减水剂或缓凝高效减水剂。

（5）配制高强混凝土时应掺用活性较好的矿物掺合料，且宜复合使用矿物掺合料。

2. 高强混凝土的特点

（1）抗压强度高

高强混凝土最大的特点是抗压强度高，一般为普通强度混凝土的 4 ~ 6 倍，故可减小构件的截面积，因此最适宜用于高层建筑。试验表明，在一定的轴压比和合适的配箍率下，高强混凝土框架柱具有较好的抗震性能，而且能减小柱截面尺寸，减轻自重，避免短柱，对结构抗震也有利，并能提高经济效益。高强混凝土材料为预应力技术提供了有利条件，可采用高强度钢材和人为控制应力，从而大大提高受弯构件的抗弯刚度和抗裂度。因此，世界范围内越来越多地采用施加预应力的高强混凝土结构，并应用于大跨度房屋和桥梁中。

（2）密度大

高强混凝土密度大、抗变形能力强、孔隙率低，可用于建造承受冲击和爆炸荷载的建（构）筑物，如核反应堆基础等。

（3）抗渗性能和抗腐蚀性能强

高强混凝土具有较好的抗渗性能和抗腐蚀性能，可用于建造具有高抗渗和高抗腐蚀要求的工业用水池等，在高层建筑结构、大跨度桥梁结构以及某些特种结构中得到广泛的应用。

四、 绿色高性能混凝土

绿色高性能混凝土简称 GHPC，是在强调高性能混凝土的环境亲和性的基础上提出的概念。绿色高性能混凝土更进一步把传统混凝土设计和制备的每一个环节结合起来，以加强环保意识。

混凝土是现代工程结构的主要材料，高性能混凝土具有高流动性及高稳定性的特点，它依靠自重，在免振的条件下即可对钢筋密集结构、空间狭窄且形状复杂结构进行施工。它的最大特点是施工质量好、速度快，并能降低施工强度及噪音。

五、大体积混凝土

我国国家标准《大体积混凝土施工标准》（GB 50496—2018）规定：混凝土结构物实体最小尺寸不小于 1 m 的混凝土，或预计会因混凝土中胶凝材料水化引起的温度变化和收缩而导致有害裂缝产生的混凝土，称为大体积混凝土。

1. 大体积混凝土的特点

（1）采用低水化热的胶凝材料，有利于限制大体积混凝土由于温度应力引起的裂缝。粗骨料粒径太小则限制混凝土变形的作用较小。掺用缓凝型减水剂有利于缓解温升，起到温控作用。

（2）采用低水化热的胶凝材料有利于限制大体积混凝土由于温度应力引起的裂缝，所以大体积混凝土的胶凝材料中往往掺用大量粉煤灰等矿物掺合料。

（3）水胶比大、用水量多对限制裂缝不利。混凝土中粗骨料较多，有利于限制胶凝材料硬化体的变形作用。因为水泥水化热相对较高，所以大体积混凝土中往往掺用大量粉煤灰，减少胶凝材料中的水泥用量，以达到降低水化热的目的。

（4）可在配合比试配和调整时通过混凝土绝热温升测试设备测定混凝土的绝热温升，或通过计算求出混凝土的绝热温升，从而在配合比设计过程中控制混凝土绝热温升。

（5）延迟凝结时间对大体积混凝土施工操作和温度控制有利，大体积混凝土配合比设计应注意延长凝结时间。

2. 大体积混凝土对原材料的要求

（1）水泥宜采用中、低热硅酸盐水泥或低热矿渣硅酸盐水泥。

（2）粗骨料宜为连续级配，最大工程粒径不能小于 31.5 mm，含泥量不应大于 1.0%。

（3）细骨料宜采用中砂，含泥量不应大于 3.0%。

（4）宜掺矿物掺合料和缓凝型减水剂，放慢混凝土强度发展，设计采用混凝土 60 d 或 90 d 龄期强度也是合理的。当标准养护时间和标准尺寸试件未能两全时，维持标准尺寸试件比较合理。

3. 大体积混凝土配合比要求

（1）水胶比不宜大于 0.55，用水量不宜大于 170 kg/m^3。

（2）在保证混凝土性能要求的前提下，宜提高每立方米混凝土中的粗骨料用量；砂率宜为 38%～45%。

（3）在保证混凝土性能要求的前提下，应减少胶凝材料中的水泥用量，提高矿物掺合料掺量。

（4）混凝土拌合物泌水量宜小于 10 L/m^3。

（5）在配合比试配和调整时，应控制混凝土绝热温升不大于 50 ℃。

（6）配合比应满足施工对混凝土凝结时间的要求。

六、 泵送混凝土

1. 水泥宜选用硅酸盐水泥、普通硅酸盐水泥、矿渣硅酸盐水泥和粉煤灰硅酸盐水泥。

2. 粗骨料宜采用连续级配，其针、片状颗粒含量不宜大于10%；粗骨料的最大公称粒径与输送管径之比宜符合表4-30的规定。

表4-30 粗骨料的最大公称粒径与输送管径之比

石子品种	泵送高度（m）	粗骨料最大公称粒径与输送管径之比
碎石	<50	≤1∶3.0
	50~100	≤1∶4.0
	>100	≤1∶5.0
卵石	<50	≤1∶2.5
	50~100	≤1∶3.0
	>100	≤1∶4.0

3. 细骨料宜采用中砂，其通过公称直径为315 μm筛孔的颗粒含量不宜少于15%；泵送混凝土应掺用泵送剂或减水剂，并宜掺用矿物掺合料。

4. 胶凝材料用量不宜小于300 kg/m^3；砂率宜为35%~45%。

试验二 普通混凝土试验

一、 混凝土拌合物的坍落度测定

1. 试验目的

混凝土由各组成材料按一定比例配合、搅拌而成。混凝土拌合物的和易性是一项综合性指标，它包括流动性、黏聚性和保水性等三方面的性能。由于它的内涵较为复杂，我国现行标准规定，采用坍落度和维勃稠度测定混凝土拌合物的流动性。这里先进行坍落度试验（本试验适用于坍落度值不小于10 mm、骨料粒径不大于40 mm的混凝土拌合物），测定混凝土拌合物的坍落度，作为调整混凝土配合比和控制混凝土质量的依据。

2. 主要仪器设备

（1）标准坍落度筒

标准坍落度筒是由薄钢板或其他金属制成的圆台形筒，内壁光滑，底部直径为（200±2）mm，顶部直径为（100±2）mm，高度为（300±2）mm，筒壁厚度不小于15 mm，如图4-16a所示。

（2）捣棒

捣棒是直径为16 mm、长650 mm的钢棒，一端应磨圆，如图4-16b所示。

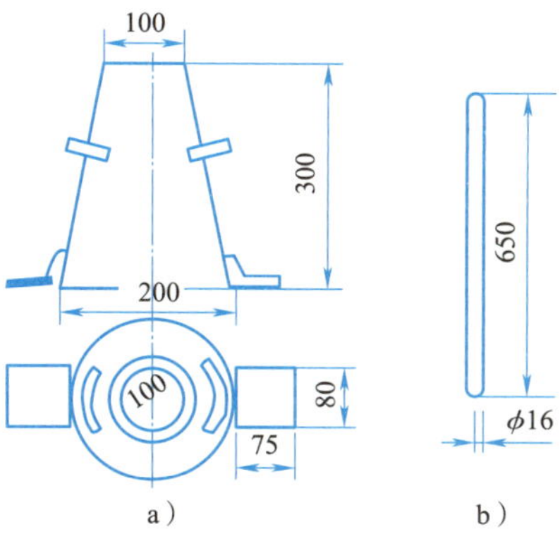

图 4-16 标准坍落度筒和捣棒

a）标准坍落度筒 b）捣棒

（3）其他仪器设备

其他仪器设备包括装料漏斗、小铁铲、直尺、拌板和钢尺等。

3. 试验步骤

试验前，应按计算出来的混凝土初步配合比，计算试验试样所需各种材料用量（一般试拌需用 15 L 混凝土；骨料粒径超过 40 mm 时，拌和量为 30 L；用机械拌料时，拌和量不应小于搅拌机额定拌和量的 1/4）。骨料的称量一般以风干状态为准，若表面含水，则应扣除骨料所含水分。

（1）按比例配出拌和材料，将它们倒在拌板上并用铁锹拌匀，在中间扒一凹坑，边加水边进行拌和，直至拌和均匀。

（2）人工搅拌前，先用水湿润搅拌用铁板和搅拌工具，将砂和水泥干拌均匀，加入部分水，拌成砂浆，然后加入石子和其余的水，在拌板上来回翻拌、铲切，直至拌匀为止（一般拌 5 min）。如果用搅拌机搅拌，搅拌筒内壁用水湿润后，先倒入石子，然后加砂和水泥干拌 1 min，慢慢加水，再搅拌 2 min。

（3）将坍落度筒用水湿润，放在平坦、不吸水的底板上，试验者用双脚踩住筒下的踏脚板，将混凝土拌合物分三层装入筒内，每层用捣棒均匀插捣 25 次，插捣应沿螺旋方向由边缘向中心进行，各次插捣应在截面上均匀分布。插捣筒边混凝土时，捣棒可以稍稍倾斜；插捣底层时，捣棒应贯穿整个深度；插捣第二层和顶层时，捣棒应插透本层至下一层的表面。

浇灌顶层时，混凝土应灌到高出筒口。插捣过程中，如果混凝土沉落到筒口，则应随时添加。顶层插捣完后，刮去多余的混凝土，并用抹刀抹平。

（4）清理筒周围的散落物，小心地垂直提起坍落度筒（坍落度筒的提离过程应在 5 ~ 10 s 内完成，从开始装料到提升坍落度筒的整个过程应不间断地进行，并应在 150 s 内完成）。将筒安放于混凝土试件的一侧，测量筒高与塌落后混凝土试体最高点之间的高度差，即为该混凝土拌合物的坍落度（以 mm 表示）。

（5）提起坍落度筒后，若混凝土发生崩塌或一边剪切，则应重新取样进行测定，如果第二次仍出现这种现象，则表示混凝土拌合物和易性不好，应记录备查。

(6) 测定坍落度的同时，观察塌落后的混凝土试样的黏聚性及保水性。黏聚性的检验方法是用捣棒轻轻敲击已塌落的混凝土锥体侧面，如果锥体逐渐下沉，则表示黏聚性良好；如果锥体倒塌、部分崩裂或出现离析现象，则表示黏聚性不好。保水性以混凝土拌合物中稀浆析出的程度来评定。提起坍落度筒后，如果有较多的稀浆从筒底析出，锥体部分的混凝土也因失浆而骨料外露，则表示此混凝土拌合物的保水性不好；提起坍落度筒后，如果没有或仅有少量的稀浆从筒底析出，则表示混凝土拌合物保水性良好。

(7) 若试件的混凝土拌合物的坍落度不满足要求，或黏聚性和保水性不良，应在保证水灰比不变的条件下，适当调整用水量和水泥用量或砂率，直至混凝土拌合物的和易性符合要求为止。

4. 试验结果分析与评定

(1) 用水量和水灰比一定时，砂率对混凝土坍落度的影响存在一个最佳值，在此最佳砂率下，混凝土坍落度最大。

(2) 用水量一定时，通过适当增减砂率，可保持不同水灰比的混凝土拌合物坍落度基本不变。

(3) 用水量一定时，新拌混凝土坍落度随着粗骨料最大粒径的增大而增大。

二、混凝土立方体抗压强度试验

1. 试验目的

测定混凝土立方体抗压强度，作为确定混凝土质量及等级的主要依据。

2. 主要仪器设备

(1) 万能试验机

万能试验机的上、下压板应平整并有足够的刚度，其测量精度为 ±1%，试件破坏荷载应大于万能试验机全量程的 20% 且小于万能试验机全量程的 80%。

(2) 钢尺

钢尺长约 300 mm。

3. 试验步骤

(1) 混凝土试件的制作

1) 制作试件用的试模由铸铁、钢或塑料制成，应具有足够的刚度，且易拆装，方便检查试模的尺寸。试模的内表面应平整，其平面度应为每 100 mm 不超过 0.05 mm。组装后各相邻面的垂直度误差不应超过 ±0.5°。制作试件前应将试模擦干净并在其内壁涂一层矿物油脂或其他脱膜剂。

2) 在试验室拌制混凝土时，其材料用量应以质量计，水泥、掺合料、水和外加剂的称量精度为 ±0.5%，骨料的称量精度为 ±1%。

3) 取样或在试验室拌制的混凝土应在拌制后最短时间内成型，一般在 15 min 内。

4) 成型方式：当混凝土坍落度不大于 70 mm，宜用振动台成型时，应将混凝土拌合物一次装入试模，装料时应用抹刀沿试模内壁略加插捣并使混凝土拌合物高出试模上口。振动时应防止试模在振动台上自由跳动。振动应持续到混凝土表面出浆为止，刮除多余的混凝土，并用抹刀抹平。试验室用振动台的振动频率应为（50 ±3）Hz，空载时振幅约为 0.5 mm。

当混凝土坍落度大于 70 mm，用人工插捣时，混凝土拌合物应分二层装入试模，每层的装料厚度大致相等。插捣用的钢制捣棒长为 600 mm，直径为 16 mm，端部应磨圆。插捣应按螺旋方向从边缘向中心均匀进行，插捣底层时，捣棒应达到试模表面，插捣上层时，捣棒应穿入下层深度为 20 ~30 mm，插捣时捣棒应保持垂直，不得倾斜。同时，还应用抹刀沿试模内壁插入数次。每层的插捣次数应根据试件的截面积而定，一般每 10 000 mm^2 不应少于 12 次。插捣后用橡胶锤轻轻敲击试模四周，直到插捣棒留下的孔洞消失为止。刮除多余的混凝土，待混凝土临近初凝，然后用抹刀抹平。

（2）混凝土试件的养护

根据试验目的不同，试件可采用标准养护或同条件养护。

确定混凝土特征值、强度等级或进行材料性能研究时，试件应采用标准养护；检验现浇混凝土工程或预制构件中混凝土强度时，试件应采用同条件养护。试件一般养护到 28 d 龄期（由成型时算起）进行试验，但也可以按要求（如需确定拆模、起吊、施加预应力或承受施工荷载等时的力学性能）养护到所需的龄期。

采用标准养护的试件成型后应用不透水的薄膜覆盖表面，防止水分蒸发，并应在温度为（20 ±5）℃情况下静置一昼夜至两昼夜，然后编号拆模。

拆模后的试件应立即放在温度为（20 ±2）℃、相对湿度为 95% 以上的标准养护室中养护。在标准养护室内，试件应放在架上，彼此间隔为 10 ~20 mm，并应避免用水直接冲淋。

当无标准养护室时，混凝土试件可在温度为（20 ±2）℃的不流动水中养护，水的 pH 值不应小于 7。

同条件养护的试件成型后应覆盖表面。试件的拆模时间可与实际构件的拆模时间相同，拆模后，试件仍需保持同条件养护。

（3）抗压试验

1）试件从养护地点取出后应及时进行试验，以免试件内部的温、湿度发生显著变化。

2）将试件表面和上、下承压板面擦干净，测量尺寸，并检查其外观，试件尺寸测量精确到 1 mm，并据此计算试件的承压面积（S）。试件不得有明显缺损，其承压面的平面度误差不超过 0.05%，承压面与相邻面的垂直度误差不超过 ±1°。

3）把试件安放在试验机下压板（或垫板）中心，试件的承压面与成型时的顶面垂直。开动试验机，当上压板与试件（或钢垫板）接近时，调整球座，确保接触均匀。

4）加压时，应持续而均匀地加荷。混凝土强度等级小于 C30 时，加荷速度取 0.3 ~0.5 MPa/s；混凝土强度等级在 C30 和 C60 之间时，加荷速度取 0.5 ~0.8 MPa/s；混凝土强度等级大于或等于 C60 时，加荷速度取 0.8 ~1.0 MPa/s。当试件接近破坏并开始急剧变形时，应停止调整万能试验机加压手柄减压，直至试件破坏，然后记录破坏荷载（P）。

5）试件结果计算。混凝土立方体试件抗压强度按下式计算：

$$f_{cu}=P/S$$

式中 f_{cu}——混凝土立方体试件抗压强度，MPa；

P——破坏荷载，N；

S——试件承压面积，mm^2。

混凝土立方体试件抗压强度的计算结果应精确至0.1 MPa。

4. 试验结果分析与评定

强度值的确定应符合下列规定：

（1）以三个试件强度值的算术平均值作为该组试件的抗压强度值。三个试件强度值的最大值或最小值中，如果有一个与中间值的差异超过中间值的15%，则把最大值及最小值一并舍去，取中间值作为该组试件的抗压强度值，如果最大值、最小值与中间值的差异均超过中间值的15%，则该组试件试验结果无效。

（2）取150 mm×150 mm×150 mm试件抗压强度为标准值，用其他尺寸试件测得的结果应乘以尺寸换算系数。

当混凝土强度等级小于C60时，用非标准试件测得的强度值应乘以尺寸换算系数，200 mm×200 mm×200 mm试件的尺寸换算系数为1.05，100 mm×100 mm×100 mm试件的尺寸换算系数为0.95；当混凝土强度等级大于或等于C60时，宜采用标准试件，使用非标准试件时，尺寸换算系数由试验确定。

（3）强度检验评定方法选用规则见表4-31。

表4-31　强度检验评定方法选用规则

统计方法	非统计方法
1. 连续生产，生产条件稳定 2. 不满足规则1，且样本容量不少于10组	不满足规则1，且样本容量少于10组

（4）统计方法评定

1）连续生产，生产条件稳定，一个检验批的强度应同时满足：

$$m_{fcu}\geqslant f_{cu,k}+0.7\sigma_0$$

$$m_{cu,min}\geqslant f_{cu,k}-0.7\sigma_0$$

强度等级不高于C20时：

$$f_{cu,min}\geqslant 0.85f_{cu,k}$$

强度等级高于C20时：

$$f_{cu,min}\geqslant 0.90f_{cu,k}$$

式中 m_{fcu}——同一检验批混凝土立方体抗压强度平均值；

$f_{cu,k}$——同一检验批混凝土立方体抗压强度标准值；

$f_{cu,min}$——同一检验批混凝土立方体抗压强度最小值；

σ_0——前一检验期内同一品种、同一等级混凝土立方体抗压强度的标准差。

2）检验批混凝土立方体抗压强度的标准差按下式计算：

$$\sigma=\sqrt{\frac{\sum_{i=1}^{n}f_{cu,i}^{2}-nm_{f_{cu}}^{2}}{n-1}}$$

式中　$f_{cu,i}$——前一检验期内同一品种、同一强度等级的第 i 组混凝土试件的抗压强度代表值；

m_{fc}——前一检验期内同一品种、同一强度等级的混凝土立方体抗压强度标准值；

n——前一检验期内的样本容量，不应小于45，检验期不应小于60 d，也不得大于90 d；

σ_0——计算值小于2.5 MPa时，应取2.5 MPa。

3）样本容量不小于10组。一个检验批的强度应同时满足：

$$m_{fcu} \geqslant f_{cu,k} + \lambda_1 S_{fcu}$$

$$f_{cu,min} \geqslant \lambda_2 f_{cu,k}$$

式中　λ_1、λ_2——合格评定系数；

S_{fcu}——同一检验批混凝土立方体抗压强度标准差。

$$S = \sqrt{\frac{\sum_{i=1}^{n} f_{cu,i}^2 - nm_{f_{cu}}^2}{n-1}}$$

式中　n——本检验批的样本容量。

（5）非统计方法评定

当样本容量少于10组时，采用非统计方法。一个检验批的强度应同时满足：

$$m_{fcu} \geqslant \lambda_3 f_{cu,k}$$

$$f_{cu,min} \geqslant \lambda_4 f_{cu,k}$$

其中，合格评定系数 λ_3、λ_4的取值见表4-32。

表4-32　合格评定系数 λ_3、λ_4的取值

强度等级	< C60	≥C60
λ_3	1.15	1.10
λ_4	0.95	

（6）混凝土强度的合格性评定

1）当检验结果满足规定时，该批混凝土强度应评定为合格；当检验结果不能满足规定时，该批混凝土强度应评定为不合格。

2）对评定为不合格的混凝土批次，可按国家现行的有关标准进行处理。

附：试验报告见表4-33和表4-34。

表4-33　拌合物坍落度测定

材料名称	配合比		7L 用量（kg）	含水量（%）	实际用量（kg）
水泥					
砂					
石子					
水					

坍落度（mm）：
黏聚性：
析水情况：

表 4-34　抗压强度测定

编号	截面尺寸（mm）	破坏荷载（N）	折算系数	抗压强度（MPa）

三、混凝土轴心抗压强度试验

1. 试验目的

测定混凝土轴心抗压强度。

2. 主要仪器设备

（1）万能试验机

万能试验机的上、下压板应平整并有足够的刚度，其测量精度为 ±1%，试件破坏荷载应大于万能试验机全量程的 20% 且小于压力机全量程的 80%。

（2）钢尺

钢尺长约 300 mm。

3. 试验方法与操作步骤

本方法适用于测定混凝土棱柱体试件的轴心抗压强度。

混凝土轴心抗压强度试验应采用 150 mm×150 mm×300 mm 的棱柱体作为标准试件，棱柱体试件尺寸见表 4-35。

表 4-35　棱柱体试件尺寸　　mm

试件尺寸	骨料最大粒径
100×100×100	30
150×150×150	40
200×200×200	60

如确有必要，可采用非标准尺寸的棱柱体试件，但其高宽比应为 2～3。试件允许的骨料最大粒径不应大于表 4-35 规定的数值。

试件从养护地点取出后应及时进行试验，以免内部的温度和湿度发生显著变化。混凝土轴心抗压强度试验应按下列步骤进行。

（1）先将试件擦拭干净，测量尺寸，并检查其外观。试件尺寸测量精确至 1 mm，并据此计算试件的承压面积。如果实测尺寸与公称尺寸之差不超过 1 mm，可按公称尺寸计算。

（2）试件承压面的平面度误差应为每 100 mm 不超过 0.05 mm，承压面与相邻面的垂直度误差不应超过±1°。

(3) 将试件直立放置在试验机的下压板上，试件的轴心应与试验机下压板中心对准。开动试验机，当上压板与试件接近时，调整球座，使接触均匀。

(4) 混凝土试件的轴心抗压强度试验应连续而均匀地加荷。混凝土强度等级小于C30时，加荷速度取0.3~0.5 MPa/s；混凝土强度等级大于或等于C30时，加荷速度取0.5~0.8 MPa/s。当试件接近破坏而开始迅速变形时，应调整万能试验机减压手柄直至试件破坏，然后记录破坏荷载。

4. 试验结果分析与评定

混凝土轴心抗压强度应按下式计算：

$$f_{cp}=P/S$$

式中 f_{cp}——混凝土轴心抗压强度，MPa；

P——破坏荷载，N；

S——试件承压面积，mm^2。

混凝土轴心抗压强度计算应精确至0.1 MPa。以三个试件测值的算术平均值作为该组试件的轴心抗压强度值。三个测值中的最大值或最小值中如果有一个与中间值的差值超过中间值的15%，则把最大值及最小值一并舍去，取中间值作为该组试件的轴心抗压强度值；如果最大值、最小值与中间值的差值均超过中间值的15%，则该组试件的试验结果无效。

边长为150 mm×150 mm×300 mm的棱柱体试件为标准试件，采用非标准尺寸试件测得的轴心抗压强度值应乘以尺寸换算系数。

混凝土强度等级小于C60时，用非标准试件测得的强度值应乘以尺寸换算系数，200 mm×200 mm×400 mm试件的尺寸换算系数为1.05，100 mm×100 mm×300 mm试件的尺寸换算系数为0.95；混凝土强度等级大于或等于C60时，宜采用标准试件，使用非标准试件时，尺寸换算系数由试验确定。

知识链接

混凝土强度试验试块取样送检的批量

1. 标准养护试块

(1) 混凝土抗压试块每拌制100盘且不超过100 m^3的同配合比的混凝土，不少于1次；每一工作班拌制的同配合比混凝土不足100盘时，不少于1次。

(2) 当一次连续浇筑超过1 000 m^3时，同一配合比的混凝土每200 m^3不少于1次。

(3) 每一楼层、同一配合比的混凝土，不少于1次。

(4) 灌注桩每浇注50 m^3混凝土，小于50 m^3的桩，每根桩必须有1组不少于1次，每一拆模检验批混凝土，至少1组。

(5) 基坑工程的地下连续墙，每50 m^3或每槽段不少于1次。

(6) 建筑地面工程混凝土试块每一层（检验批）每1 000 m^2取样不得少于1次，每增加1 000 m^2应增取1次，不足1 000 m^2的按1 000 m^2计。当改变配合比时，应相应增加取样次数。

2. 同条件试块

（1）混凝土取样应具有代表性和随机性，每次取样应至少留置一组标准养护试件，同条件养护试件的留置组数应根据实际需要确定。

（2）用于混凝土结构实体检验留置的混凝土同条件养护试块应符合下列要求：

1）各种混凝土强度均应留置同条件养护试块。

2）同一强度等级的同条件养护试块，其留置的组数应根据混凝土工程量和重要性确定，不宜多于10组，且不应少于3组。

3）同条件养护试块应放置在靠近相应结构构件或结构部位的适当位置，并应采取相同的养护方法。

4）等效龄期应在日平均气温累计达到600 ℃·d时方可送检，且养护龄期不应少于14 d，也不宜大于60 d。

（3）混凝土抗渗试块养护方式均为标准养护，养护龄期不少于28 d，最长不得超过90 d。

思考练习题

1. 为何要对混凝土用砂提出级配和细度要求？

2. 已知干砂500 g的筛分结果见表4-36：

表4-36　干砂500 g的筛分结果

筛孔直径（mm）	10.0	4.75	2.36	1.18	0.6	0.3	0.15	<0.15
筛余量（g）	0	15	60	100	125	95	90	15

试判断该砂是否合格，并确定其属于什么砂。

3. 什么是混凝土拌合物的和易性？它有哪些含义？

4. 影响混凝土拌合物和易性的因素有哪些？如何影响？

5. 什么是合理砂率？采用合理砂率有何技术及经济意义？

6. 某办公楼的基础底板设计使用C35等级混凝土，采用泵送施工工艺，坍落度为180 mm。试根据《普通混凝土配合比设计规程》（JGJ 55—2011）的规定，计算配合比。原材料如下：

（1）水泥

P·O 42.5级水泥，28 d胶砂抗压强度为48.6 MPa，安定性合格。

（2）矿物掺合料

Ⅱ级粉煤灰，细度为18.2%，需水量比为102%，烧失量为7.3%。

粒化高炉矿渣粉，比表面积为428 m^2/kg，流动度比为99%，28 d活性指数为99%。

（3）粗骨料

卵石，最大公称粒径为25 mm，连续级配，含泥量为1.1%，泥块含量为0.6%，针片状颗粒含量为8.8%。

（4）细骨料

天然河砂，细度模数为2.70，级配为2区，含泥量为2.0%，泥块含量为0.5%。

（5）外加剂

减水剂，减水率为25%，含固量为20%，减水剂掺量为1%。

（6）水

自来水。

第五章 建筑砂浆

学习目标

掌握砌筑砂浆的技术要求及配合比选择原则和方法，了解其他种类砂浆。掌握砂浆的主要技术性质和砌筑砂浆的配合比设计。

砂浆是由胶凝材料、细骨料和水按适当比例拌和后形成的材料，在建筑工程中用量大、用途广泛。砂浆可以把散粒材料、块状材料、片状材料等胶结成整体结构，能起到保护主体结构和装饰的作用。

思考

在砌体结构中，什么材料将单块的砖、石以及砌块等胶结起来构成砌体？什么材料将大型墙板和各种构件的接缝填充？墙面、地面及梁柱结构的表面都用什么材料抹面以满足装饰和保护结构的要求？镶贴大理石、瓷砖等常用什么材料？

砂浆是一种复合型建筑材料，按胶结料不同可分为水泥砂浆、混合砂浆（水泥和石灰作为胶结料）、石灰砂浆和聚合物砂浆等，按功能和用途不同可分为砌筑砂浆、抹面砂浆及特种砂浆等。

第一节 砌筑砂浆

用于砖、石、砌块等砌体砌筑的砂浆称为砌筑砂浆。它的作用是将砖、石及砌块黏结在一起构成砌体，传递荷载并协调变形。因此，砌筑砂浆是砌体的重要组成部分。

一、砌筑砂浆的组成材料

1. 水泥

水泥是砌筑砂浆的主要胶凝材料，通用硅酸盐水泥或砌筑水泥都可用来配制砌筑砂浆，具体可根据砌筑部位、环境条件等选择适宜的水泥品种。水泥强度等级应根据砌筑砂浆品种及强度等级的要求进行选择，M15 及以下的砌筑砂浆宜采用32.5级通用硅酸盐水泥或砌筑水泥，M15以上强度等级的砌筑砂浆宜采用42.5级通用硅酸盐水泥。

在配制石灰砂浆或混合砂浆时，砂浆中需用石灰，石灰的技术要求见第二章。

2. 掺合料和外加剂

为了改善砂浆的和易性和节约水泥，降低砂浆成本，在配制砂浆时，常在砂浆中掺入适量的掺合料，常用掺合料有磨细生石灰、石灰膏、石膏、粉煤灰等。

生石灰熟化成石灰膏时，应用孔径不大于3 mm×3 mm的网过滤，熟化时间不得少于7 d，磨细生石灰粉熟化时间不得少于2 d。沉淀池中储存的石灰膏应采取防止脱水、冻结和污染的措施。严禁使用脱水硬化的石灰膏。消石灰粉不得直接使用于砂浆中。

为改善砂浆的和易性及其他性质，还可在砂浆中掺入外加剂（如增塑剂、防水剂、早强剂等）。砂浆中掺入外加剂，不但要考虑外加剂对砂浆本身性能的影响，还要根据砂浆的用途，考虑外加剂对砂浆使用功能的影响，并通过试验确定外加剂的品种和掺量。

知识拓展

砂浆外加剂是一种添加在水泥及砂子中，用以改善水泥砂浆性能的添加剂，可改善空鼓、开裂等缺陷。常用的砂浆外加剂有石灰王、抹得乐、岩砂晶、砂浆王、砂浆宝、水泥添加剂、水泥塑化剂等。

3. 细骨料

细骨料在砂浆中起骨架和填充作用，对砂浆的流动性、黏聚性和强度等级影响很大。性能良好的细骨料可提高砂浆的工作性能和强度，尤其对砂浆的收缩开裂有较好的抑制作用。砂浆中使用的细骨料，原则上应采用符合混凝土用砂技术要求的优质河砂。由于砂浆层较薄，对砂子的最大粒径有所限制：

（1）砌筑毛石砌体的砂浆，砂的最大粒径应小于砂浆层的1/5～1/4，且不得大于2.5 mm。

（2）用于光滑表面抹面和勾缝的砂浆，应采用细砂。

（3）用于装饰的砂浆，还可采用彩砂、石渣等。

4. 水

拌制砂浆用水与混凝土拌和用水的要求相同，为节约用水，经化学分析验证合格的工业废水也可用于拌制砂浆。

二、 砂浆的主要技术性质

建筑砂浆的主要技术性质包括新拌砂浆的和易性，以及硬化后砂浆的强度和强度等级、黏结性、变形性和抗冻性等。

1. 新拌砂浆的和易性

砂浆的和易性是指砂浆便于施工操作又能保证工程质量的性质。砂浆的和易性从流动性和保水性两个方面做综合评定。

(1) 流动性(稠度)

流动性指砂浆在自重或外力作用下能够流动的能力。无论是采用手工施工还是机械喷涂施工，都要求砂浆具有一定的流动性。

砂浆流动性实质上反映了砂浆的稠度。流动性的大小可用砂浆稠度测定仪测定，用圆锥体沉入砂浆的深度(mm)来表示，称为稠度(沉入度)。工程中，砂浆的流动性可据经验进行评价、控制。

砂浆流动性的选择与基底材料种类、吸水性能、施工条件、砌体的受力特点，以及天气情况等有关。对于多孔吸水的砌体材料和干热的天气，要求砂浆的流动性大一些；相反，对于密实不吸水的砌体材料和湿冷的天气，要求砂浆的流动性小一些。建筑砂浆的施工稠度可参考表5-1进行选择。

表 5-1　建筑砂浆的施工稠度(沉入度)　mm

砌体种类	施工稠度
烧结普通砖砌体、粉煤灰砖砌体	70~90
混凝土砖砌体、普通混凝土小型空心砌块砌体、灰砂砖砌体	50~70
烧结多孔砖砌体、烧结空心砖砌体、轻骨料小型混凝土空心砌块砌体、蒸压加气混凝土砌块砌体	60~80
石砌体	30~50

知识拓展

影响砂浆流动性的主要因素

影响砂浆流动性的主要因素有胶凝材料及掺合料的品种、用量，砂的粗细程度、形状及级配，用水量、外加剂品种与掺量，以及搅拌时间等。

(2) 保水性

保水性指新拌砂浆保持其内部水分不泌出、不流失的能力，它表示砂浆中各组成材料是否易分离的性能。

新拌砂浆在存放、运输和使用过程中，都必须保证其水分不会很快流失，才能便于施工操作且保证工程质量。如果砂浆保水性不好，在施工过程中很容易泌水、分层、离析或水分易被基面所吸收，使砂浆变得干稠，致使施工困难，同时影响胶凝材料的正常水化、硬化，并降低砂浆本身强度以及与基层的黏结强度。因此，砂浆要具有良好的保水性。

思考

如何提高砂浆的保水性?

砂浆内胶凝材料充足，一般掺加了石灰膏和黏土膏等掺合料后，砂浆的保水性会较好，砂浆中掺入加气剂、微沫剂、塑化剂等也能改善其保水性和流动性。

砌筑砂浆的保水性是否越高越好?

对于不吸水基层的砌筑砂浆，保水性太高会使得砂浆内部水分早期无法蒸发释放，从而不利于砂浆强度的增长并且增大了砂浆的干缩裂缝风险，降低了砌体的整体性。

砂浆的保水性用分层度表示（分层度的测定见本章试验部分）。

砂浆的分层度一般为 10 ~ 20 mm，分层度过大的砂浆保水性差（易离析、泌水、分层或水分流失过快），不利于施工。一般水泥砂浆分层度不宜超过 30 mm，水泥混合砂浆分层度不宜超过 20 mm。若分层度过小，砂浆硬化后容易产生干缩裂缝。

2. 硬化砂浆的强度和强度等级

砂浆强度等级是以 70.7 mm × 70.7 mm × 70.7 mm 的 6 个立方体试块在标准条件下养护至 28 d 的抗压强度平均值（MPa）确定，用 f_{mu} 表示。

水泥砂浆强度等级可分为 M5、M7.5、M10、M15、M20、M25、M30，水泥混合砂浆的强度等级可分为 M5、M7.5、M10、M15。

砂浆强度除受砂浆本身的组成材料（与水泥的强度和用量有关）及配比影响外，还与基层材料的吸水性有关。

（1）不吸水基层材料（如致密的石材）

砂浆强度的影响因素与混凝土相似，主要为水泥强度和水灰比，即砂浆的强度与水泥强度和水灰比成正相关。砂浆强度计算公式如下：

$$f_{mu}=\alpha f_{ce}\left(\frac{C}{W}-\beta\right)$$

（2）吸水性基层材料（如砖和其他多孔材料）

砂浆强度主要取决于水泥强度和水泥用量，而与水灰比无关。砂浆强度计算公式如下：

$$f_{mu}=\left(f_{ce}Q_c\frac{\alpha}{1\ 000}\right)+\beta$$

式中 f_{mu}——砂浆 28 d 抗压强度，MPa；

f_{ce}——水泥的实测强度值，MPa；

Q_c——每立方米砂浆中水泥用量，kg/m^3；

α、β——砂浆的特征系数，一般 $\alpha=3.03$，$\beta=-15.09$。

知识拓展

基层吸水后，砂浆中保留水分的多少取决于本身的保水性。因此，具有良好保水性的砂浆，不论拌和时用多少水，经底层吸水后，保留在砂浆中的水大致相同，与初始水灰比关系不大。对不同地区、不同品种、不同水泥的试验结果进行统计分析可以发现，砂浆强度主要取决于水泥强度和水泥用量。

3. 黏结性

砖、石、砌块等材料靠砂浆黏结成一个坚固整体并传递荷载，因此，砂浆黏结力是影响砌体抗剪强度、耐久性和稳定性，乃至抗震能力的基本因素之一。

一般砂浆抗压强度越高，则其与基层的黏结强度越高。此外，砂浆的黏结力与基层材料的表面状态、清洁程度、湿润状况以及施工养护等条件有很大关系。例如，砌筑烧结黏土砖要事先浇水湿润，表面不沾泥土，就可提高砂浆的黏结力，保证砂浆的质量。

对砌体这个整体来说，砂浆的黏结性比抗压强度更为重要。

4. 变形性

砌筑砂浆在承受荷载和温度变化时，会产生变形。如果变形过大或不均匀，会降低砌体质量，引起砌体沉陷或裂缝。抹面砂浆在空气中也容易产生收缩等变形，变形过大也会使面层产生裂纹或剥离等质量问题。因此，砂浆应具有较小的变形。若使用轻骨料配制砂浆或掺合料过多，会导致砂浆收缩变形过大。

影响砂浆变形的因素很多，如胶凝材料的种类和用量、用水量、细骨料的种类、级配和质量，以及外部环境条件等。

5. 抗冻性

砂浆用于建筑物受冻融影响较多的部位，若设计有冻融循环要求时，必须进行冻融试验，经冻融试验后，要求质量损失率不大于5%，强度损失率不大于25%。

三、 砌筑砂浆配合比设计

设计砌筑砂浆的配合比时，要根据工程类型和砌筑部位确定砂浆的品种和强度等级，按其品种和强度等级确定配合比。

确定砌筑砂浆的配合比有两种方法：查规范手册或资料确定和通过计算确定。无论哪种方法，都应通过试验调整后才能应用。

混合砂浆配合比应按下列步骤进行计算：计算砂浆试配强度（$f_{m,0}$），计算每立方米砂浆中的水泥用量（Q_C），计算每立方米砂浆中的掺合料（石灰膏）用量（Q_D），确定每立方米砂浆中的用砂量（Q_S），按砂浆稠度确定每立方米砂浆用水量（Q_W）。具体如下。

1. 混合砂浆配合比计算

（1）计算砂浆试配强度

砂浆试配强度可按下式计算：

$$f_{m,0}=kf_2$$

式中 $f_{m,0}$——砂浆试配强度，精确至0.1 MPa；

k——系数，按表5-2取值；

f_2——砂浆抗压强度平均值，精确至0.1 MPa。

表5-2 k值的确定

施工水平	k值
优良	1.15
一般	1.20
较差	1.25

（2）砌筑砂浆现场强度标准差

砂浆强度标准差可按下式确定：

$$\sigma=\sqrt{\frac{\sum_{i=1}^{n} f_{m,i}^2-N\mu_{fm}^2}{N-1}}$$

式中 $f_{m,i}$——统计周期内同一品种砂浆第i组试件的强度，MPa；

μ_{fm}——统计周期内同一品种砂浆N组试件强度的平均值，MPa；

N——统计周期内同一品种砂浆试件的组数，$N\geqslant 25$。

（3）计算1 m^3砂浆中水泥用量

$$Q_C=\frac{1\,000\,(f_{m,0}-\beta)}{\alpha f_{ce}}$$

式中 Q_C——每立方米砂浆中的水泥用量，精确至1 kg；

$f_{m,0}$——砂浆的试配强度，精确至0.1 MPa；

α、β——砂浆的特征系数，其中$\alpha=3.03$，$\beta=-15.09$；

f_{ce}——水泥的实测强度，精确至0.1 MPa。

在无法取得水泥的实测强度时，可按下式计算：

$$f_{ce}=\gamma_c f_{cu,t}$$

式中 γ_c——水泥强度等级值的富余系数，该值应按实际统计资料确定，无统计资料时取1.0；

$f_{cu,t}$——水泥强度等级对应的强度值，MPa。

思考

1 m^3水泥砂浆中的最小水泥用量是多少？

（4）确定水泥混合砂浆的掺合料用量

水泥混合砂浆的掺合料用量应按下式计算：

$$Q_D=Q_A-Q_C$$

式中 Q_D——每立方米砂浆中掺合料用量，精确至 1 kg；

Q_A——每立方米砂浆中水泥和掺合料的总量，精确至 1 kg，可为 350 kg；

Q_C——每立方米砂浆中水泥用量，精确至 1 kg。

（5）计算用砂量

每立方米砂浆中用砂量 Q_S（kg）应以干燥状态（含水率小于 0.5%）的堆积密度作为计算值，即 1 m^3 的砂浆含有 1 m^3 堆积体积的砂。

（6）确定用水量

每立方米砂浆中用水量 Q_W（kg）可根据砂浆稠度要求确定。

1）混合砂浆中的用水量不包括石灰膏或黏土膏中的水。

2）当采用细砂或粗砂时，用水量分别取上限或下限。

3）稠度小于 70 mm 时，用水量可小于下限。

4）施工现场气候炎热或干燥时，可酌情增加水量。

2. 水泥砂浆配合比选用

水泥砂浆各种材料用量可按照表 5-3 选用。

表 5-3 水泥砂浆各种材料用量 kg/m^3

强度等级	水 泥 用 量	用 砂 量	用水量
M5	200 ~ 230	1 m^3 干燥状态下砂的堆积密度值	270 ~ 330
M7.5	230 ~ 260		
M10	260 ~ 290		
M15	290 ~ 330		
M20	340 ~ 400		
M25	360 ~ 410		
M30	430 ~ 480		

注：1. M15 及 M15 以下强度等级的水泥砂浆，水泥强度等级为 32.5 级；M15 以上强度等级的水泥砂浆，水泥强度等级为 42.5 级。

2. 试配强度应按照本节的试配强度公式进行计算。

3. 配合比的试配、调整与确定

砂浆试配时应采用工程中实际使用的材料，搅拌采用机械搅拌。搅拌时间自投料结束后算起，水泥砂浆和水泥混合砂浆不得小于 120 s，掺用粉煤灰和外加剂的砂浆不得小于 180 s。

按计算或查表选用的配合比进行试拌，测定其拌合物的稠度和分层度，若不能满足要求，则应调整用水量和掺合料用量，直至符合要求为止。此时的配合比为砂浆基准配合比。

为了测定砂浆强度是否在设计要求范围内，试配时至少采用 3 个不同的配合比，其中一个为基准配合比，另外两个配合比的水泥用量按基准配合比分别增加及减少 10%，在保证稠度和分层度合格的条件下，可相应调整用水量或掺合料（石灰膏）

用量。按《建筑砂浆基本性能试验方法标准》（JGJ/T 70—2009）的规定成型试件，测定砂浆强度。选定符合试配强度要求并且水泥用量最少的配合比作为砂浆配合比。

砂浆配合比以各种材料用量的比例形式表示：

$$水泥:石灰膏:砂:水=Q_C:Q_D:Q_S:Q_W$$

【例 5-1】试设计用于砌筑砖墙的 M7.5 级、稠度 70～100 mm 的水泥石灰砂浆配合比。

解：

1. 设计资料

水泥：32.5 级普通硅酸盐水泥；

石灰膏：稠度 120 mm；

砂：中砂，堆积密度为 1 450 kg/m³，含水率为 2%；

施工水平：一般。

2. 设计步骤

（1）根据砂浆试配强度公式，计算试配强度 $f_{m,0}$

$$f_{m,0}=kf_2=1.2\times7.5=9.0\ (\text{MPa})$$

（2）根据砂浆强度计算公式，计算水泥用量 Q_C

$$Q_C=\frac{1\,000\ (f_{m,0}-\beta)}{\alpha f_{ce}}=\frac{1000\ (9+15.09)}{3.03\times32.5}=245\ (\text{kg/m}^3)$$

式中　$A=3.03$，$B=-15.09$，$f_{ce}=1.0\times32.5=32.5$（MPa）。

（3）根据水泥混合砂浆掺合料用量计算公式，计算石灰膏用量 Q_D

$$Q_D=Q_A-Q_C=350-245=105\ (\text{kg/m}^3)$$

式中　$Q_A=350\ \text{kg/m}^3$（按水泥和掺合料总量规定选取）。

（4）根据砂的堆积密度和含水率，计算用砂量 Q_S

$$Q_S=1\,450\times(1+2\%)=1\,479\ (\text{kg/m}^3)$$

（5）选择用水量 Q_W

$$Q_W=300\ (\text{kg/m}^3)$$

（6）砂浆试配时各材料的用量比例

$$水泥:石灰膏:砂:水=245:105:1\,479:300$$

或

$$水泥:石灰膏:砂:水=1:0.43:6.04:1.22$$

第二节　其他品种建筑砂浆

一、抹面砂浆

凡涂抹在建（构）筑物或构（配）件基底材料的表面，兼有保护基层和满足使用要求作用的砂浆，可统称为抹面砂浆（也称抹灰砂浆）。

根据功能不同，一般可将抹面砂浆分为普通抹面砂浆、防水砂浆、装饰砂浆和特种砂浆（如绝热砂浆、吸声砂浆、耐酸砂浆、防射线砂浆）等。

抹面砂浆的组成要求与砌筑砂浆基本相同。根据抹面砂浆的使用特点，其应具有良好的和易性和较高的黏结力，容易磨成均匀平整的薄层，以便施工，而且砂浆层能与底层黏结牢固。为了防止砂浆层开裂，有时需加入纤维增强剂，如麻刀、纸筋、稻草、玻璃纤维等；为了使抹面砂浆具有某些特殊功能，也需要掺入特殊骨料或掺加料（如陶砂、膨胀珍珠岩等）。

思考

对砌筑砂浆的技术要求主要是抗压强度，对抹面砂浆的技术要求是什么？

1. 普通抹面砂浆

普通抹面砂浆具有保护建筑物和墙体的作用，以及装饰建筑物和建筑环境的效果。它不但能抵抗风、雨、雪等对建筑物的侵蚀，而且能提高建筑物的耐久性。

常用的普通抹面砂浆有水泥砂浆、石灰砂浆、水泥混合砂浆、麻刀石灰砂浆（简称麻刀灰）、纸筋石灰砂浆（简称纸筋灰）等。普通抹面砂浆通常分为两层或三层进行施工。

底层抹灰的作用是使砂浆与基底能牢固地黏结，因此应具有良好的和易性、保水性和较高的黏结力，底层表面粗糙有利于与砂浆的黏结。用于砖墙的底层抹灰多为石灰砂浆，用于板条墙或板条顶棚的底层抹灰多为麻刀石灰砂浆，用于混凝土墙、梁、柱等的底层抹灰多为水泥混合砂浆。

中层抹灰的主要目的是找平，多采用水泥混合砂浆和石灰砂浆（有时可省略）。

面层抹灰的主要目的是达到平整、光洁的表面效果。面层抹灰多用水泥混合砂浆、麻刀石灰砂浆或纸筋石灰砂浆。在容易碰撞或潮湿的地方，应使用水泥砂浆，例如，墙裙、踢脚板、地面、雨棚、窗台以及水池、水井等处多用1∶2.5水泥砂浆。在硅酸盐砌块墙面上做抹面砂浆或粘贴饰面材料时，最好在砂浆层内夹一层事先固定好的钢丝网，以免日后剥落。

知识拓展

选择砂浆种类的主要依据

水泥砂浆宜用于潮湿或强度要求较高的部位，水泥混合砂浆多用于室内底层、中层或面层抹灰，石灰砂浆、麻刀灰、纸筋灰多用于室内中层或面层抹灰，水泥砂浆不得涂抹在石灰砂浆层上。普通抹面砂浆的组成材料及配合比可根据使用部位及基底材料的特性确定，一般情况下可参考有关资料和手册选用。

2. 装饰砂浆

装饰砂浆是指涂抹在建（构）筑物内外墙表面，具有装饰效果和改善功能，能保护建筑物的抹面砂浆。

装饰砂浆的底层和中层抹灰与普通抹面砂浆基本相同，但是其面层要选用具有一定颜色的胶凝材料和骨料，或采用特殊的施工工艺，使建筑物表面呈现各种不同的色彩、质地、线条和花纹等装饰效果。

（1）装饰砂浆的组成材料

胶凝材料：装饰砂浆所用胶凝材料与普通抹面砂浆基本相同，但灰浆类饰面多采用白色水泥、彩色水泥，配制成彩色水泥砂浆。

骨料：装饰砂浆所用骨料除普通天然砂外，还可使用色彩鲜艳的花岗岩、大理石等色石及细石渣类。

颜料：装饰砂浆中的颜料一般为耐碱和耐光的矿物颜料。

（2）装饰砂浆的主要饰面方式

装饰砂浆饰面可分为灰浆类饰面和石渣类饰面两大类。

1）灰浆类饰面。灰浆类饰面主要通过水泥砂浆的着色或对水泥砂浆表面进行艺术加工，从而获得具有特殊色彩、线条、纹理等质感的饰面。它的主要优点是材料来源广泛，施工操作简便，造价比较低廉，而且通过不同的工艺加工，可以创造不同的装饰效果。装饰砂浆的主要饰面方式见表 5-4。

表 5-4 装饰砂浆的主要饰面方式

种类	做　法
拉毛灰	在砂浆还没凝结以前，用铁抹子或木抹子将罩面灰浆轻压后顺势拉起，形成凹凸的饰面层，质感很强。拉细毛时用棕刷蘸着灰浆拉成细的凹凸花纹
甩毛灰	用竹丝刷等工具将罩面灰浆甩涂在基面上，形成大小不一而又有规律的云朵状毛面饰面层
仿面砖	在采用掺入氧化铁系颜料（红、黄）的水泥砂浆抹面上，用特制的铁钩和靠尺，按设计要求的尺寸进行分格划块，沟纹清晰，表面平整，酷似贴面砖
拉条	在面层砂浆抹好后，用一凹凸状轴辊作模具，在砂浆表面滚压出立体感强、线条挺拔的条纹。条纹呈半圆形、波纹形、梯形等多种形状，线条可粗可细，间距可大可小
喷涂	用挤压式砂浆泵或喷斗把掺有聚合物的水泥砂浆喷涂在基面上，形成波浪、颗粒或花点质感的饰面层。最后在表面再喷一层甲基硅醇钠或甲基硅树脂疏水剂，可提高饰面层的耐久性和耐污染性
弹涂	用电动弹力器将掺入 107 胶的 2～3 种水泥色浆分别弹涂到基面上，形成直径 1～3 mm 的圆状色点，得到不同色点相互交错、相互衬托、色彩协调的饰面层。最后刷一道树脂罩面，起防护作用

2）石渣类饰面。石渣类饰面是用水泥（普通水泥、白水泥或彩色水泥）、石渣、水拌成石渣浆，采用不同的加工手段除去表面水泥浆皮，使石渣呈现不同外露形式的饰面方式，通过水泥浆与石渣的色泽对比达到不同的装饰效果。

石渣是天然大理石、花岗石以及其他天然石材经破碎而成，俗称米粒石，常用的规格有大八厘（粒径为 8 mm）、中八厘（粒径为 6 mm）、小八厘（粒径为 4 mm）。

与灰浆类饰面相比，石渣类饰面的优点是色泽较明亮，质感相对丰富，不易褪色，耐光性和耐污染性较好。常用的石渣类饰面见表 5-5。

表 5-5　常用的石渣类饰面

种类	做　法
水刷石	用颗粒细小（约 5 mm）的石渣拌成的砂浆做面层，在水泥浆初凝后，用毛刷蘸水刷洗或用喷枪以一定水压冲刷表层水泥浆皮，使石渣半露出来，达到装饰效果
干粘石	干粘石（甩石子）是在水泥浆或掺入 107 胶的水泥砂浆黏结层上，把石渣、彩色石子等粘在其上，再拍平压实而成的饰面。石粒的 2/3 应压入黏结层内并粘牢，不掉粒且不露浆
斩假石	斩假石（剁假石）是将水泥石渣（掺 30% 石屑）浆做成面层抹灰，等具有一定强度时，用钝斧或凿子等工具在面层上剁斩出纹理而形成的饰面。斩假石具有天然石材经雕琢后的质感
水磨石	水磨石是由水泥、彩色石渣或白色大理石碎粒和水按一定比例配制（需要时掺入适量颜料），经搅拌均匀、浇筑捣实、养护、硬化后用机械反复磨平抛光，将磨光表面用草酸冲洗、干燥后上蜡而形成的饰面

水刷石、干粘石、斩假石和水磨石的装饰效果各具特色。在质感方面：水刷石最为粗犷，干粘石粗中带细，斩假石典雅庄重，水磨石润滑细腻。在颜色花纹方面：水磨石色泽华丽、花纹美观，斩假石的颜色与斩凿的灰色花岗石相似，水刷石的颜色有青灰色、奶黄色等，干粘石的色彩取决于石渣的颜色。

3. 防水砂浆

用作防水层的砂浆称为防水砂浆，又称刚性防水层，用于不受振动和具有一定刚度的混凝土或砖石砌体的表面。变形较大或可能发生不均匀沉降的建筑物宜采用柔性防水。防水砂浆主要有以下几种。

（1）水泥砂浆

水泥砂浆是由水泥、细骨料、掺合料和水制成的砂浆。普通水泥砂浆多层抹面用作防水层。

（2）掺加防水剂的砂浆

目前应用最广泛的一种防水砂浆是在普通水泥砂浆中掺入一定量的防水剂而制成的防水砂浆。常用的防水剂有硅酸钠类、金属皂类、氯化物金属盐及有机硅类。在钢筋混凝土工程中应采用非氯盐型防水剂，防止引入氯离子，造成钢筋锈蚀。

防水砂浆的配合比为水泥与砂的质量比，一般不宜大于 1∶2.5，水灰比应为 0.50～0.60，稠度不应大于 80 mm。水泥宜选用 32.5 及以上等级的普通硅酸盐水泥或 42.5 级矿渣水泥，砂宜选用中砂。

防水砂浆的施工方法有人工多层抹压法和喷射法等。各种方法都是以防水抗渗、减少内部连通毛细孔、提高密实度为目的。

二、 特种砂浆

1. 隔热砂浆

隔热砂浆是采用水泥、石灰、石膏等胶凝材料与膨胀珍珠岩、膨胀蛭石、陶粒砂或聚氯乙烯泡沫颗粒等轻质多孔骨料，按一定比例配制的砂浆。其具有质量轻、保温隔热性能好等特点，主要用于屋面、墙体绝热层和热水、空调管道的绝热层。

常用的隔热砂浆有水泥膨胀珍珠岩砂浆、水泥膨胀蛭石砂浆、水泥石灰膨胀蛭石砂浆等。

2. 吸声砂浆

吸声砂浆是指具有吸声功能的砂浆。一般吸声砂浆都是采用轻质多孔骨料拌制而成的，骨料内部孔隙率大，因此吸声效果很好。吸声砂浆还可以在砂浆中掺入锯末、玻璃纤维、矿物棉等材料拌制而成，主要用于室内吸声墙面和顶面。

3. 耐酸砂浆

采用水玻璃和氟硅酸钠作为胶凝材料，掺入石英砂、花岗岩、铸石等粉状细骨料，可拌制成耐酸砂浆。耐酸砂浆主要作为衬砌材料，用于耐酸地面或内壁防护层等。

4. 防辐射砂浆

在水泥中掺入重晶石粉、砂可配制成防辐射砂浆。其配合比为水泥∶重晶石粉∶重晶石砂 =1∶0.25∶4.5。若在水泥浆中掺加硼砂、硼酸等，可配制成有抗中子辐射能力的砂浆，主要用于射线防护工程。

5. 聚合物砂浆

在水泥砂浆中加入有机聚合物乳液可配制成聚合物砂浆，具有黏结力强、干缩率小、脆性低、耐蚀性好等特性，用于修补和防护工程。常用的聚合物乳液有氯丁胶乳液、丁苯橡胶乳液、丙烯酸树脂乳液等。

6. 膨胀砂浆

使用膨胀水泥或在水泥中加入膨胀剂，可配制成膨胀砂浆。其具有一定的膨胀特性，可补偿水泥砂浆的收缩，防止干缩开裂，还可用在修补工程和装配式大板工程中，靠其膨胀作用填充缝隙，达到黏结密封的目的。

7. 自流平砂浆

自流平砂浆是指在自重作用下能流平的砂浆。地坪和地面常采用这种砂浆，其特点是施工方便、质量可靠。自流平砂浆施工时应注意掺用合适的外加剂，严格控制砂的级配和颗粒形态，选择合适的水泥品种或其他胶凝材料等。好的自流平砂浆可以确保地坪、地面平整光洁、强度高、耐磨性好、无开裂现象。

试验三 砌筑砂浆试验

一、砌筑砂浆稠度测定

1. 试验目的

确定砂浆配合比，施工过程中控制砂浆稠度，求出到达规定稠度所需的用水量。

2. 主要仪器设备

（1）砂浆稠度测定仪

如图 5-1 所示，试锥高度为 145 mm，圆锥筒高度为 180 mm。

（2）其他用具

钢制捣棒（直径为 10 mm，长度为 350 mm）、台秤、秒表等。

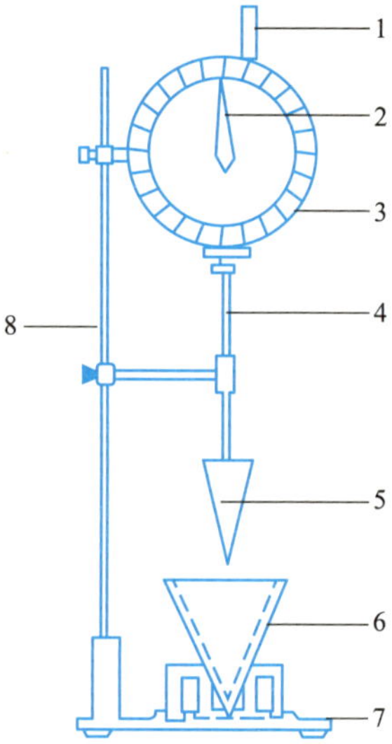

图 5-1 砂浆稠度测定仪

1—齿条测杆 2—指针
3—刻度盘 4—滑杆
5—试锥 6—圆锥筒
7—底座 8—支架

3. 试验步骤

（1）按照已计算的配合比和所需砂浆的体积，称取水泥、砂及白灰膏（或黏土膏）。

（2）将称量好的原料拌均匀，然后逐次加水，和易性经观察符合要求时，停止加水，继续搅拌至均匀，搅拌时间共 5 min。

（3）用湿布擦净试锥、容器表面，用少量润滑油轻擦滑杆，保证滑杆滑动自如。

（4）将砂浆拌合物一次装入砂浆稠度测定仪的圆锥筒内，使砂浆低于筒口约10 mm，用捣棒自容器中心向边缘插捣 25 次，轻击圆锥筒 5 ~6 下，使砂浆表面平整，立即将圆锥筒置于砂浆稠度测定仪的底座上。

（5）放松滑杆的制动螺钉，调节试锥到尖端与砂浆中心表面刚接触时，拧紧制动螺钉，使齿条测杆下端刚接触滑杆上端并将指针对准零点。

（6）拧开制动螺钉，使试锥自由沉入砂浆中，同时以秒表计时，待 10 s 时立即固定螺钉，将齿条测杆下端接触滑杆上端，从刻度盘读出下沉深度（精确至 1 mm），即为砂浆稠度值。

4. 试验结果分析与评定

（1）应以两次测定值的算术平均值为测试结果，计算精确至 1 mm。

（2）两次测试值之差如果大于 10 mm，应另取砂浆搅拌后重新测定。

二、 砌筑砂浆分层度测定

1. 试验目的

测定砂浆拌合物的分层度，以保证运输与停放时的稳定性。

2. 主要仪器设备

（1）砂浆分层度筒

砂浆分层度筒如图 5-2 所示，内径为 150 mm，上节高度为 200 mm，下节带底高度为 100 mm，两节连接处应加宽 3 ~ 5 mm，并设有橡胶垫圈。

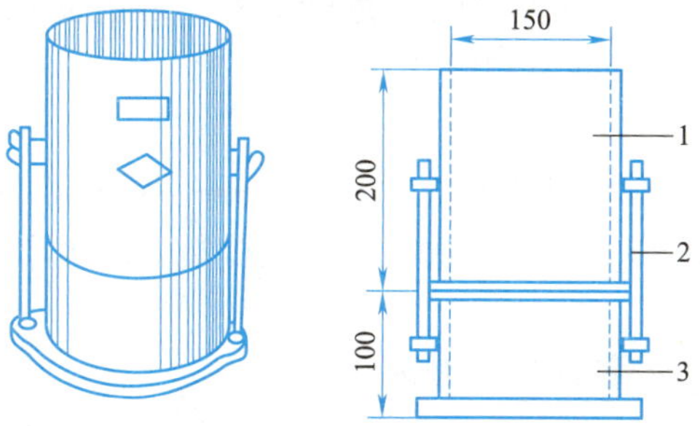

图 5-2 砂浆分层度筒

1—无底圆筒 2—连接螺栓 3—有底圆筒

（2）其他仪器用具

水泥胶砂振动台、砂浆稠度测定仪、木槌、抹刀等。

3. 试验步骤

（1）将砌筑砂浆稠度测定试验拌制的砂浆拌合物一次装入砂浆分层度筒内，装满后用木槌在砂浆分层度筒四周距离大致相等的四个不同地方轻击 1 ~ 2 下，若砂浆沉落到筒口以下，应随时添加，然后刮去多余的砂浆，并用抹刀抹平。

（2）静置 30 min 后，去掉上节 200 mm 砂浆，将剩余的 100 mm 砂浆倒出，放在拌和锅内搅拌 2 min，再按稠度试验方法测定其稠度。前后测得的稠度差值即为该砂浆的分层度值。

4. 试验结果分析与评定

取两次试验结果的算术平均值为砂浆分层度值，精确到 0. 1 mm，若两次分层度测试值之差大于 10 mm，应另取砂浆搅拌后重新测定。

三、 砌筑砂浆抗压强度测定

1. 试验目的

测定砌筑砂浆的立方体抗压强度。

2. 主要仪器设备

（1）试模

试模为 70. 7 mm × 70. 7 mm ×70. 7 mm 的带底试模，应符合现行行业标准《混凝土试模》（JG 237—2008）的规定，具有足够的刚度并拆装方便。试模的内表面应进行机械加工，其平面度误差为每 100 mm 不超过 0.05 mm，组装后各相邻面的垂直度误差不应超过 ±0.50 mm。

（2）钢制捣棒

直径为 10 mm，长度为 350 mm，端部磨圆。

（3）压力试验机

精度应为 1%，试件破坏荷载应不小于压力试验机量程的 20%，且不应大于量程的 80%。

（4）垫板

压力试验机上、下压板及试件之间可垫钢垫板，钢垫板的尺寸应大于试件的承压面，其平面度误差为每 100 mm 不超过 0.02 mm。

（5）振动台

空载中台面的垂直振幅应为（0.5 ±0.05）mm，空载台面振幅均匀度不应大于 10%，空载频率应为（50 ±3）Hz，一次试验应至少能固定 3 个试模。

3. 试验步骤

（1）立方体抗压强度试件的制作及养护

1）采用立方体试件，每组试件应为 3 个。

2）用润滑脂等密封材料涂抹试模的外接缝，试模内涂刷薄层机油或隔离剂。将拌制好的砂浆一次性装满砂浆试模，成型方法应根据稠度确定。当稠度大于 50 mm 时，宜采用人工插捣成型；当稠度不大于 50 mm 时，宜采用机械振动成型。

①人工插捣。采用捣棒均匀地由边缘向中心按螺旋方式插捣 25 次。插捣过程中，当砂浆沉落低于试模口时，应随时添加砂浆，可用油灰刀插捣数次，并用手将试模一边抬高 5 ~10 mm 各振动 5 次，砂浆应高出试模顶面 6 ~8 mm。

②机械振动。将砂浆一次装满试模，放置到振动台上，振动时试模不得跳动，振动 5 ~10 s 或持续到表面泛浆为止，不得过振。

3）待表面水分稍干后，将高出试模部分的砂浆沿试模顶面刮去并抹平。

4）试件制作后应在温度为（20 ±5）℃的环境下静置（24 ±2）h，并对试件进行编号、拆模。当气温较低时，或者砂浆凝结时间大于 24 h 时，可适当延长时间，但不应超过 48 h。试件拆模后应立即放入温度为（20 ±2）℃、相对湿度为 90% 以上的标准养护室中养护。养护期间，试件彼此间隔不得小于 10 mm，混合砂浆、湿拌砂浆试件上面应注意防水。

5）从搅拌加水开始计时，标准养护龄期应为 28 d，也可根据相关标准要求增加 7 d 或 14 d。

（2）立方体试件抗压强度试验

1）试件从养护地点取出后应及时进行试验。试验前将试件表面擦拭干净，测量尺寸，检查其外观，并计算试件的承压面积。当实测尺寸与公称尺寸之差不超过 1 mm 时，可按照公称尺寸进行计算。

2）将试件安放在压力试验机的下压板或下垫板上，试件的承压面应与成型时的顶面垂直，试件中心应与压力试验机下压板或下垫板中心对准。开动压力试验机，当上压板与试件或上垫板接近时，调整球座，使接触面均衡受压。承压试验应连续而均匀地加荷，加荷速度应为0. 25 ~ 1. 5 kN/s；砂浆强度不大于2. 5 MPa 时，宜取下限。当试件接近破坏而开始迅速变形时，停止调整试验机，直至试件破坏，然后记录破坏荷载。

（3）砂浆立方体抗压强度计算公式

$$f_{m}=\frac{F}{S}$$

式中 f_{m}——砂浆立方体抗压强度，MPa；

F——立方体破坏压力，N；

S——试件承压面积，mm^2。

4. 试验结果分析与评定

（1）以三个试件测值的算术平均值作为该组试件的砂浆立方体抗压强度值，精确至0. 1 MPa。

（2）当三个测值的最大值或最小值中有一个与中间值的差值超过中间值的 15% 时，应把最大值及最小值一并舍去，取中间值作为该组试件的抗压强度值。

（3）当最大值和最小值与中间值的差值均超过中间值的 15% 时，该组试验结果视为无效。

思考练习题

1. 配制砂浆时，为什么除水泥外常还要加入一定量的其他胶凝材料？
2. 砂浆的和易性包括哪些含义？各用什么方法检测？各用什么参数表示？
3. 对于吸水性不同的基层砌筑砂浆，其强度的影响因素有何不同？
4. 某工地秋季需配制 M10 的水泥混合砂浆砌筑 1 ~ 3 层砖墙，采用 32. 5 级普通水泥、中砂（含水率 1%），砂的堆积密度为 1 480 kg/m^3，试求砂浆的配合比。
5. 装饰砂浆的主要饰面形式有哪些？

第六章 砌墙块材

学习目标

掌握砌筑材料的性能，了解中型砌块的种类、规格及强度等级。

砌筑材料是由烧结或非烧结生产工艺制成的实（空）心或多孔正六面体块材，如普通黏土砖、硅酸盐类砖、石块和各种砌块。

砖和石在我国有悠久历史，它取材容易、造价低廉、施工简单，目前在中、小城市和农村仍为建筑施工中的主要材料之一。其缺点是自重大，劳动强度高，生产效率低，生产需占用大量农田和矿山资源，难以适应现代建筑工业化的需要。因此，利用工业废料生产新型墙体材料以改善砌体是建筑工程创新的重要内容。

第一节 砌墙砖

砌墙砖是指砌筑用的人造小型块材，是以黏土、工业废料或其他资源为主要原料，以不同工艺制成的。砌墙砖按制作工艺不同，可分为烧结砖和非烧结砖，其形式有实心砖、多孔砖和空心砖。烧结砖为经过火焙烧制作成的砖，如黏土砖（N）、页岩砖（Y）、煤矸石砖（M）。非烧结砖也叫免烧砖，是使用黏合剂粘贴或是经常压蒸汽养护（或者高压蒸汽养护）硬化而成的砖，如粉煤灰砖、炉渣砖、灰砂砖、水泥砖等。

墙体材料的发展方向是大力发展多孔砖、空心砖、砌块和建筑板材等各种新型墙体材料，逐步限制和淘汰实心黏土砖。

一、烧结普通砖

烧结普通砖是以黏土、页岩、粉煤灰、煤矸石为主要原料，经过制备、成型、干燥和焙烧而成的孔隙率小于15%的砖。焙烧时应控制好温度，以免出现不合格砖（欠火或过火）。

知识拓展

欠火砖和过火砖的特点及区分方法

欠火砖烧制温度过低，孔隙率大，强度低，耐久性差；过火砖烧制温度过高，有弯曲等变形，砖的尺寸不规格。欠火砖色浅，敲击声哑，吸水率大，强度低；过火砖色较深，敲击时声音清脆，吸水率低，强度较高，但有弯曲变形。

青砖和红砖的区别

砖坯在氧化气氛中焙烧，则制得红砖。若在氧化气氛中烧成后，再经浇水闷窑，使窑中形成还原气氛，砖内的红色高价氧化铁（Fe_2O_3）还原成青色的低价氧化铁（FeO），就形成了青砖。

1. 烧结普通砖的技术性质

烧结普通砖的各项技术性质指标应满足国家标准《烧结普通砖》（GB/T 5101—2017）的规定。

（1）规格

烧结普通砖的规格为 240 mm×115 mm×53 mm，如图 6-1 所示，考虑 10 mm 厚的砌筑灰缝，则 4 块砖长、8 块砖宽、16 块砖厚均为 1 m，1 m^3砌体需用 512 块砖。烧结普通砖的尺寸偏差应符合国家标准规定，见表 6-1。通常将 240 mm×115 mm 的面称为大面，240 mm×53 mm 的面称为条面，115 mm×53 mm 的面称为顶面。

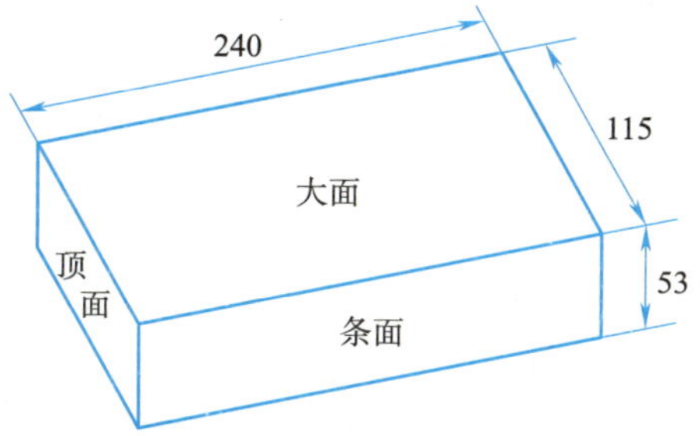

图 6-1　烧结普通砖的公称尺寸及各面名称

表 6-1　烧结普通砖的尺寸

mm

公称尺寸	优等品		一等品		合格品	
	平均偏差	极差	平均偏差	极差	平均偏差	极差
240	±2.0	8	±2.5	8	±3.0	8
115	±1.5	6	±2.0	6	±2.5	7
53	±1.5	4	±1.6	5	±2.0	6

（2）强度等级

烧结普通砖的强度等级分为 MU30、MU25、MU20、MU15、MU10 五级，应符合国家标准规定，见表 6-2。

表 6-2　烧结普通砖的强度等级　　MPa

强度等级	抗压强度平均值 $\bar{f} \geq$	变异系数 $\delta \leq 0.21$ 时 抗压强度标准值 $f_k \geq$	变异系数 $\delta > 0.21$ 时 单块最小抗压强度值 $f_{min} \geq$
MU30	30.0	22.0	25.0
MU25	25.0	18.0	22.0
MU20	20.0	14.0	16.0
MU15	15.0	10.0	12.0
MU10	10.0	6.5	7.5

（3）表观密度

烧结普通砖的表观密度为 1 600～1 800 kg/m^3。

（4）吸水率

烧结普通砖的吸水率一般为 6%～8%。

（5）导热系数

烧结普通砖的导热系数一般为 0.55 W/（m·K）。

（6）质量等级

根据尺寸偏差、外观质量、泛霜和石灰爆裂程度，可将烧结普通砖分为优等品（A）、一等品（B）和合格品（C），见表 6-3。

表 6-3　烧结普通砖的外观质量　　mm

<table>
<tr><th colspan="2">项　目</th><th>优 等 品</th><th>一 等 品</th><th>合 格 品</th></tr>
<tr><td colspan="2">两条面高度差不大于</td><td>2</td><td>3</td><td>5</td></tr>
<tr><td colspan="2">弯曲不大于</td><td>2</td><td>3</td><td>5</td></tr>
<tr><td colspan="2">杂质凸出高度不大于</td><td>2</td><td>3</td><td>5</td></tr>
<tr><td colspan="2">缺棱掉角的三个破坏尺寸不得同时大于</td><td>15</td><td>20</td><td>30</td></tr>
<tr><td rowspan="2">裂纹长度不大于</td><td>大面宽度方向及其延伸至条面上的裂纹长度</td><td>70</td><td>70</td><td>110</td></tr>
<tr><td>大面上长度方向延伸至顶面上的裂纹长度或条、顶面上水平裂纹的长度</td><td>100</td><td>100</td><td>150</td></tr>
<tr><td colspan="2">完整面不少于</td><td>一条面、一顶面</td><td>一条面、一顶面</td><td>—</td></tr>
<tr><td colspan="2">泛霜</td><td>无泛霜</td><td>不许有中等泛霜</td><td>不许有严重泛霜</td></tr>
<tr><td colspan="2">石灰爆裂</td><td>不许出现最大破坏尺寸大于 2 mm 的爆裂区</td><td>不许出现最大破坏尺寸大于 10 mm 的爆裂区，最大破坏尺寸为 2～10 mm 的区域不得多于 15 处</td><td>1. 最大破坏尺寸为 2～15 mm 的区域不得多于 15 处，其中大于 10 mm 区域的不得多于 7 处
2. 不得出现最大破坏尺寸大于 15 mm 的爆裂区</td></tr>
<tr><td colspan="2">其他</td><td colspan="3">不许出现欠火砖、酥砖和螺旋纹砖</td></tr>
</table>

知识拓展

泛霜

当砖的原材料中含有可溶性盐类时，砖在使用过程中，这些盐会随着内部水分蒸发，在砖表面产生析盐现象，一般为白色粉末、絮团或絮片状，严重的会使砖起粉、掉角或脱皮。

石灰爆裂

当原材料中夹杂着石灰质，烧结时将被烧成生石灰留在砖中，生石灰吸水后体积膨胀，导致砖发生爆裂破坏。石灰爆裂轻则影响砖的外观，重则使砖砌体的强度降低。

2. 烧结普通砖的应用

烧结普通砖具有较高强度，耐久性好，保温、隔声、隔热性能好，原材料广泛，价格低，生产工艺简单，常用于砌砖基础、柱、墙体、烟囱、拱、窑炉、沟道等。

知识拓展

砖使用前浇水湿润的原因

砖的吸水率大，砌筑时若不先浇水湿润，砌筑后将吸收水泥砂浆中的水分，使水泥不能正常水化和硬化，导致砖砌体强度下降。

二、 烧结多孔砖和烧结空心砖

烧结多孔砖是大面有孔洞的砖，孔的尺寸小而数量多，孔洞率不小于15%。烧结多孔砖用于承重部位，使用时孔洞垂直于承压面。

烧结空心砖是顶面有孔洞的砖，孔的尺寸大而数量少，孔洞率不小于35%。烧结空心砖用于非承重部位，使用时孔洞平行于受力面。

1. 优点

与烧结普通砖相比，生产烧结多孔砖和烧结空心砖可节约黏土20%~30%，节约燃料10%~20%，减轻自重1/3左右，提高工效40%，改善墙的热工、隔声性能。生产和使用烧结多孔砖和烧结空心砖，也是加快墙体材料改革的重要举措。

2. 主要技术性能

烧结多孔砖长度、宽度、高度尺寸应在下列数值中选取：290 mm、240 mm、190 mm、180 mm、140 mm、115 mm、90 mm。工程中常用的两种尺寸规格为P型（240 mm×115 mm×90 mm）和M型（190 mm×190 mm×90 mm）。其他规格尺寸由供需双方协商确定。

烧结多孔砖根据抗压强度不同，可分为 MU30、MU25、MU20、MU15 和 MU10 五个强度等级。烧结空心砖的长度、宽度、高度尺寸应符合下列要求：长度规格尺寸为 390 mm、290 mm、240 mm、190 mm、180 mm（175 mm）、140 mm，宽度规格尺寸为 190 mm、180 mm（175 mm）、140 mm、115 mm，高度规格尺寸为 180 mm（175 mm）、140 mm、115 mm、90 mm。其他规格尺寸由供需双方协商确定。

烧结空心砖根据抗压强度分为 MU10、MU7.5、MU5.0、MU3.5 四个强度等级。

三、非烧结砖

1. 蒸压灰砂砖

蒸压灰砂砖是以石灰和砂为主要原料（也可掺入颜料和添加剂），经坯料制备、压机成型、蒸压养护而成的墙体材料。按抗压强度和抗折强度不同，蒸压灰砂砖可分为 MU25、MU20、MU15、MU10 四级。MU25、MU20、MU15 的砖可用于基础及其他建筑，MU10 的砖仅可用于防潮层以上的建筑。

2. 蒸压（养）粉煤灰砖

蒸压（养）粉煤灰砖是指以粉煤灰、石灰和水泥为主要原料，也可加适量石膏、外加剂、颜料和骨料，经高压或常压蒸汽养护而成的墙体材料。蒸压（养）粉煤灰砖的外形、公称尺寸同烧结普通砖。

行业标准《蒸压粉煤灰砖》（JC/T 239—2014）中规定：粉煤灰砖有彩色（Co）和本色（N）两种；按抗压强度和抗折强度划分为 MU30、MU25、MU20、MU15、MU10 五个等级。

3. 水泥砖

水泥砖是利用粉煤灰、煤渣、煤矸石、尾矿渣、化工渣或者天然砂、海涂泥等（以上原料的一种或多种）作为主要原料，用水泥做凝固剂，不经高温煅烧而制造的一种新型墙体材料。

（1）优点

保护农田、节约能源、因地制宜、就地取材。该种材料强度高、耐久性好、尺寸标准、外形完整、色泽均一，具有古朴自然的外观，可做清水墙或任何外装饰，是一种取代黏土砖的极有发展前景的更新换代产品。

水泥砖自重较轻，强度较高，无须烧制，用电厂的污染物粉煤灰做原料，比较环保。

（2）规格标准

市场上比较常见的水泥砖有标准砖（240 mm×115 mm×53 mm，简称标砖）、八孔砖（240 mm×115 mm×90 mm）、空心砖（390 mm×190 mm×190 mm）等多种规格。

（3）强度等级

水泥砖的强度等级为 MU10、MU15、MU20。

第二节 砌块

一、 砌块的种类

砌块代替黏土砖作为墙体材料，是墙体材料改革的一个重要途径。砌块按形状不同，可分为实心砌块和空心砌块；按制作原料不同，可分为粉煤灰砌块、加气混凝土砌块、石膏砌块、泡沫混凝土砌块等；按规格不同，可分为小型砌块、中型砌块和大型砌块。

知识拓展

高度为 115 ~ 380 mm 的砌块称为小型砌块，高度为 380 ~ 980 mm 的砌块称为中型砌块，高度大于 980 mm 的砌块称为大型砌块。

二、 蒸压加气混凝土砌块

蒸压加气混凝土砌块（见图 6-2）是在钙质材料（如水泥、石灰）和硅质材料（如砂、粉煤灰、矿渣）的配料中加入铝粉作发气剂，经加水搅拌、浇注成型、发气膨胀、预养切割，再经高压蒸汽养护而成的多孔硅酸盐砌块。

图 6-2 蒸压加气混凝土砌块

知识拓展

发气剂

蒸压加气混凝土砌块发气剂又称加气剂，是制造加气混凝土的关键材料，大多选用铝粉。掺入浆料中的铝粉在碱性条件下发生化学反应，铝粉产生的氢气形成许多小气泡，保留在很快凝固的混凝土中。这些大量的均匀分布的小气泡使蒸压加气混凝土砌块具有许多优良特性。

1. 特点

蒸压加气混凝土砌块的单位体积质量是黏土砖的三分之一，保温性能、隔音性能和抗渗性能均优于黏土砖，耐火性能是钢筋混凝土的6～8倍。

蒸压加气混凝土砌块的施工特性也非常优良，它不仅可以在工厂内生产出各种规格，还可以像木材一样进行锯、刨、钻、钉，又由于它的体积比较大，施工速度也非常快，可作为各种建筑的填充材料。

蒸压加气混凝土砌块适用于低层建筑物的承重墙，以及多、高层建筑物的隔墙、填充墙等。

2. 主要技术指标

（1）分级

砌块按尺寸偏差与外观质量、干密度、抗压强度和抗冻性分为优等品（A）、合格品（B）两个等级。

（2）规格

砌块常用规格尺寸见表6-4，允许偏差应符合表6-5的规定。

表6-4　砌块常用规格尺寸　　mm

长度（*L*）	宽度（*B*）	高度（*H*）
600	100　120　125 150　180　200 240　250　300	200　240　250　300

注：如果需要其他规格，可由供需双方协商解决。

表6-5　砌块尺寸偏差和外观

<table>
<tr><th colspan="3" rowspan="2">项　　目</th><th colspan="2">指　　标</th></tr>
<tr><th>优等品（A）</th><th>合格品（B）</th></tr>
<tr><td rowspan="3">尺寸允许偏差（mm）</td><td>长度</td><td>L</td><td>±3</td><td>±4</td></tr>
<tr><td>宽度</td><td>B</td><td>±1</td><td>±2</td></tr>
<tr><td>高度</td><td>H</td><td>±1</td><td>±2</td></tr>
<tr><td rowspan="3">缺棱掉角</td><td colspan="2">最小尺寸不得大于（mm）</td><td>0</td><td>30</td></tr>
<tr><td colspan="2">最大尺寸不得大于（mm）</td><td>0</td><td>70</td></tr>
<tr><td colspan="2">大于以上尺寸的缺棱掉角个数，不多于（个）</td><td>0</td><td>2</td></tr>
<tr><td rowspan="3">裂纹长度</td><td colspan="2">贯穿一棱二面的裂纹长度不得大于裂纹所在面的裂纹方向尺寸总和的</td><td>0</td><td>1/3</td></tr>
<tr><td colspan="2">任一面上的裂纹长度不得大于裂纹方向尺寸的</td><td>0</td><td>1/2</td></tr>
<tr><td colspan="2">大于以上尺寸的裂纹条数，不多于（条）</td><td>0</td><td>2</td></tr>
<tr><td colspan="3">爆裂、粘模和损坏深度不得大于（mm）</td><td>10</td><td>30</td></tr>
<tr><td colspan="3">平面弯曲</td><td colspan="2">不允许</td></tr>
</table>

续表

项　目	指　标	
	优等品（A）	合格品（B）
表面疏松、层裂	不允许	
表面油污	不允许	

（3）抗压强度和干密度

砌块抗压强度分为 A1.5、A2.0、A2.5、A3.5、A5.0 五个级别。

砌块试件在 105 ℃下烘至恒质测得的单位体积的质量称为干密度，分为 B03、B04、B05、B06、B07 五个级别。其中，B03、B04 适用于建筑保温。砌块的抗压强度和干密度应符合表 6-6 的规定。

表 6-6　砌块的抗压强度和干密度要求

强度级别	抗压强度（MPa）		干密度级别	平均干密度（kg/m^3）
	平均值	最小值		
A1.5	≥1.5	≥1.2	B03	≤350
A2.0	≥2.0	≥1.7	B04	≤450
A2.5	≥2.5	≥2.1	B04	≤450
			B05	≤550
A3.5	≥3.5	≥3.0	B04	≤450
			B05	≤550
			B06	≤650
A5.0	≥5.0	≥4.2	B05	≤550
			B06	≤650
			B07	≤750

（4）干燥收缩、抗冻性和导热系数

干燥收缩值应不大于 0.50 mm/m，应用于墙体的砌块抗冻性应符合表 6-7 的规定，导热系数应符合表 6-8 的规定。

表 6-7　抗冻性

强度级别		A2.5	A3.5	A5.0
抗冻性	冻后质量平均值损失（%）	≤5.0		
	冻后强度平均值损失（%）	≤20		

表 6-8　导热系数

干密度级别	B03	B04	B05	B06	B07
导热系数（干态）[W/（m·K）]	0.10	0.12	0.14	0.16	0.18

(5) 产品标记示例

产品以蒸压加气混凝土砌块代号(AAC-B)、强度和干密度分级、规格尺寸和标准编号进行标记。

例如,抗压强度为 A3.5、干密度为 B05、规格尺寸为 600 mm×200 mm×250 mm 的蒸压加气混凝土Ⅰ型砌块,其标记为:AAC-B A3.5 B05 600×200×250(Ⅰ)。

3. 适用范围

蒸压加气混凝土砌块适用于地面以上的内外填充墙和地面以下的内填充墙(有特殊要求的墙体除外)。

知识拓展

出厂产品应有产品质量证明书,证明书应注明生产厂名、厂址、商标、产品标记、本批产品主要技术性能和生产日期。

砌块应存放 5 d 以上方可出厂。砌块储存堆放应做到:场地平整,同品种、同规格、同等级,做好标记,整齐稳妥,应有防雨措施。

产品运输时,应成垛绑扎或有其他包装。保温隔热用产品必须捆扎并加塑料薄膜封包。运输装卸时,应使用专用机具,严禁摔、掷、翻斗车自翻自卸货。

三、普通混凝土小型空心砌块

普通混凝土小型空心砌块是以水泥为胶凝材料,砂、碎石或卵石、煤矸石、炉渣为骨料,经加水搅拌、振动加压或冲压成型养护而成的小型砌块。

1. 规格

普通混凝土小型空心砌块的主要规格为 390 mm×190 mm×190 mm 或 290 mm×190 mm×190 mm。

2. 强度等级

普通混凝土小型空心砌块的强度分为 MU3.5、MU5、MU7.5、MU10、MU15、MU20 六个等级。

四、粉煤灰砌块

粉煤灰砌块是以粉煤灰、石灰、石膏和骨料为原料,经加水搅拌、振动成型、蒸汽养护而制成的一种密实砌块。

1. 规格

粉煤灰砌块的主要规格为 880 mm×380 mm×240 mm 和 880 mm×430 mm×240 mm。

2. 强度等级

粉煤灰砌块的强度分为 MU10、MU13 两个等级。

五、泡沫混凝土砌块

泡沫混凝土砌块(又称免蒸压加气块)属于加气混凝土砌块的一种,其外观质量、内部气孔结构、使用性能等均与蒸压加气混凝土砌块基本相同。

泡沫混凝土砌块内部气孔不相通，而蒸压加气混凝土砌块内部气孔连通，所以相对来说泡沫混凝土砌块保温性能更好，渗水率更低，隔音效果更好。

生产泡沫混凝土砌块时，采用（发泡剂通过）发泡机物理制泡后，再将气泡加入水泥浆中混合，并采用常温养护或干热养护。

1. 性能

泡沫混凝土的干表观密度以 100 kg 为一个等级，按干表观密度分为 B05、B06、B07、B08、B09、B10 六个密度等级，密度等级应符合表 6-9 的规定。

表 6-9　密度等级　kg/m^3

密度等级	B05	B06	B07	B08	B09	B10
干表观密度	≤530	530 ~ 630（含）	630 ~ 730（含）	730 ~ 830（含）	830 ~ 930（含）	930 ~ 1 030（含）

泡沫混凝土按抗压强度分为 A2.5、A3.5、A5.0、A7.5 四个强度等级。强度等级应符合表 6-10 的规定。

表 6-10　强度等级　MPa

强度等级		A2.5	A3.5	A5.0	A7.5
抗压强度	平均值	≥2.5	≥3.5	≥5.0	≥7.5
	单块最小值	≥2.0	≥2.8	≥4.0	≥6.0

泡沫混凝土各等级干燥收缩值应不大于 0.90 mm/m，体积吸水率应不大于 28%。

2. 主要品种

泡沫混凝土砌块有两大品种，即普通光面砌块和彩色装饰砌块。

（1）普通光面砌块

普通光面砌块的外墙面有一层 1 ~ 2 mm 的高密实度面层，这个面层不但具有高强抗裂的性能，而且抗渗防水，在砌块砌墙以后可大幅度降低墙面的吸水率，提高其抗冻性能和抗风化性能，使砌块的使用寿命大大延长，克服了加气混凝土砌块吸水率高、在墙面粉刷时需要涂刷界面剂、墙面易开裂和空鼓等不足。这种带有密实面层的泡沫混凝土砌块在砌筑以后可省去抹面砂浆和界面剂，省工省料。因此，这种砌块和加气混凝土砌块相比，具有使用寿命长、耐候性好、不需要抹面砂浆等综合优势，比加气混凝土砌块墙体总成本低 2% ~ 5%。

（2）彩色装饰砌块

彩色装饰砌块具有精美的艺术装饰层，砌墙后墙面不需外粉刷，也不需进行其他材料贴面，省去了全部外粉刷费用，缩短了施工周期。彩色装饰砌块的外观装饰层有以下四种艺术装饰效果。

1）仿天然型。如仿石、仿木纹、仿竹等，符合装饰回归自然的大趋势。其仿真度高，仿石、仿竹等均真假难辨，砌墙后使人很难看出是仿制品。

2）浮雕艺术图案型。如仿古、仿欧、仿抽象艺术图案，各种图案可根据不同的建筑风格灵活设计，与建筑更具有相融性。浮雕图案可以有高浮雕、低浮雕、平雕等各种效果，具有浓郁的文化艺术特色。

3）高光镜面型。该产品具有抛光大理石镜面效果，并可具有仿大理石、花岗岩等花纹，也可生产单色镜面产品。

4）几何图案型。该类型砌块可根据建筑需要设计条纹形、水波形、菱形、梯形等任意立体几何图案，具有立体艺术效果。

3. 主要原料

（1）42.5 级或 32.5 级普通硅酸盐水泥。若想缩短生产周期，可采用快硬硅酸盐水泥或硫铝酸盐水泥。

（2）一级或二级粉煤灰、矿渣微粉等活性掺合料。

（3）发泡剂。当采用快硬硅酸盐水泥或硫铝酸盐水泥时，各种发泡剂均可使用；当采用普通硅酸盐水泥时，由于其凝结慢，容易消泡，所以必须使用高档发泡剂。

（4）料浆稳定剂。

（5）普通硅酸盐水泥促凝剂，主要作用是提高普通硅酸盐水泥凝结速度，减少泡沫破灭，提高模具周转率。

4. 生产工艺

（1）配料制浆

对水泥、掺合料和各种外加剂进行计量后加入搅拌机，制成水泥浆。

（2）发泡

将 10% 发泡剂水溶液制成 1 mm 左右微细均匀泡沫，然后让泡沫和水泥浆充分混合。

（3）浇注

用浇注泵将泡沫混凝土料浆浇注入模具，利用不同的模具，可以做成不同的制品。

（4）养护

恒温恒湿的条件养护 2 ~ 3 d。脱模后再自然养护 7 ~ 10 d。

5. 产品特点

（1）轻质高强

泡沫混凝土质量轻，强度大，抗压强度为 3.5 MPa，密度小，容重为 630 kg/m^3，是混凝土的 3/5、空心砖的 1/2、黏土砖的 1/3，甚至可以浮在水面上。

（2）隔热保温

砌块发泡后，内部形成微小气孔，导热系数为 0.126 W/（m · K），保温效果是黏土砖的 5 倍、混凝土的 10 倍，舒适度高，可降低能耗 30% ~ 50%。

（3）吸声隔音

气孔内部微小的气孔结构可提高隔音性能。120 mm 的墙隔音量为 46 dB，180 mm 厚的墙隔音量为 53 dB，240 mm 厚的墙可以达到完全隔音。

（4）渗透性低

泡沫混凝土砌块渗透性低，吸水导湿慢，同体积的产品吸水至饱和所需时间是黏土砖的5倍。

（5）抗震强度高

泡沫混凝土砌块质量轻，发泡气孔对冲击力具有良好的吸收和缓冲作用，比空心砖接触面积大，成型后为整体，比黏土砖和空心砖的抗震强度要高很多。

（6）耐火阻燃

泡沫混凝土砌块为一级耐火材料。100 mm厚的砌块耐火时间可达480 min。

（7）低碳环保

泡沫混凝土砌块原料为工业废弃物，生产过程不用烧蒸，属于绿色环保建材。

（8）可加工性

泡沫混凝土砌块可根据不同模具制作各种规格的产品，可钉、钻、砍、锯、刨等。

（9）经久耐用

泡沫混凝土砌块采用先进工艺制成，强度稳定，在大气中暴露一年后测试，强度提高25%，抗风化和老化能力也很强。

（10）收缩率低

泡沫混凝土砌块成型后，收缩率很低，仅为0.1～0.5 mm/m，良好的收缩率可确保墙体不会开裂。

知识链接

砌筑石材

砌筑石材也是常用的砌筑材料之一，主要分为毛石和料石两类。

毛石是未经加工的、形状不规则的石块，厚度一般大于150 mm，体积一般大于0.01 m^3，分为刮毛石和平毛石。刮毛石是指形状不规则的石块；平毛石是指形状不规则，但有两个平面大致平行的石块。毛石主要用于砌筑建筑物的基础、墙身、挡土墙、堤岸及护坡，还可用来浇筑毛石混凝土。

料石是指经人工或机械加工，形状比较规则的六面体块石，按加工面的平整程度不同，可分为细料石、半细料石、粗料石和毛料石四种。料石主要用于砌筑基础、墙体等部位。

根据石材的抗压强度值不同，可将石材分为MU10、MU15、MU20、MU30、MU40、MU50、MU60、MU80、MU100九个强度等级。

试验四 砌墙块材试验

本试验依据国家标准《砌墙砖试验方法》（GB/T 2542—2012）的规定，适用于烧结砖和非烧结砖。

一、 砌筑砖的尺寸测量试验

1. 试验目的

检验普通烧结砖的尺寸是否满足要求。

2. 主要仪器设备

砖用卡尺如图 6-3 所示，分度值为 0.5 mm。

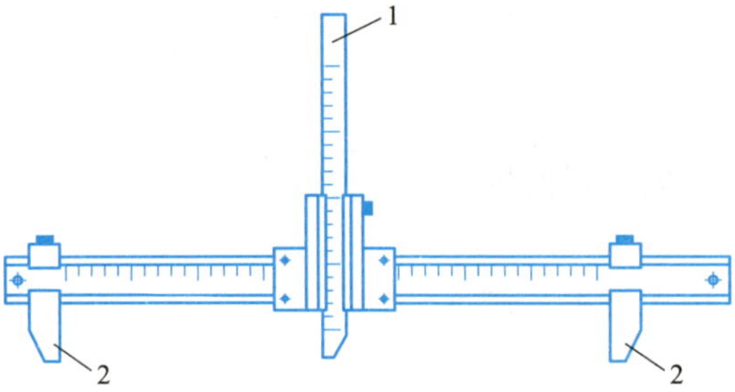

图 6-3　砖用卡尺

1—垂直尺　2—支脚

3. 试验方法与操作步骤

测量长度时，应在砖的两个大面的中间处分别测量两个尺寸；测量宽度时，应在砖的两个大面的中间处分别测量两个尺寸；测量高度时，应在砖的两个条面的中间处分别测量两个尺寸，如图 6-4 所示。当被测处有缺损或凸出时，可在其旁边测量，但应选择不利的一侧，精确至 0.5 mm。

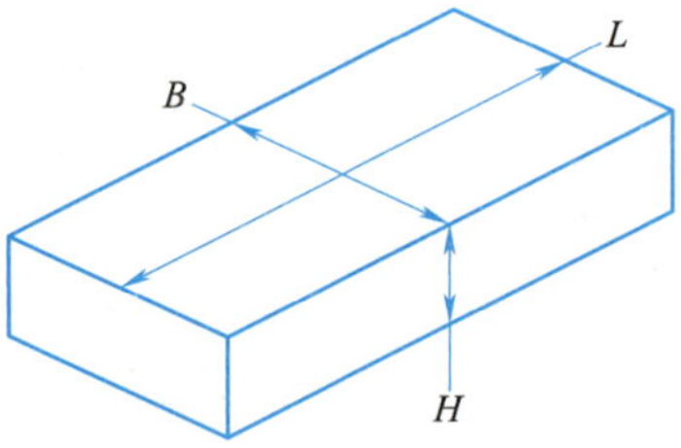

L——长度
B——宽度
H——高度

图 6-4　尺寸量法

4. 试验结果分析与评定

每一方向尺寸以两个测量值的算术平均值表示。尺寸的偏差应符合国家标准《烧结普通砖》（GB/T 5101—2017）的规定，见表 6-1。

二、 砖外观质量检查试验

1. 试验目的

测定砖的外观质量，如缺棱、裂纹、色差、弯曲指标。

2. 主要仪器设备

（1）砖用卡尺，分度值为 0.5 mm。

（2）钢直尺，分度值不应大于 1 mm。

3. 试验步骤

（1）缺损

1）缺棱掉角在砖上造成的破损以破损部分对长、宽、高三个棱边的投影尺寸来度量，称为破坏尺寸，如图 6-5 所示。

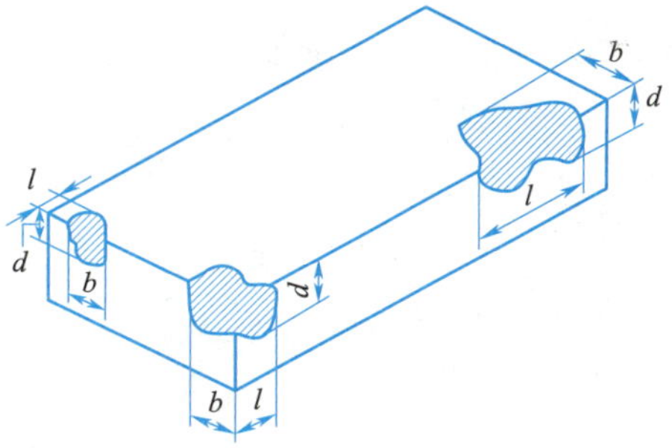

l——长度方向的投影尺寸
b——宽度方向的投影尺寸
d——高度方向的投影尺寸

图 6-5　缺棱掉角破坏尺寸量法

2）缺损造成的破坏面是指缺损部分对条、顶面（空心砖为条、大面）的投影面积，如图 6-6 所示。空心砖内壁残缺及肋残缺尺寸以长度方向的投影尺寸来度量。

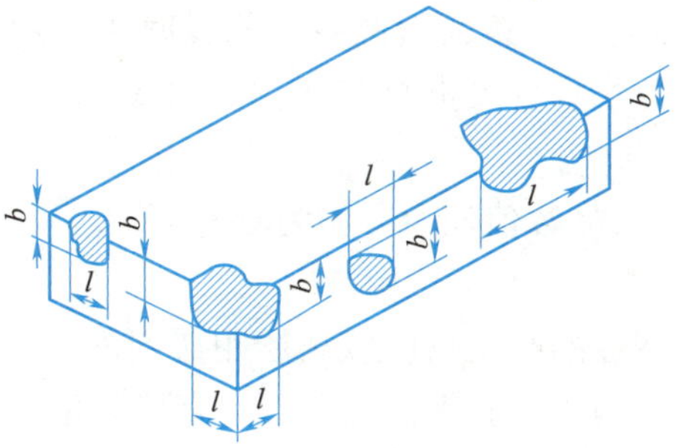

l——长度方向的投影尺寸
b——宽度方向的投影尺寸

图 6-6　缺损在条、顶面上造成破坏面的尺寸量法

（2）裂纹

1）裂纹分为长度方向裂纹、宽度方向裂纹和水平方向裂纹三种，以被测方向的投影长度表示。如果裂纹从一个面延伸至其他面上时，则累计其延伸的投影长度，如图 6-7 所示，单位为 mm。

2）多孔砖的孔洞与裂纹相通时，则将孔洞包括在裂纹内一并测量，如图 6-8 所示，单位为 mm。

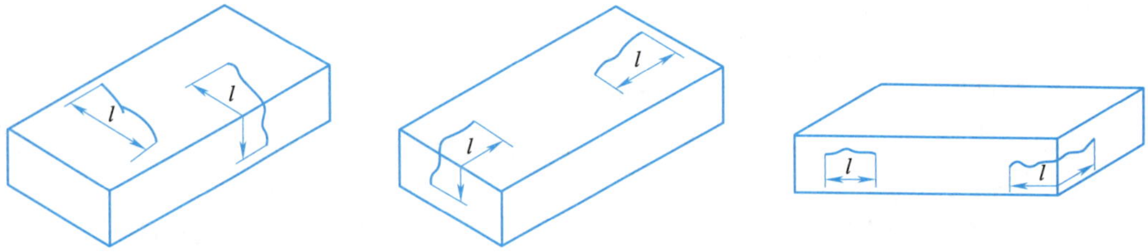

图 6-7 裂纹长度量法

a）宽度方向裂纹长度量法 b）长度方向裂纹长度量法 c）水平方向裂纹长度量法

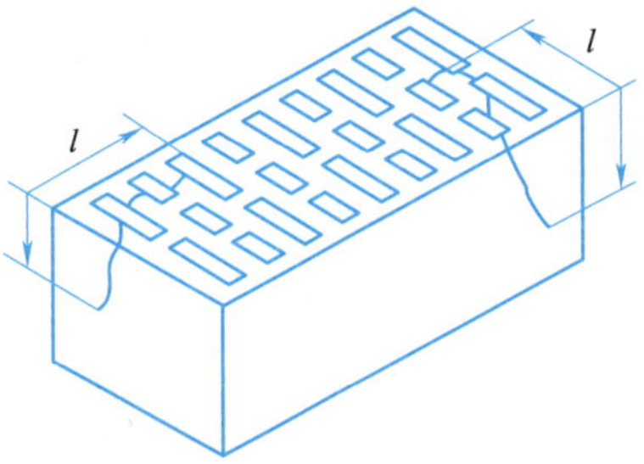

l——裂纹总长度

图 6-8 多孔砖裂纹通过孔洞时长度量法

3）裂纹长度以在三个方向上分别测得的最长裂纹作为测量结果。

（3）弯曲

1）弯曲分别在大面和条面上测量，测量时将砖用卡尺的两个支脚沿棱边两端放置，择其弯曲最大处将垂直尺推至砖面，如图 6-9 所示，但不应将因杂质或碰伤造成的凹处计算在内。

2）以弯曲中测得的数值较大者作为测量结果。

（4）杂质凸出高度

杂质在砖面上造成的凸出高度以杂质距砖面的最大距离表示。测量时将砖用卡尺的两个支脚置于凸出两边的砖平面上，以垂直尺测量，如图 6-10 所示。

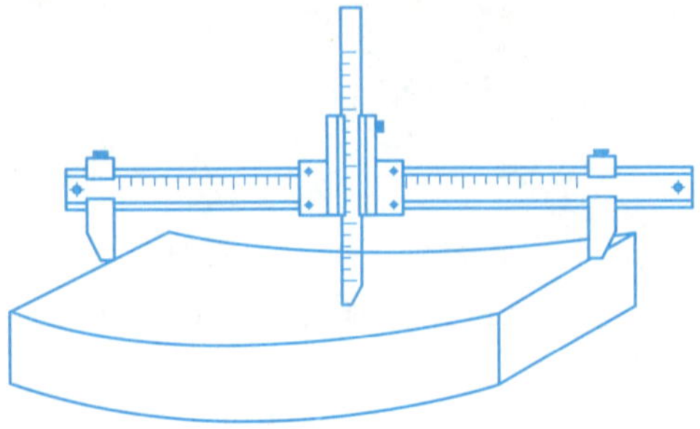

图 6-9 弯曲量法

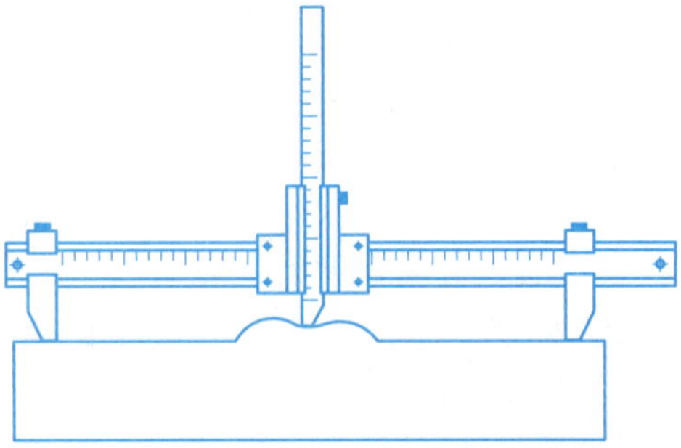

图 6-10 杂质凸出高度量法

（5）色差

装饰面朝上随机分两排并列，在自然光下距离砖样 2 m 处目测。

4. 试验结果分析与评定

外观测量结果以 mm 为单位，不足 1 mm 者按 1 mm 计。根据尺寸偏差、外观质量、泛霜和石灰爆裂程度，可将烧结普通砖分为优等品（A）、一等品（B）和合格品（C），见表 6-3。

三、砖抗折强度试验

1. 试验目的

测定砖的抗折强度。

2. 主要仪器设备

（1）材料试验机

材料试验机的示值相对误差不大于 ±1%，其下加压板应为球铰支座，预期最大破坏荷载应在量程的 20%～80%。

（2）抗折夹具

抗折试验的加荷形式为三点加荷，其上压辊和下支辊的曲率半径为 15 mm，下支辊应有一个为铰接固定。

（3）钢直尺

分度值不应大于 1 mm。

3. 试验方法与操作步骤

（1）试样准备

试样数量为 10 块。试样应放在温度为（20 ±5）℃的水中浸泡 24 h 后取出，用湿布拭去其表面水分后再进行抗折强度试验。

（2）试验步骤

1）按规定测量试样的宽度和高度尺寸各 2 个，分别取算术平均值，精确至 1 mm。调整抗折夹具下支辊的跨距为砖规格长度减去 40 mm，但规格长度为 190 mm 的砖，其跨距为 160 mm。

2）将试样大面平放在下支辊上，试样两端面与下支辊的距离应相同，当试样有裂缝或凹陷时，应使有裂缝或凹陷的大面朝下，以 50～150 N/s 的速度均匀加荷，直至试样断裂，记录最大破坏荷载 P。

4. 试验结果分析与评定

每块试样的抗折强度（R_c）按下式计算。

$$R_c = \frac{3PL}{2bh^2}$$

式中　R_c——抗折强度，MPa；

P——最大破坏荷载，N；

L——跨距，mm；

b——试样宽度，mm；

h——试样高度，mm。

试验结果以试样抗折强度的算术平均值和单块最小值表示。

四、 砖抗压强度试验

1. 试验目的

测定砖的抗压强度。

2. 主要仪器设备

（1） 材料试验机

试验机的示值相对误差不超过 ±1%，其上、下加压板至少应有一个球铰支座，预期最大破坏荷载应在量程的 20%～80%。

（2） 钢直尺

分度值不应大于 1 mm。

（3） 振动台、制样模具、搅拌机

应符合国家标准《砌墙砖抗压强度试样制备设备通用要求》（GB/T 25044—2010）的要求。

（4） 切割设备。

3. 试验方法与操作步骤

抗压强度试验用净浆材料应符合国家标准《砌墙砖抗压强度试验用净浆材料》（GB/T 25183—2010） 的要求。

（1） 试样制备

试样数量为 10 块。

1） 一次成型制样

①一次成型制样适用于采用样品中间部位切割，交错叠加灌浆制成强度试验试样的方式。将试样锯成两个半截砖，两个半截砖用于叠合部分的长度不得小于 100 mm，如图 6-11 所示。如果不足 100 mm，应另取备用试样补足。

②将已切割开的半截砖放入室温的净水中浸 20～30 min 后取出，在铁丝网架上滴水 20～30 min，以断口相反方向装入制样模具中。用插板控制两个半砖间距不应大于 5 mm，砖大面与模具间距不应大于 3 mm，砖断面、顶面与模具间垫以橡胶垫或其他密封材料，模具内表面涂油或脱膜剂。一次成型制样模具及插板如图 6-12 所示。

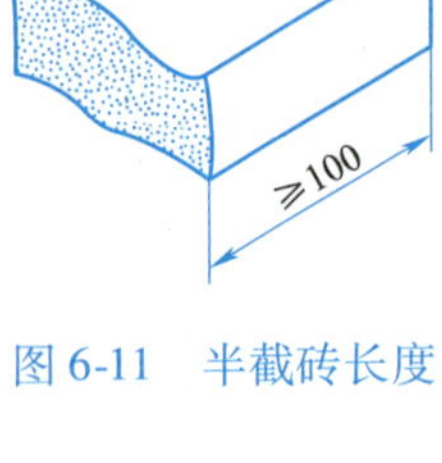

图 6-11　半截砖长度

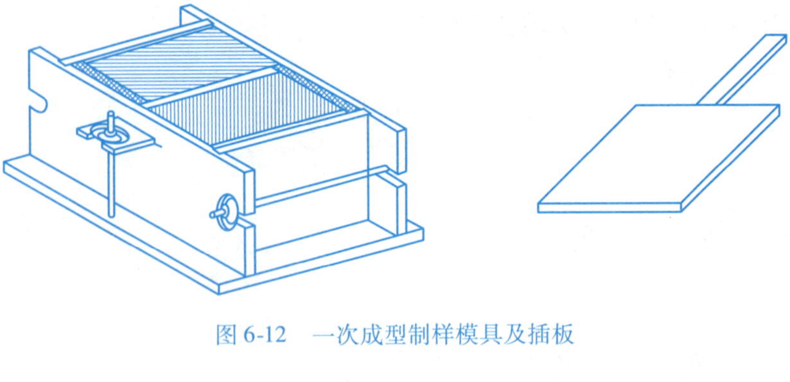
图 6-12　一次成型制样模具及插板

③按照配制要求，将净浆材料置于搅拌机中搅拌均匀。将装好试样的模具置于振动台上，加入适量搅拌均匀的净浆材料，振动 0.5 ~ 1 min，停止振动，静置至净浆材料达到初凝时间（15 ~ 19 min）后拆模。

2）二次成型制样

①二次成型制样适用于采用整块样品上下表面灌浆制成强度试验试样的方式。

②将整块试样放入室温的净水中浸 20 ~ 30 min 后取出，在铁丝网架上滴水 20 ~ 30 min。

③按照净浆材料配制要求，将净浆材料置于搅拌机中搅拌均匀。

④模具内表面涂油或脱膜剂，加入适量搅拌均匀的净浆材料，将整块试样一个承压面与净浆接触，装入制样模具中，承压面找平层厚度不应大于 3 mm。接通振动台电源，振动 0.5 ~ 1 min，停止振动，静置至净浆材料初凝（15 ~ 19 min）后拆模。按同样方法完成整块试样另一承压面的找平。二次成型制样模具如图 6-13 所示。

3）非成型制样

①非成型制样适用于试样无需进行表面找平处理制样的方式。

②将试样锯成两个半截砖，两个半截砖用于叠合部分的长度不得小于 100 mm。如果不足 100 mm，应另取备用试样补足。

③两半截砖切断口相反叠放，叠合部分不得小于 100 mm，如图 6-14 所示。

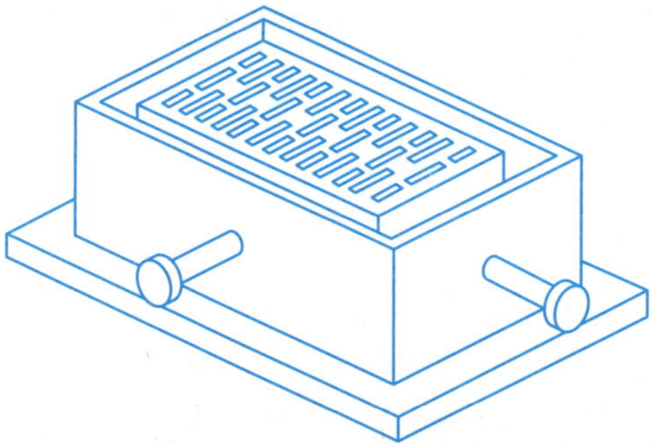

图 6-13　二次成型制样模具

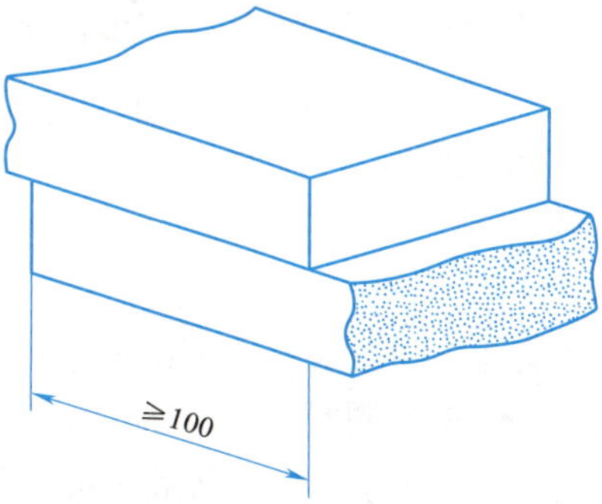

图 6-14　半砖叠合

（2）试样养护

一次成型制样、二次成型制样在不低于 10 ℃的不通风室内养护 4 h。非成型制样不需养护，试样气干状态直接进行试验。

（3）试验步骤

测量每个试样连接面或受压面的长、宽尺寸各两个，分别取其平均值，精确至 1 mm。

将试样平放在加压板的中央，垂直于受压面加荷，应均匀平稳，不得发生冲击或振动。加荷速度以 2 ~6 kN/s 为宜，直至试样破坏为止，记录最大破坏荷载 P。

4. 试验结果分析与评定

每块试样的抗压强度（R_P）按下式计算。

$$R_P = \frac{P}{LB}$$

式中 R_P——抗压强度，MPa；

P——最大破坏荷载，N；

L——受压面（连接面）的长度，mm；

B——受压面（连接面）的宽度，mm。

试验结果以试样抗压强度的算术平均值和标准值或单块最小值表示。

五、 蒸压加气混凝土砌块抗压强度试验

国家标准《蒸压加气混凝土性能试验方法》（GB/T 11969—2020）规定了蒸压加气混凝土的干密度、含水率、吸水率、力学性能（抗压强度、劈裂抗拉强度、抗折强度、轴心抗压强度、静力受压弹性模量）、干燥收缩、抗冻性、碳化、干湿循环的试验方法、结果评定和试验报告。

1. 试验目的

测定砌块的抗压强度。

2. 主要仪器设备

（1）材料试验机

材料试验机的示值相对误差不超过 ±1%，其上、下加压板至少应有一个球铰支座，预期最大破坏荷载应在量程的 20%～80%。

（2）钢直尺

分度值不应大于 1 mm。

3. 试件要求与试验步骤

（1）试件要求

1）试件的制备采用机锯或刀锯，锯切时不得将试件弄湿。

2）试件应沿制品发气方向中心部分上、中、下顺序锯取一组，“上”块上表面距离制品顶面 30 mm，“中”块在制品正中处，“下”块下表面离制品底面 30 mm。制品的高度不同，试件间隔略有不同，以高度 600 mm 的制品为例，试件锯取部位如图 6-15 所示。

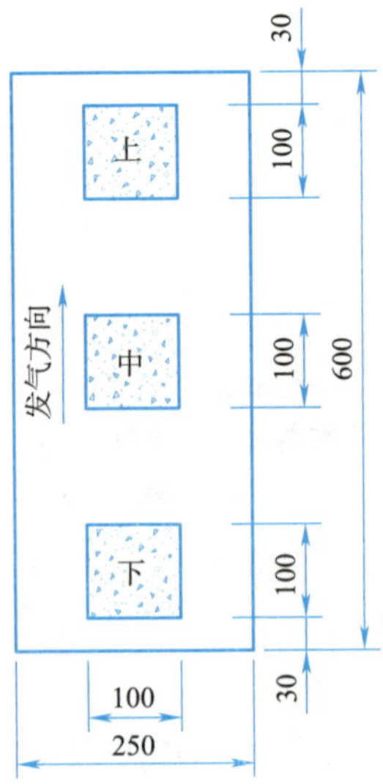

图 6-15　立方体试件锯取示意图

3）试件表面必须平整，不得有裂缝或明显缺陷，尺寸允许偏差为 ±2 mm；试件应逐块编号，标明锯取部位和发气方向。

4）试件数量：100 mm × 100 mm × 100 mm 立方体试件一组 3 块。

（2）试验步骤

1）检查试件外观。

2）测量试件的尺寸，精确至 1 mm，并计算试件的受压面积（A_1）。

3）将试件放在材料试验机下压板的中心位置，试件受压

方向应垂直于制品的发气方向。

4）开动材料试验机，当上压板与试件接近时，调整球座，使接触均衡。

5）以（2.0±0.5）kN/s 的速度连续而均匀地加荷，直至试件破坏，记录破坏荷载（P_1）。

6）将试验后的试件全部或部分立即称取质量，然后在（105±5）℃下烘至恒质，计算其含水率。

4. 试验结果分析与评定

（1）试验结果计算

抗压强度按下式计算：

$$f_{cc}=P_1/A_1$$

式中 f_{cc}——试件的抗压强度，MPa；

P_1——破坏荷载，N；

A_1——试件受压面积，mm^2。

抗压强度的计算精确至 0.1 MPa；抗拉强度和抗折强度的计算精确至 1 MPa。

（2）试验结果评定

结合其他试验综合评定，砖和砌块见证取样和检验项目见表 6-11。

表 6-11 砖和砌块见证取样和检验项目

序号	类别	材料名称	取样单位	取样数量	取样方法	常规检验项目
1	砖和砌块	普通烧结砖	≤15 万块	20 块	随机	抗压强度、抗折强度
2		烧结多孔砖	3.5 万～15 万块	35 块	随机	抗压强度、抗折强度
3		蒸压灰砂砖	≤10 万块	35 块	随机	抗压强度、抗折强度
4		粉煤灰砖（蒸养）	≤10 万块	20 块	随机	抗压强度、抗折强度
5		烧结空心砖（非承重）	3.5 万～15 万块	20 块	随机	抗压强度、抗折强度
6		混凝土路面砖	≤2 万块	30 块	随机	抗压强度、抗折强度、吸水率、抗冻性
7		混凝土小型空心砌块	≤1 万块	15 块	随机	抗压强度、含水率、抗渗性
8		蒸压加气混凝土砌块	≤1 万块	60 块	随机	抗压强度、密度
9		粉煤灰砌块	≤200 m^3	3 块	随机	抗压强度

思考练习题

1. 烧结普通黏土砖外观指标有哪些？
2. 砌筑长 10 m、高 3 m、厚 0.24 m 的墙体要用多少块黏土砖？
3. 建筑砌块与砖相比有什么优点？
4. 常用建筑砌块的规格有哪些？

第七章 建筑钢材

学习目标

了解钢材的分类，以及冶炼和脱氧方法对钢质量的影响。掌握钢材的力学性能与工艺性能。掌握钢材的组成与结构对性能的影响。掌握钢材的冷加工、热处理与焊接。掌握建筑钢材（钢结构用钢、混凝土结构用钢）的标准与选用。了解钢材的腐蚀与防止。掌握试样的选取及代表批量、试验方法。

钢材是以铁为主要元素，含碳量为一般在2%以下，并含有其他元素的合金材料。经炼钢炉炼出的钢水被铸成钢锭、钢坯或钢材，并通过压力加工制成各种形状、尺寸和性能的工件。

钢材是在严格的技术控制条件下生产的。与非金属材料相比，钢材的优点是材质均匀致密、强度高、塑性和韧性好、能经受冲击和振动荷载。钢材还具有优良的加工性能，可锻压、焊接、铆接和切割，便于装配。钢材的缺点是易锈蚀和耐火性差。

建筑钢材可分为钢结构用钢、钢筋混凝土结构用钢和建筑装饰用钢。采用各种型钢和钢板制作的钢结构，具有强度高、自重轻、安全可靠等优点，适用于大跨度、多层及高层结构、受动力荷载的结构和重型工业厂房等。因此，钢材已成为最重要的建筑结构材料之一。钢筋混凝土结构虽然自重大、现场湿作业多，但用钢量少，同时克服了钢结构的缺点，因此在建筑工程被广泛应用。

第一节 钢的冶炼和分类

一、 钢的冶炼

钢是由生铁冶炼而成的。生铁是指把铁矿石放到高炉中冶炼而成的产品。生铁的冶炼过程是：将铁矿石、熔剂（石灰石）、燃料（焦炭）置于高炉中，约在1 750 ℃高温下，石灰石与铁矿石中的硅、锰、硫、磷等经过化学反应，生成铁渣，浮于铁水表面，铁渣和铁水分别从出渣口和出铁口放出，铁渣排出时用水急冷得水淬矿渣，铁水即生铁。生铁中含有碳、硫、磷、锰等杂质。生铁又分为炼钢生铁（白口铁）和铸造生铁（灰口铁）。生铁硬而脆，无塑性和韧性，不能焊接、锻造、轧制。

炼钢的过程就是将生铁进行精炼的过程，具体而言，是在熔融状态下，采取一定的措施，使生铁中的杂质含量和含碳量降低到规定标准要求，再经过脱氧处理的工艺过程，改善钢的性能，必要时可加入合金元素。所以，理论上凡含碳量在 2% 以下、含有害杂质较少的铁碳合金都可称为钢。

氧气转炉炼钢法是现代炼钢的主要方法，常用来炼制优质碳素钢和合金钢。

二、 钢的分类

钢的品种繁多，分类方法也很多，通常可按化学成分、脱氧程度、用途等进行分类。钢的分类见表 7-1。

表 7-1　钢的分类

分类方法	类　别		特　性
按化学成分分类	非合金钢		过去习惯将非合金钢统称为碳素钢，主要成分是铁，其次是碳，也含有少量的硅、锰、钒、钛等微量元素
	低合金钢		合金元素总含量小于 5%
	合金钢	中合金钢	合金元素总含量为 5%～10%
		高合金钢	合金元素总含量大于 10%
按脱氧程度分类	沸腾钢		脱氧不完全，硫、磷等杂质偏析较严重，代号为“F”
	镇静钢		脱氧完全，同时去硫，代号为“Z”
	特殊镇静钢		比镇静钢脱氧程度更加充分彻底，代号为“TZ”
按用途分类	结构钢		工程结构构件用钢、机械制造用钢
	工具钢		各种刀具、量具及模具用钢
	特殊钢		具有特殊物理、化学或力学性能的钢，如不锈钢、耐热钢、耐酸钢、耐磨钢、磁性钢等

目前，建筑工程中常用的钢种是普通碳素结构钢和普通低合金结构钢。

第二节　建筑钢材的主要技术性能

钢材的主要技术性能包括力学性能和工艺性能。其中，力学性能是钢材最重要的使用性能，包括拉伸性能、冲击性能、疲劳性能等；工艺性能表示钢材对各种加工的适应性，包括弯曲性能和焊接性能等。

一、 拉伸性能

反映建筑钢材拉伸性能的指标包括屈服强度、抗拉强度和伸长率。

拉伸性能是建筑钢材最重要的性能之一。通过低碳钢受拉的应力—应变曲线（见图 7-1），可以了解钢材抗拉性能的特征指标和变化规律。

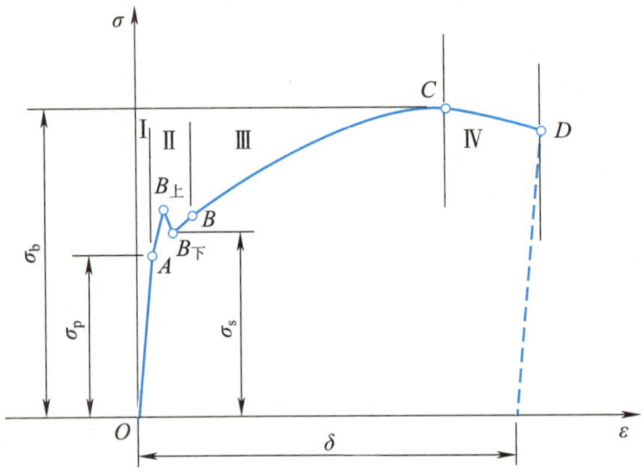

图 7-1　低碳钢受拉的应力—应变曲线

在试件两端施加一拉伸荷载，缓慢增加荷载，观察加荷过程中产生的变形，直到试件被拉断为止。就变形性质而言，曲线可分为四个阶段：弹性阶段、屈服阶段、强化阶段和颈缩阶段。

1. 弹性阶段 （*OA*）

钢材受力初期，应力与应变成正比，*OA* 是一条直线，如果卸去外力，试件能恢复原状，这种性质称为弹性变形，与 *A* 点对应的应力值称为弹性极限 σ_p，单位为 MPa。此阶段应力与应变之比是常数，称为弹性模量（*E*），即 $E=\sigma/\varepsilon=\tan\alpha$。弹性模量反映了材料受力时抵抗弹性变形的能力，是钢材在静荷载作用下计算结构变形的重要指标。

2. 屈服阶段 （*AB*）

当荷载增大，试件应力超过弹性极限时，应变增加很快，而应力基本不变，这种现象称为屈服。此时的应力与应变不再成比例变化，试件开始出现塑性变形，应力应变曲线呈现摆动，摆动的最大应力与最小应力分别称为屈服上限 $B_{上}$和屈服下限 $B_{下}$。由于屈服下限数值较为稳定，容易测试，所以规定以屈服下限 $B_{下}$的应力值作为钢材的屈服强度，用 σ_s表示。当受力大于屈服强度后，钢材将出现不可恢复的永久变形，虽未破坏但已不能满足使用要求。因此，屈服强度是钢材设计强度取值的依据和工程结构计算中的重要技术参数。

3. 强化阶段 （*BC*）

屈服阶段后，在曲线的 *BC* 段，钢材抵抗变形的能力又重新提高，称为强化阶段。*C* 点对应的应力值称为抗拉强度（σ_b）。

4. 颈缩阶段 （*CD*）

过 *C* 点后，钢材抵抗变形的能力明显降低，并在最薄弱处发生较大塑性变形，试件截面积迅速缩小，出现颈缩现象，直到断裂破坏。

屈服强度是结构设计中钢材强度的取值依据。屈服强度与抗拉强度之比（屈强比）是反映钢材利用率和使用可靠性的一个指标。屈强比越大，钢材受力超过屈服点工作时的可靠性越大，安全性越高；但屈强比太小，钢材强度利用率偏低，浪费材料。常用低合金钢的屈强比为0.65～0.75。

二、钢材的塑性

钢材在受力破坏前可以经受永久变形的性能称为塑性。钢材的塑性指标有两个：一是伸长率（试样拉断后，标距的伸长长度与原始标距的百分比，用δ表示），二是断面收缩率（试件拉断后，颈缩处横截面积的最大缩减量与原始横截面积的百分比，用ψ表示）。在工程应用中，钢材的塑性指标通常用伸长率表示。

1. 伸长率

将试件拉断的两部分在断裂处对接在一起，使其轴线位于同一轴线上时，量出断后标距L_1（mm），如图7-2所示，按下式计算伸长率：

$$\delta = \frac{L_1 - L_0}{L_0} \times 100\%$$

式中　L_1——试件拉断后标距部分的长度，mm；

L_0——试件的原标距长度，mm。

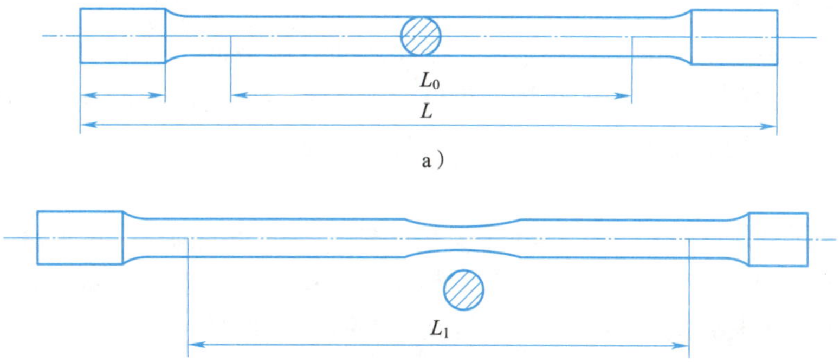

图7-2　钢筋试件的拉伸

a）拉伸前　b）拉伸后

由于试件断裂前的颈缩现象，钢材拉伸时塑性变形在试件标距内分布是不均匀的，原标距与试件直径之比越大，颈缩处的伸长值在总伸长值中所占比例越小，计算所得伸长率越小。通常取标距长度$L_0=5d$，或$L_0=10d$，其伸长率分别以δ_5和δ_{10}表示。对于相同钢材，δ_5大于δ_{10}。

2. 断面收缩率

断面收缩率按下式计算：

$$\Psi = \frac{A_0 - A_n}{A_0} \times 100\%$$

式中　A_0——试件原始截面积，mm^2；

A_n——试件拉断后颈缩处的截面积，mm^2；

n——长或短试件的标志，长试件 $n=10$，短试件 $n=5$。

伸长率和断面收缩率表示钢材断裂前经受塑性变形的能力。伸长率或断面收缩率越大，说明钢材塑性越好。钢材塑性好，不仅便于进行各种加工，而且能保证钢材在建筑上的安全使用。因为钢材的塑性变形能缓冲局部高峰应力，以免引起建筑结构的局部破坏及其所导致的整个结构的破坏；钢材在发生塑性破坏前，有很明显的变形和较长的变形持续时间，便于人们发现和补救。

三、冲击性能

冲击性能是钢材抵抗冲击荷载而不破坏的能力，通过标准试件的弯曲冲击韧性试验来确定。用摆锤打击刻槽的试件，在刻槽处将其打断，冲击性能就以试件破坏后缺口处单位面积上所消耗的功来表示，符号为 α_k，单位为 J/cm^2。α_k越大，表示冲断试件消耗的能量越大，钢材的冲击韧性越好，即其抵抗冲击作用的能力越强，脆性破坏的危险性越小。对于重要的结构物以及承受动荷载作用的结构，特别是处于低温条件下时，为了防止钢材的脆性破坏，应保证钢材具有一定的冲击韧性。

钢材的冲击韧性与化学成分、冶炼质量、时效、环境温度等有关。

钢材的冲击韧性随温度的降低而下降，其规律是：冲击韧性随温度的降低而下降，但下降缓慢，当温度降至一定的范围时，钢材的冲击韧性骤然下降很多而呈脆性，即冷脆性，这时的温度称为脆性转变温度，脆性转变温度越低，表明钢材的低温冲击韧性越好。为此，在负温下使用的结构，设计时必须考虑钢材的冷脆性，应选用脆性转变温度低于最低使用温度的钢材，并满足相关标准规定的 -20 ℃或 -40 ℃条件下冲击韧性指标的要求。

材料在实际使用过程中，可能承受多次重复的小量冲击荷载，因此冲击试验所得的一次冲击破坏的冲击韧性与这种情况不相符合。材料承受多次小量重复冲击荷载的能力，主要取决于其强度的高低，而不是其冲击韧性值的大小。

四、冷弯性能

冷弯性能是钢材在常温条件下承受弯曲变形而不破裂的能力。钢材的冷弯性能以试验时的弯曲角度和弯心直径来表示，如图 7-3 和图 7-4 所示。

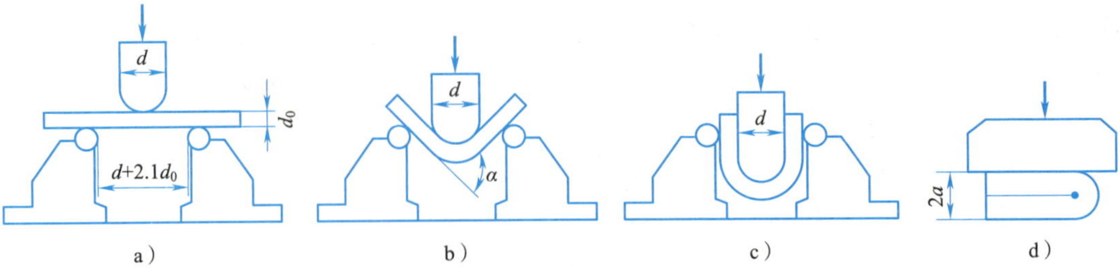

图 7-3 钢材冷弯

a）试件安装 b）弯曲 90° c）弯曲 180° d）弯曲至两面重合

钢材冷弯时弯曲角度（α）越大，弯心直径（d）与试件厚度（a）或直径（d_0）

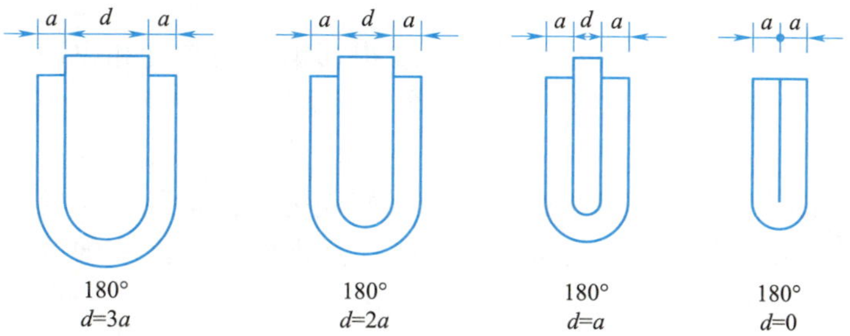

图 7-4　钢材冷弯规定弯心

的比值越小，表明对冷弯性能的要求越高。试件弯曲处若无裂纹、断裂及起层等现象，则认为其冷弯性能合格。

钢材的冷弯性能与伸长率一样，反映的也是钢材在静荷载作用下的塑性，且冷弯试验对钢材塑性的评定比拉伸试验条件更苛刻、更严格。它还能反映钢材的某些缺陷，如内部组织不均匀、存在内应力及夹杂物等。在工程中，冷弯试验还是对钢材焊接质量进行严格检验的一种手段。

五、焊接性能（可焊性）

焊接性能是指钢材在通常的焊接方法与工艺条件下获得良好焊接接头的性能，是指钢材适应焊接工艺的能力。

焊接性能主要受钢材化学成分及含量的影响。可焊性好的钢材易于用一般焊接方法和工艺施焊，焊接时不易形成裂纹、气孔、夹渣等缺陷，焊接接头牢固可靠，焊缝及其附近受热影响区的力学性能不低于母材的力学性能。

焊接结构在建筑中被广泛应用，如钢结构构件的连接、接头及预埋件、连接件、钢筋混凝土的钢筋骨架等。低碳钢一般有优良的焊接性能，高碳钢的焊接性能通常较差。

第三节　钢材的化学成分、冷加工、热处理对性能的影响

一、钢材的化学成分对性能的影响

钢材中除了主要化学成分铁（Fe）以外，还含有少量的碳（C）、硅（Si）、锰（Mn）、磷（P）、硫（S）、氧（O）、氮（N）、钛（Ti）、钒（V）等元素。这些元素虽然含量少，但对钢材性能有一定影响。

1. 碳

碳是决定钢材性能最重要的元素。当钢中含碳量在 0.8% 以下时，随着含碳量的增加，钢材的强度和硬度提高，而塑性和韧性相应降低；但当含碳量超过 1.0% 时，随着含碳量的增加，钢材的强度反而下降。

含碳量过高，钢材的焊接性能变差（含碳量大于 0.3% 的钢材，可焊性显著下降），冷脆性和时效敏感性增大，耐大气锈蚀性下降。

2. 硅

硅是钢中的有益元素。硅含量较低时，能提高钢材的强度和耐蚀性，对塑性和韧性无明显影响。但当硅含量超过 1.0% 时，将显著降低钢材的塑性、韧性和可焊性。

3. 锰

锰是钢中的有益元素，具有很强的脱氧去硫能力，能消除或减轻氧、硫所引起的热脆性，大大改善钢材的热加工性能，同时能提高钢材的强度和硬度。锰是我国低合金结构钢中的主要合金元素。

4. 磷

磷是钢中的有害元素。随着磷含量的增加，钢材的强度、耐磨性和耐蚀性提高，但塑性、韧性降低，可焊性显著变差。

5. 硫

硫是钢中的有害元素。硫的存在会加大钢材的热脆性，降低钢材的各种力学性能及可焊性和抗腐蚀性等。

6. 氧

氧是钢中的有害元素。随着氧含量的增加，钢材的强度提高，但塑性、韧性降低，可焊性变差。氧的存在会使钢材产生热脆性。

二、 钢材的冷加工对性能的影响

钢材的冷加工是指钢材在常温下进行的加工，常见的冷加工方法有冷拉、冷拔、冷轧、冷扭、刻痕等。

1. 冷拉和冷拔

土木工程中往往对大量使用的钢筋同时采用冷加工和时效处理，常用的冷加工方法是冷拉和冷拔。

（1）冷拉

用拉伸设备在常温下将热轧钢筋拉长，使之产生一定的塑性变形，这一过程称为冷拉。冷拉后的钢筋不仅屈服强度提高，同时钢筋长度也会增加。因此，冷拉是节约钢材的一种措施。

钢材经冷拉后屈服阶段缩短，伸长率减小，材质变硬。

（2）冷拔

将光圆钢筋通过硬质合金拔丝模孔强行拉拔的过程称为冷拔。钢筋在冷拔过程中，不仅受拉，同时还受到挤压作用。经过一次或多次冷拔后，钢筋的屈服强度可提高 40%～60%，但塑性大大降低，具有硬钢的性质。

2. 钢材的时效处理

将经过冷加工后的钢材在常温下存放 15～20 d，或加热至 100～200 ℃并保持 2 h 左右，其内应力得到释放，屈服强度、抗拉强度及硬度进一步提高，伸长率和冲击韧性逐渐降低的现象称为时效处理，前者称为自然时效，后者称为人工时效。

三、 钢材的热处理对性能的影响

热处理是将钢材在固态范围内进行加热、保温和冷却，从而改变其金相组织和微观结构组织，获得需要性能的一种综合工艺。

1. 退火

退火是将钢材加热到一定温度，保温后缓慢冷却（随炉冷却）的一种热处理工艺，按加热温度不同，可分为重结晶退火和低结晶退火。退火的目的是细化晶粒，改善组织，降低硬度，提高塑性，消除组织缺陷和内应力，防止变形、开裂。

2. 正火

正火是退火的一种特例，两者仅冷却速度不同，正火是在空气中冷却。与退火相比，正火后钢的硬度、强度较高，而塑性下降。正火的目的是细化晶粒、消除组织缺陷等。

3. 淬火

淬火是将钢材加热到相变临界点（一般为 900 ℃）以上，保温后放入水或油等冷却介质中快速冷却的一种热处理操作。淬火的目的是得到高强度、高硬度的组织。淬火会使钢的塑性和韧性显著降低。

4. 回火

回火是将钢材加热到相变温度以下，保温后在空气中冷却的热处理工艺。回火一般安排在淬火之后，其目的是消除淬火产生的内应力、降低脆性、改善力学性能等。

第四节　工程常用建筑钢材的分类和性质

一、钢结构用钢

钢结构用钢一般可直接选用各种规格与型号的型钢，构件之间可直接连接或附以连接钢板进行连接。连接方式为铆接、螺栓连接或焊接。因此，钢结构所用钢材主要是型钢和钢板。型钢和钢板的成型方式有热轧和冷轧。

1. 热轧型钢

热轧型钢主要采用碳素结构钢 Q235A、低合金高强度结构钢 Q345 和 Q390 热轧成型。

常用的热轧型钢有角钢、工字钢、槽钢、T 型钢、H 型钢、Z 型钢等。对热轧型钢进行标记时需要标出型钢名称、横断面主要尺寸、型钢标准号及钢牌号与钢种标准。

例如，用碳素结构钢 Q235A 轧制的尺寸为 160 mm × 160 mm × 16 mm 的等边角钢，应表示为∠16 或∠160 × 160 × 16。

用碳素结构钢 Q235A 制成的热轧型钢，强度适中，塑性和可焊性较好，冶炼容易，成本低，适用于土木工程中的各种钢结构。

用低合金高强度结构钢 Q345 和 Q390 制成的热轧型钢，性能优良，适用于大跨度、承受动荷载的钢结构。

2. 冷弯薄壁型钢

冷弯薄壁型钢是用 2 ~ 6 mm 的薄钢板经冷弯或模压制成的，有角钢、槽钢等开口薄壁型钢及方形、矩形等空心薄壁型钢，适用于轻型钢结构。

冷弯薄壁型钢的表示方法与热轧型钢相同。

3. 钢管

钢管（见图7-5）在相同截面积下，刚度比型钢较大，是中心受压构件的理想截面；流线型的表面使其承受风压小，用于高耸结构非常有利。

图7-5　钢管

在建筑结构上，钢管常用作桁架和制作钢管混凝土。钢管混凝土构件承载力大大提高，且具有良好的塑性和韧性，经济效果显著，施工简单、工期短，可用于厂房柱、构架柱、地铁站台柱和高层建筑等。

二、钢筋混凝土结构用钢

钢筋混凝土结构用钢主要用于钢筋混凝土和预应力钢筋混凝土的配筋，是土木工程中用量最多的钢材之一，主要由碳素结构钢和低合金结构钢轧制而成，包括热轧钢筋、冷轧带肋钢筋、冷拔钢丝、预应力混凝土用热处理钢筋、预应力混凝土用钢丝和钢绞线等类型。

1. 热轧钢筋

热轧钢筋是经过热轧成型并自然冷却的成品钢筋，由低碳钢和低合金钢在高温状态下压制而成，分为热轧光圆钢筋和热轧带肋钢筋两种。

（1）热轧光圆钢筋

热轧光圆钢筋是指经热轧成型，横截面通常为圆形，表面光滑的成品钢筋。热轧光圆钢筋牌号及含义见表7-2，热轧光圆钢筋的力学性能、工艺性能见表7-3。

表7-2　热轧光圆钢筋牌号及含义

产品名称	牌　号	含　义
热轧光圆钢筋	HPB300	HPB＋屈服强度

表 7-3　热轧光圆钢筋的力学性能、工艺性能

表面形状	钢筋级别	牌号	公称直径（mm）	屈服强度 σ_s（MPa）	抗拉强度 σ_b（MPa）	伸长率 σ_5（%）	冷弯试验 180° d——弯心直径 a——钢筋工称直径
				不小于			
光圆	Ⅰ	HPB300	6～22	300	420	25	$d=a$

热轧光圆钢筋的特点是强度较低，塑性及焊接性能好，伸长率高，便于弯折成形和进行各种冷加工，广泛用于普通钢筋混凝土构件中，作为中小型钢筋混凝土结构的主要受力钢筋和各种钢筋混凝土结构的箍筋等，如图 7-6 所示。

图 7-6　热轧光圆钢筋

（2）热轧带肋钢筋

热轧带肋钢筋牌号有 HRB400、HRB500、HRB600 等。其中，H 表示热轧，R 表示带肋，B 表示钢筋，后面的数字表示屈服强度最小值。热轧带肋钢筋的力学性能、工艺性能见表 7-4。

表 7-4　热轧带肋钢筋的力学性能、工艺性能

牌号	公称直径（mm）	屈服强度 σ_s（MPa）	抗拉强度 σ_b（MPa）	伸长率 δ_5（%）	冷弯试验 180° d——弯心直径 a——钢筋公称直径
		不小于			
HRB400	6～25 28～50	400	540	16	$d=4a$ $d=5a$
HRB500	6～25 28～50	500	630	15	$d=6a$ $d=7a$
HRB600	6～25 28～50	600	730	14	$d=6a$ $d=7a$

热轧带肋钢筋的特点是强度较高，塑性和焊接性能较好，因表面带肋，加强了钢筋与混凝土之间的黏结力，广泛用于大、中型钢筋混凝土结构中作为受力钢筋，经过

冷拉后可用作预应力钢筋。

在国家标准《钢筋混凝土用钢　第 2 部分：热轧带肋钢筋》（GB/T 1499.2—2018）中，热轧带肋钢筋按屈服强度分为三个强度等级，分别表示 400 级、500 级、600 级钢筋。目前的热轧带肋钢筋以 HRB400 级钢筋（见图 7-7）为主导，并推广使用 HRB500 级钢筋。

图 7-7　HRB400 级热轧带肋钢筋

2. 冷轧带肋钢筋

冷轧带肋钢筋是以热轧圆盘条为母材，经冷轧减径后在其表面冷轧成二面或三面横肋（月牙肋）的钢筋。

根据国家标准《冷轧带肋钢筋》（GB/T 13788—2017）的规定，冷轧带肋钢筋按抗拉强度最小值不同，可分为六个牌号，即 CRB550、CRB650、CRB800、CRB600H、CRB680H、CRB800H，其中 CRB550 牌号钢筋公称直径为 4 ~ 12 mm，CRB650、CRB800、CRB800H 牌号钢筋公称直径为 4 mm、5 mm、6 mm。冷轧带肋钢筋的各种性能见表 7-5 和表 7-6。

表 7-5　冷轧带肋钢筋的力学性能和工艺性能

牌号	抗拉强度 σ_b（MPa）不小于	伸长率 δ_5（%）不小于		弯曲试验 180°	反复弯曲次数（次）	松弛率（%）（初始应力 $\sigma_{con}=0.7\sigma_b$）
		δ_{10}	δ_{100}			1 000 h 不大于
CRB550	550	11.0	—	$D=3d$	—	—
CRB650	650	—	4.0	—	3	8
CRB800	800	—	4.0	—	3	8
CRB600H	600	14.0	—	—	—	—
CRB680H	680	14.0	—	—	4	5
CRB800H	800	—	7.0	—	3	5

注：D 为弯心直径，d 为钢筋公称直径。

表 7-6　反复弯曲试验的弯曲半径

mm

钢筋公称直径	4	5	6
弯曲半径	10	15	15

3. 冷拔钢丝

冷拔钢丝包括冷拔低碳钢丝和冷拔低合金钢丝等。冷拔低碳钢丝是由 $\phi6 \sim \phi8$ mm 的 Q235 或 Q215 热轧圆盘条经冷拔而成。

低碳钢经冷拔后，屈服强度可提高 40%～60%，同时塑性降低。因此，冷拔低碳钢丝已失去低碳钢的特性，变得硬脆。冷拔低合金钢丝的抗拉强度比冷拔低碳钢丝更高，其抗拉强度标准值为 800 MPa，可用于中小型混凝土构件中的预应力筋。

4. 预应力混凝土用热处理钢筋

预应力混凝土用热处理钢筋是由热轧带肋钢筋（即普通热轧中碳低合金钢筋）经淬火、回火（调质处理）等制成的，按螺纹外形不同，分为有纵肋和无纵肋（都有横肋）两种。

预应力混凝土用热处理钢筋具有强度高、韧性好和握裹力大等优点，主要用于预应力混凝土桥梁轨枕，还用于预应力梁、板结构及吊车梁等。预应力混凝土用热处理钢筋成盘供应，开盘后能自行伸直，不需调直和焊接，施工方便，且节约钢材。

5. 预应力混凝土用钢丝和钢绞线

（1）预应力混凝土用钢丝

预应力混凝土用钢丝用优质碳素结构钢制作，冷拉或冷拔后经消除应力处理制成。

国家标准《预应力混凝土用钢丝》（GB/T 5223—2014）规定，预应力混凝土用钢丝按加工状态分为冷拉钢丝（代号为 WCD）和低松弛钢丝（代号为 WLR）两种。预应力混凝土用钢丝的标记方式为：预应力钢丝公称直径—抗拉强度等级—加工状态代号—外形代号—标准号。例如，直径为4.00 mm、抗拉强度为1 670 MPa 的冷拉光圆钢丝，其标记为：预应力钢丝 4.00—1670—WCD—P—GB/T 5223—2014。

（2）预应力混凝土用钢绞线

预应力混凝土用钢绞线是由若干根直径为 2.5～5.0 mm 的高强度钢丝，以一根钢丝为中心，其余钢丝围绕其中心钢丝绞捻，再经消除应力热处理而制成。

国家标准《预应力混凝土用钢绞线》（GB/T 5224—2014）规定，预应力混凝土用钢绞线按应力松弛性能分为Ⅰ级松弛和Ⅱ级松弛。预应力混凝土用钢绞线还可根据钢丝的股数分为 1×2、1×3 和 1×7 三种结构类型。其中，1×7 结构钢绞线以一根钢丝为芯、六根钢丝围绕其周围捻制而成。

国家标准《预应力混凝土用钢绞线》（GB/T 5224—2014）规定，预应力混凝土用钢绞线的标记方式为：预应力钢绞线结构代号—公称直径—强度级别—标准号。

预应力混凝土用钢丝与预应力混凝土用钢绞线具有强度高、柔性好、松弛率低、抗腐蚀性强、无接头、质量稳定、安全可靠等特点，主要用于大跨度屋架及薄腹梁、大跨度吊车梁、桥梁等的预应力结构。

知识拓展

钢材的保管方式

钢材的保管方式见表 7-7。

表 7-7 钢材的保管方式

要点	说　明
选择适宜的场地和库房	1. 保管钢材的场地或仓库应选择在清洁干净、排水通畅的地方，远离产生有害气体或粉尘的厂矿。要清除场地上的杂草及一切杂物，保持钢材干净 2. 不得在仓库里放置对钢材有侵蚀性的材料（如酸、碱、盐、水泥等）。不同品种的钢材应分别堆放，防止混淆，防止接触腐蚀 3. 大型型钢、钢轨、大口径钢管、锻件等可以露天堆放 4. 中小型型钢、盘条、钢筋、中口径钢管、钢丝及钢丝绳等，可在通风良好的料棚内存放，但必须上苫下垫 5. 一些小型钢材、薄钢板、钢带、硅钢片、小口径或薄壁钢管、各种冷轧、冷拔钢材以及价格高、易腐蚀的金属制品，可存放入库 6. 库房根据地理条件选定，一般采用普通封闭式库房，即有房顶有围墙、门窗严密、设有通风装置的库房 7. 库房要求晴天注意通风，雨天注意关闭防潮，经常保持适宜的储存环境
合理堆码、先进先放	1. 堆码的原则要求是在码垛稳固、确保安全的条件下，做到按品种、规格码垛，不同品种的材料要分别码垛，防止混淆和相互腐蚀 2. 禁止在垛位附近存放对钢材有腐蚀作用的物品 3. 垛底应垫高、坚固、平整，防止材料受潮或变形 4. 同种材料按入库先后分别堆码，便于执行"先进先发"的原则 5. 露天堆放的型钢下面必须有木垫或条石，垛面略有倾斜，以利排水，并注意材料安放平直，防止造成弯曲变形 6. 人工作业的堆垛高度不超过 1.2 m，机械作业的堆垛高度不超过 1.5 m，垛宽不超过 2.5 m 7. 垛与垛之间应留有一定宽度的通道，检查道宽度一般为 0.5 m，出入通道宽度视材料大小和运输机械而定，一般为 1.5～2.0 m 8. 垛底垫高，若仓库为朝阳的水泥地面，垫高 0.1 m 即可；若为泥地，须垫高 0.2～0.5 m；若为露天场地，水泥地面垫高 0.3～0.5 m，沙泥地面垫高 0.5～0.7 m 9. 露天堆放角钢和槽钢应俯放，即口朝下，工字钢应立放，钢材的 I 槽面不能朝上，以免积水生锈
保护材料的包装和保护层	钢材出厂前涂的防腐剂及包装是防止材料锈蚀的重要措施，在运输装卸过程中须注意保护，不能损坏，可延长钢材的保管期限
保持仓库清洁、加强材料养护	1. 材料在入库前要注意防止雨淋或混入杂质，对已经淋雨或弄污的材料，要按其性质采用不同的方法擦净，硬度高的可用钢丝刷，硬度低的用布、棉等物擦 2. 材料入库后要经常检查，如果有锈蚀，应清除锈蚀层 3. 一般钢材表面清除干净后，不必涂油，但对优质钢、合金薄钢板、薄壁管、合金钢管等，除锈后其内外表面均需涂防锈油再存放 4. 对锈蚀较严重的钢材，除锈后不宜长期保管，应尽快使用

三、建筑钢材的品种与选用

建筑钢材可分为钢筋混凝土结构用钢和钢结构用钢两大类。各种型钢和钢筋的性能主要取决于所用钢筋及其加工方法。本部分将对土木工程中常用钢种和常用型材的性能和利用加以说明。

国内常用钢种有碳素结构钢和低合金高强度结构钢。

1. 碳素结构钢

（1）碳素结构钢的牌号及其表示方法

碳素结构钢的牌号由代表屈服强度的字母、屈服强度数值、质量等级符号、脱氧方法符号等 4 个部分按顺序组成，如 Q235AF。

其中：Q——钢材屈服强度“屈”字的汉语拼音首位字母；

A、B、C、D——分别为质量等级，按硫、磷杂质含量不同区分；

F——沸腾钢“沸”字的汉语拼音首位字母；

Z——镇静钢“镇”字的汉语拼音首位字母；

TZ——特殊镇静钢“特镇”两字的汉语拼音首位字母。

在碳素结构钢牌号组成表示方法中，Z 与 TZ 可以省略。

（2）碳素结构钢的应用

国家标准《碳素结构钢》（GB/T 700—2006）规定：碳素结构钢分四个牌号，即 Q195、Q215、Q235 和 Q275。

建筑工程中应用最广泛的碳素结构钢是 Q235 钢，由于其具有较高的强度，良好的塑性、韧性及可焊性，综合性能好，故能较好地满足一般钢结构和钢筋混凝土结构的用钢要求，且成本较低。Q235 钢可大量轧制成各种型钢、钢板及钢筋。其中，Q235—A 级钢一般仅适用于承受静荷载作用的结构，Q235—C 级钢和 Q235—D 级钢可用于重要的焊接结构。

Q195 钢和 Q215 钢的强度低，塑性和韧性较好，具有良好的可焊性，易于冷加工，常用作钢钉、铆钉、螺栓及钢丝等，也可用作轧材用料。Q215 钢经冷加工后可代替 Q235 钢使用。

Q275 钢强度较高，但塑性、韧性和可焊性较差，不易焊接和冷弯加工，可用于轧制钢筋、制作螺栓配件等，但更多用于机械零件和工具等。

2. 低合金高强度结构钢

低合金高强度结构钢是在碳素结构钢的基础上加入少量的一种或几种合金元素制成的一种结构钢，具有强度高、塑性和低温冲击韧性好、耐蚀性好等特点。

国家标准《低合金高强度结构钢》（GB/T 1591—2018）规定，低合金高强度结构钢的牌号由代表屈服强度“屈”字的汉语拼音首字母 Q、规定的最小上屈服强度数值、交货状态代号（交货状态为热轧时，用 AR 或 WAR 表示，可省略；交货状态为正火或正火轧制状态时，用 N 表示）、质量等级符号（B、C、D、E、F）四个部分组成。

其中，热轧钢的牌号有 Q355、Q390、Q420、Q460 几个等级，所加入元素主要有锰、硅、钒、钛、铌、铬、镍及稀土元素。

低合金高强度结构钢与碳素结构钢相比，具有较高的强度，综合性能好，所以在相同使用条件下，可比碳素结构钢节省用钢20%～30%，对减轻结构自重有利，同时还具有良好的塑性、韧性、可焊性、耐磨性、耐蚀性、耐低温性等。

低合金高强度结构钢主要用于轧制各种型钢、钢板、钢管及钢筋，广泛用于钢结构和钢筋混凝土结构中，特别适用于各种重型结构、高层结构、大跨度结构及桥梁工程等。

试验五 钢筋试验

一、钢筋见证取样与检验项目

钢筋见证取样与检验项目见表7-8。

表7-8 钢筋见证取样与检验项目

<table>
<tr><th>序号</th><th>材料名称</th><th>取样单位</th><th>取样数量</th><th>取样方法</th><th>常规检验项目</th><th>执行标准</th></tr>
<tr><td>1</td><td>光圆钢筋</td><td rowspan="2">每批同牌号、同炉罐号、同规格60 t取一组，超过60 t的部分，每增加40 t，增加拉伸和冷弯各一组，允许由同一牌号、同一冶炼方法、同一浇筑方法的不同炉罐号组成混合批。但含碳量差不得超过0.02%，含锰量差不得超过0.15%</td><td rowspan="2">拉伸2根；冷弯2根，最大力伸长率2根，质量偏差5根</td><td rowspan="2">除质量偏差项从不同根上随机抽取外，其他取样均任选两根钢筋切取</td><td rowspan="2">拉伸、弯曲性能、质量偏差、伸长率（带“E”钢筋）</td><td rowspan="3">国家标准《钢筋混凝土用钢》《混凝土结构工程施工质量验收规范》</td></tr>
<tr><td>2</td><td>钢筋混凝土热轧带肋钢筋</td></tr>
<tr><td>3</td><td>热轧盘条</td><td>每批同牌号、同炉罐号、同规格、同交货状态不大于30 t的，不同炉罐号可组成混合批，每批不应多于6个炉罐号，质量不应大于60 t</td><td>任取1根切取拉伸试样1根，任取2根每根切取冷弯试样1根</td><td>拉伸试样长度取200 + 10d；冷弯试件长度取150 + 5d；质量偏差取3根500 mm</td><td>拉伸性能（屈服强度、抗拉强度、伸长率）、弯曲性能、质量偏差</td></tr>
</table>

二、钢筋的拉伸试验

1. 试验目的

测定低碳钢的屈服强度、抗拉强度与伸长率。注意观察应力与应变之间的关系，评定钢筋的强度等级。

2. 主要仪器设备

拉伸试验的主要仪器设备是万能材料试验机和游标卡尺（精度为0.1 mm）。

为保证机器安全和试验准确，万能材料试验机应选择合适量程，保证试件到最大荷载时，指针位于第三象限内（即180°~270°），测力示值误差不大于1%。

3. 试验方法与操作步骤

（1）试件制作和准备

抗拉试验用钢筋试件不得进行车削加工（见图7-8），若试验机量程限制，可以将22~40 mm的钢筋制成车削加工试件（见图7-9），用两个或一系列等分小冲点或细划线标出原始标距，测量标距长度 l_0（精确至0.1 mm）。

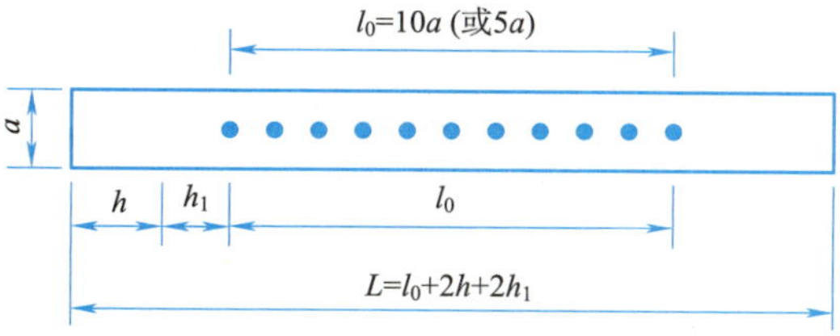

图7-8　不经车削的试件

a—计算直径　l_0—标距长度

h_1—$0.5a\sim1a$　h—夹头长度

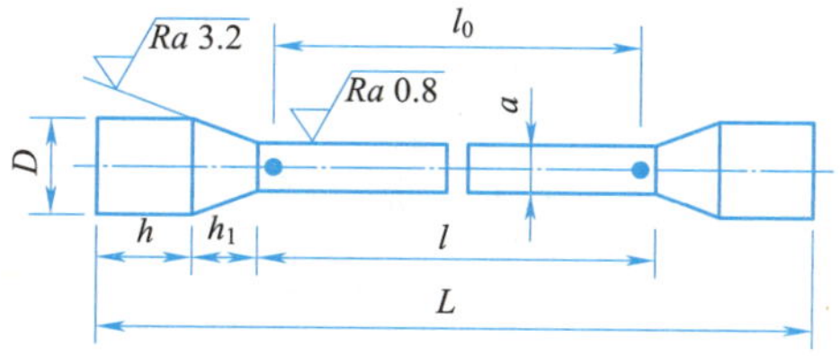

图7-9　经车削的试件

L—试件总长度

l—试件平行长度，一般应大于标距长度 l_0

钢筋强度用横截面积计算，不经车削的试件用质量法求出横截面积：

$$A_0=\frac{m}{7.85L}$$

式中　A_0——试件原始横截面积，cm^2；

m——试件质量，g；

7.85——钢筋密度，g/cm^3；

L——试件长度，cm。

车削试件的面积用下列方法求出：用千分尺沿标距长度在中部和两端各测得直径一次，每处在两个垂直的方向上各测一次，取算术平均值作为该处直径，取所测三个直径的最小值作为计算截面积的直径。

截面积 A_0 计算结果的化整：截面积小于100 m^2 时，化整到小数点后一位有效数字；截面积大于或等于100 m^2 时，化整到个位数。

（2）屈服强度 σ_s 和抗拉强度 σ_b 的测定

1）调整万能材料试验机测力度盘的指针，对零点，并拨动副指针，使之和主指针重叠。

2）将试件固定在试验机夹头内。开动试验机进行拉伸。拉伸速度为：屈服前应增加速度至 10 MPa/s；屈服后，试验机活动夹头在荷载下的移动速度不大于 0.5 L/min（$L = l_0 + 2h + 2h_1$）。

3）拉伸中，测力度盘的指针停止转动时的恒荷载，或第一次回转时的最小荷载，即为所求的屈服点荷载 F_s，按下式计算试件的屈服强度：

$$\sigma_s = \frac{F_s}{A_0}$$

式中 σ_s——屈服强度，MPa；

F_s——屈服点荷载，N；

A_0——试件原始横截面积，mm^2。

当 $\sigma_s > 1\ 000$ MPa 时，计算结果精确至 10 MPa；σ_s 为 200～1 000 MPa 时，计算结果精确至 5 MPa；当 $\sigma_s < 200$ MPa 时，小数点后数字按“四舍六入五单双法”处理。

4）向试件连续施加荷载直至拉断，由测力度盘读出最大荷载 F_b，按下式计算试件的抗拉强度：

$$\sigma_b = \frac{F_b}{A_0}$$

式中 σ_b——抗拉强度，MPa；

F_b——最大荷载，N；

A_0——试件原始横截面积，mm^2。

（3）伸长率测定

1）将已拉断试件的两段在断裂处对齐，尽量使轴线位于一条直线上。如果拉断处由于各种原因形成缝隙，则此缝隙应计入试件拉断后的标距部分长度内。

2）如果拉断处到邻近标距点的距离大于 $l_0/3$，用卡尺直接量取已被拉长的标距长度 l_1（mm）。

3）如果拉断处到邻近标距端点的距离不大于 $l_0/3$，按移位法确定 l_1，若直接测量所求得的伸长率能达到技术条件的规定值，则可不采用移位法。

4）伸长率按下式计算（精确至 1%）：

$$\delta_{10}\ (或\ \delta_5) = \frac{l_1 - l_0}{l_0} \times 100\%$$

式中 δ_{10}、δ_5——$l_0 = 10d$ 或 $l_0 = 5d$ 时的伸长率，精确到 1%；

l_1——试件拉断后直接量出或按移位法确定的标距部分长度，mm（精确到 0.1 mm）；

l_0——原标距长度 $10d$（$5d$），mm。

5）若试件在标距端点上或标距处断裂，则试验结果无效，应重做试验。

4. 试验结果分析与评定

（1）将通过测试、计算所得的 σ_b 和 σ_s 与国家标准所要求的各牌号钢筋的力学性能要求对照，确认 σ_b 和 σ_s 是否满足，如果不满足，取双倍试样重测，如果仍不满足，则钢筋不合格，到场钢筋做清退处理。

（2）将测试计算得到的结果 δ_{10} 和 δ_5 与国家标准对钢筋性能的技术要求对照，若达到标准要求则为合格，否则，取双倍试样重做，若仍未达到标准要求，钢筋为不合格，到场钢筋做清退处理。

三、 钢筋的冷弯试验

1. 试验目的

检验钢筋的弯曲变形性能，确定其加工性能，并显示其缺陷。

2. 试验仪器设备

冷弯试验的主要仪器设备是压力机或万能材料试验机。

3. 试验方法与操作步骤

（1）冷弯钢筋试件不经车削，试件长度通常按下式确定：

$$L=0.5\ (d+a)\ +140$$

式中　L——试件长度，mm；

d——试件的弯曲压头或弯心直径，mm；

a——钢筋的直径，mm。

（2）弯心直径和弯曲角度，按表 7-4 选用。

（3）按图 7-10a 调整两支辊的间距，使 $l=\ (d+3a)\ \pm 0.5a$。

（4）装置试件后，平稳地施加荷载，钢筋绕着弯心弯曲到要求的角度（见图 7-10b）。

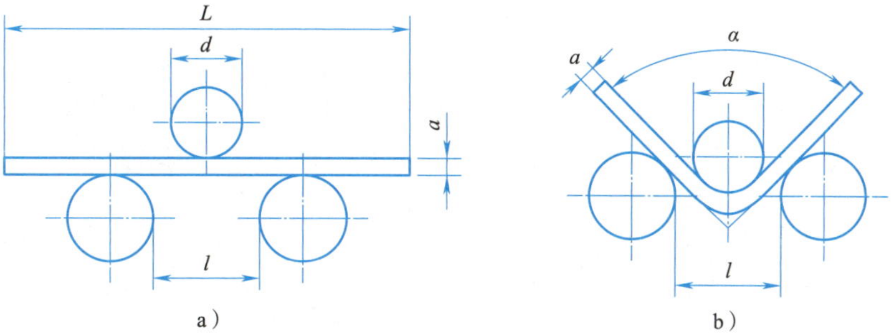

图 7-10　支辊式弯曲装置

（5）试验应在 10～35 ℃或控制条件下（18～28 ℃）进行。

4. 试验结果分析与评定

弯曲后，按有关标准规定检查试样弯曲外表面，进行结果评定。若无裂纹、裂缝或裂断，则评定试样合格。

思考练习题

1. 为什么说屈服强度、抗拉强度、伸长率是钢材的重要技术性能指标?
2. 随含碳量增加，碳素钢的性能将怎样变化?
3. 碳素结构钢的牌号如何表示?
4. 简述低合金高强度结构钢的主要用途及被广泛采用的原因。
5. 简述钢材锈蚀的原因及防腐措施。

第八章　防水材料

学习目标

掌握石油沥青的组分、主要技术性质、牌号及应用，熟悉沥青的改性。了解防水涂料、卷材、油膏。掌握试样的选取、代表批量。

防水材料是指能够防止雨水、地下水和其他水分对建筑物和构筑物的渗透、渗漏和侵蚀的材料。防水材料是建筑防水工程的重要组成部分，是建筑工程中不可缺少的功能材料，在其他工程（如公路桥梁、水利工程）中也有广泛的应用。

防水材料的品种多、发展快，除传统的沥青类防水材料外，还有高聚物改性沥青和合成高分子防水材料，在工程中均有很好的防水效果。

第一节　沥青

沥青是一种褐色或黑褐色有机胶凝材料，在常温下呈固态、半固态或黏性液体状态，因具有防潮、防水、防腐的性能，被广泛用于交通、水利、工业及民用建筑中。沥青按产源不同进行分类，如图 8-1 所示。

- 沥青
  - 地沥青
    - 天然沥青
    - 石油沥青
  - 焦油沥青
    - 煤沥青
    - 页岩沥青

图 8-1　沥青按产源不同进行分类

一、石油沥青的组成与性质

石油沥青是指石油经蒸馏提炼出各种轻质油（如汽油、柴油等）及润滑油以后的残留物，经再加工后得到的产品。

1. 石油沥青的组成

石油沥青由油分、树脂质和沥青质三种组分组成，此外，石油沥青中常含有一定量的固体石蜡。

（1）油分

油分呈淡黄至红褐色，为沥青中最轻的组分，密度为 0.7 ~ 1 g/cm^3。它能溶于大多数有机溶剂，如苯、石油醚、二硫化碳、三氯甲烷等，但不溶于乙醇。油分使沥青具有流动性。

（2）树脂质

树脂质是黑褐色或红褐色黏稠物质，密度略大于 1 g/cm^3，能溶于汽油、三氯甲烷和苯等有机溶剂，但在丙酮和乙醇中溶解度很小。它使石油沥青具有良好的黏性和塑性。

（3）沥青质

沥青质为黑色的固体物质，密度大于 1 g/cm^3，不溶于汽油、乙醇，但能溶于二硫化碳和三氯甲烷。沥青质决定石油沥青的温度稳定性和黏性，它的含量越多，石油沥青的软化点越高，黏性越大，也越硬脆。

石油沥青中还含有石蜡，它会降低沥青的黏结性、塑性、温度稳定性和耐热性。石蜡是有害成分，故常采用氯盐处理或高温吹氧、溶剂脱蜡等方法去除。

2. 石油沥青的性质

（1）防水性

石油沥青是憎水材料，几乎不溶于水，且本身构造致密，加上它与矿物材料表面有很好的黏结力，能紧紧黏附于矿物质表面，还有一定的塑性，能适应材料或构件的变形，因此具有良好的防水性，被广泛用于土木工程防潮、防水。

（2）黏滞性（黏性）

黏滞性是指沥青材料在外力作用下，其内部阻碍产生相对流动的能力。液态石油沥青的黏滞性用黏滞度表示，半固体或固体沥青的黏性用针入度表示。黏滞度和针入度是划分沥青牌号的主要指标。

黏滞度是液体沥青在一定温度条件下，经规定直径的孔，漏下 50 mL 所需的时间。

黏滞度测定如图 8-2 所示。黏滞度常以符号 C_{dt}表示，其中 d 为孔径（mm），t 为试验时沥青的温度（℃）。C_{dt}代表在规定的孔径和温度条件下所测得的黏滞度值。黏滞度大，表示沥青的稠度大。

针入度是指在温度为 25 ℃的条件下，质量为 100 g 的标准针经 5 s 沉入沥青中的深度（单位为度，0.1 mm 为 1 度）。针入度测定如图 8-3 所示。针入度值大，说明沥青流动性好，黏性差。沥青的针入度范围为 5～200 度。

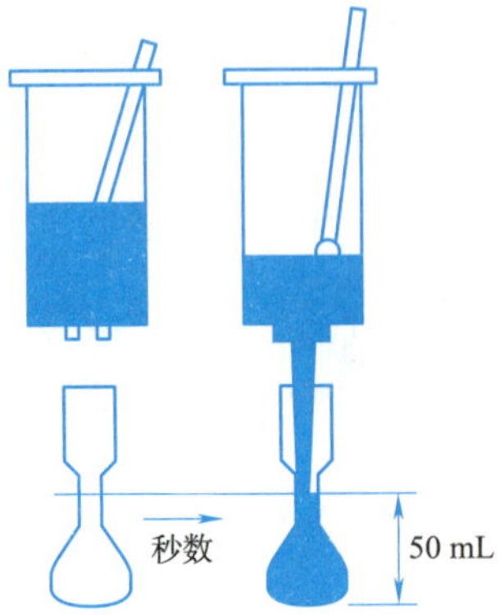

图 8-2　黏滞度测定

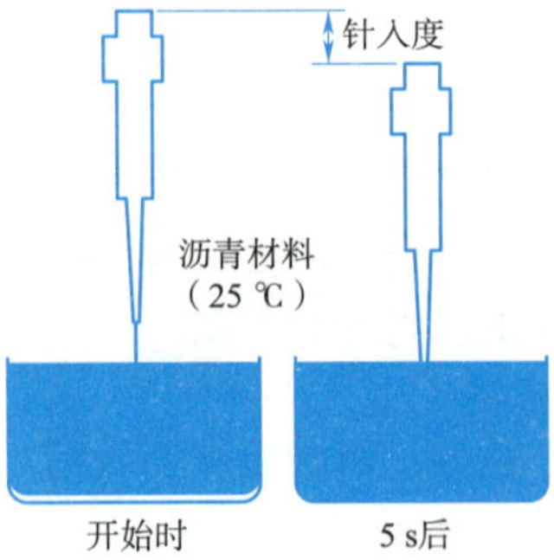

图 8-3　针入度测定

知识拓展

按针入度不同，可将石油沥青划分为以下几个牌号：道路石油沥青牌号有200、180、140、100甲、100乙、60甲、60乙等；建筑石油沥青牌号有30、10等；普通石油沥青牌号有75、65、55等。

(3) 塑性

塑性是指沥青在外力作用下产生变形而不破坏的能力。沥青的塑性用延伸度（或称延度）表示。测定沥青延伸度时，将沥青制成“8”形标准试件，试件中间最窄处断面积为1 cm^2，在一定温度（一般为25 ℃）和规定速度（5 cm/min）下，在延伸仪上进行拉伸，如图8-4所示，试件断裂时延伸的长度（cm）即为延伸度。沥青延伸度越大，塑性越好。

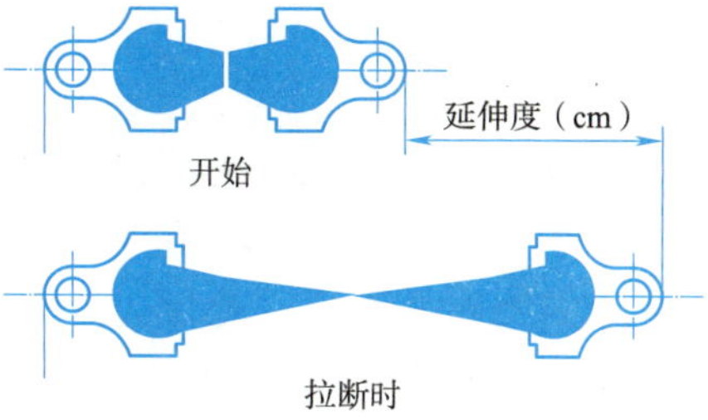

图8-4 延伸度测定

(4) 温度敏感性

温度敏感性是指石油沥青随温度升降，其黏滞性和塑性随之变化的性质。温度敏感性较差的石油沥青，其黏滞性、塑性随温度的变化较小。

温度敏感性用软化点表示，软化点是沥青材料由固体状态变为具有一定流动性的膏体时的温度。软化点可通过“环球法”试验测定（见图8-5）。将沥青试样装入规定尺寸的黄铜肩环（见图8-6）中，上面放置规定质量和尺寸的钢球，再将置球的铜环浸入水或甘油中，以5 ℃/s的速率加热至沥青软化下垂，下垂达到25 mm时的温度（℃）即为沥青软化点。

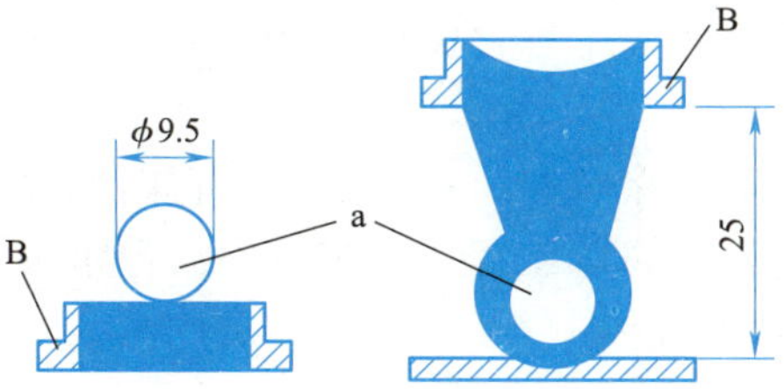

图8-5 软化点测定

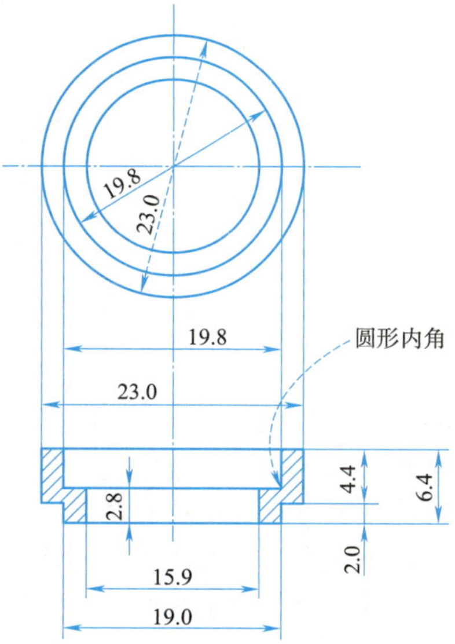

图8-6 黄铜肩环

不同沥青的软化点不同，大致在 25 ~ 100 ℃。软化点高，沥青的耐热性能好，但软化点过高，将不易加工和施工；软化点低的沥青夏季易产生变形，甚至流淌。

（5）大气稳定性

大气稳定性是指石油沥青在热、阳光、氧气和潮湿等因素的长期综合作用下抵抗老化的性能，它反映沥青的耐久性。

知识拓展

闪点和燃点

闪点也称闪燃点，是指加热沥青挥发的可燃气体和空气的混合物，在规定条件下与火焰接触，初次闪火（有蓝色闪光）时的沥青温度。

燃点也称着火点，是指受热沥青挥发的气体和空气的混合物，与火焰接触能持续燃烧 5 s 以上时沥青的温度。

沥青的闪点和燃点相差很小，约 10 ℃。

二、石油沥青的应用

建筑工程中，应根据工程类别及当地气候条件、所处工程部位选用不同牌号的石油沥青。石油沥青的外观质量、牌号和鉴别方法见表 8-1。

表 8-1　石油沥青的外观质量、牌号和鉴别方法

项目		鉴别方法
沥青外观质量	固态	敲碎，检查其断口，色黑而发亮的质好，否则质差
	半固态（即膏状体）	取少量，拉成细丝，丝越长质量越好
	液态	黏性好、有光泽、没有沉淀和杂质的较好；或用一小木条插入液体中，轻轻搅动几下后提起，丝越长越好
沥青牌号	10	用铁锤敲，成为较小的碎块，表面色黑有光
	30	用铁锤敲，成为较大的碎片
	60	用铁锤敲，不碎，只出现凹陷而变形
	100 ~ 140	质软

道路石油沥青主要用于道路路面或车间地面等工程，优选黏性较大和软化点较高的石油沥青。

建筑石油沥青主要用于制造防水材料、防水涂料和沥青嵌缝膏。它们绝大部分用于屋面及地下防水、沟槽防水、防腐蚀及管道防腐等工程。建筑石油沥青防水性、黏结性、耐热性及温度稳定性好，但延伸变形性能较差。

1. 改性沥青

普通石油沥青的性能不一定能满足使用要求，因此，为使沥青满足使用要求，常

在沥青中掺入橡胶、树脂和矿物填料，或对沥青进行氧化、乳化、催化，使得沥青的性质改善，这样得到的产品称为改性沥青。

（1）橡胶改性沥青

橡胶和沥青有较好的混溶性，混溶后的材料具有橡胶的许多优点，高温变形性小，低温柔性好。

（2）树脂改性沥青

在沥青中加入树脂，可以改善沥青的耐寒性、耐热性、黏结性和不透气性，常用的有聚乙烯、古马隆树脂、聚丙烯、酚醛树脂等。

（3）橡胶树脂改性沥青

加入树脂和橡胶的沥青同时具有橡胶和树脂的特性，性质改善更明显，主要产品有卷材、片料、密封材料和防水涂料。

（4）矿物填料改性沥青

为了提高沥青的黏结力和耐久性，降低沥青的温度敏感性，经常在沥青中加入一定量的矿物填料，得到矿物填料改性沥青。

2. 防水沥青嵌缝油膏

防水沥青嵌缝油膏是以石油沥青为骨料，加入改性材料、稀释剂、填料等配制而成的黑色膏状嵌缝材料。

防水沥青嵌缝油膏主要用于防水工程中填嵌各种变形缝、分仓缝、墙板缝，密封细部构造及卷材搭接缝等部位，按耐热性和低温柔性不同，可分为 702 号和 801 号两个标号。防水沥青嵌缝油膏是性能较差的一种接缝与密封材料，不仅耐热度较低，其他性能指标也不佳，在发达国家已逐步退出市场，但由于成本低，我国各类建筑的嵌缝与密封部位还在使用这种材料。

3. 沥青的掺配使用

当单独用一种牌号的沥青不能满足工程的耐热性要求时，可以用同产源的两种或三种沥青进行掺配。两种沥青掺量比例可按下式计算：

$$\text{较软沥青掺量比例}（\%）=\frac{\text{较硬沥青软化点}-\text{要求的沥青软化点}}{\text{较硬沥青软化点}-\text{较软沥青软化点}}\times 100\%$$

$$\text{较硬沥青掺量比例}（\%）=100\%-\text{较软沥青掺量比例}$$

【例 8-1】 某工程需要用软化点为 85 ℃的石油沥青，现有 10 号和 60 号两种石油沥青，计算这两种石油沥青的掺量比例。已知 10 号石油沥青的软化点为 95 ℃，60 号石油沥青的软化点为 45 ℃。

解： 60 号石油沥青的掺量比例 =（95 − 85）/（95 − 45）×100% = 20%

10 号石油沥青的掺量比例 = 100% − 20% = 80%

若是三种沥青掺配使用，可先求两种沥青的配比，然后再与第三种沥青进行配比计算。

三、 煤沥青

煤沥青是生产焦炭和煤气的副产品。烟煤干馏挥发的物质经冷凝而成的黑色黏性液体称为煤焦油，煤焦油经分馏加工并提取各种油品后的残渣即为煤沥青。与石油沥青相比，煤沥青具有以下特点：

1. 温度稳定性较差。
2. 耐候性较差。
3. 与矿质骨料黏附性好。
4. 防水性较差。

第二节 防水卷材

防水卷材是一种主要的防水材料，它是可卷曲的片状制品，具有一定宽度和厚度，被广泛应用于屋面、地下室防水。防水卷材采用铺贴和黏结等方法施工。工程中比较常用的防水卷材按产品原料和成型工艺不同，可分为沥青防水卷材、高聚物改性沥青防水卷材和合成高分子防水卷材三大类。

一、沥青防水卷材

沥青防水卷材是以原纸、织物、纤维毡、塑料膜等为胎基，浸涂石油沥青，表面撒布粉状颗粒或片状材料制成的，适用于屋面防水等级为Ⅳ级的非永久性建筑和Ⅲ级的一般建筑。随着新型防水材料发展，传统的沥青防水卷材现在仅用于非永久性建筑和一般建筑中，属于国家明令限制使用的材料。

1. 石油沥青纸胎防水卷材

石油沥青纸胎防水卷材也称油毡，是采用低软化点石油沥青浸渍原纸，用高软化点石油沥青涂盖油纸两面，再涂或撒隔离材料制成的一种纸胎防水卷材。

2. 石油沥青玻璃纤维胎油毡

石油沥青玻璃纤维胎油毡是以玻璃纤维薄毡为胎基，浸涂石油沥青，表面涂撒矿物材料或覆盖聚乙烯膜等隔离材料制成的一种防水卷材。

3. 铝箔面油毡

铝箔面油毡是以玻璃纤维薄毡为胎基，浸涂氧化沥青，表面用压纹铝箔贴面，底面撒以细颗粒矿物材料或覆盖聚乙烯（PE）膜制成的一种具有热反射和装饰功能的防水卷材。铝箔面油毡具有很高的阻隔蒸汽的能力，并且抗拉强度较高。

二、高聚物改性沥青防水卷材

聚合物（包括橡胶和树脂）同石油沥青具有较好的相溶性，可赋予石油沥青某些橡胶的特性。

高聚物改性沥青防水卷材是以纤维织物或纤维毡为胎基，以合成高分子聚合物改性沥青为涂盖层，覆盖粉状、粒状或薄膜材料制成的可卷曲片状防水材料。

用于沥青改性的聚合物很多，目前普遍使用的是 SBS 橡胶和 APP 树脂。

1. SBS 改性沥青

知识拓展

SBS 是丁苯橡胶的一种，为热塑性的弹性体，具有橡胶和塑料的优点，常温下具有橡胶的弹性，高温下又能像橡胶那样熔化流动，成为可塑性材料。

SBS 对沥青的改性十分明显。它在沥青内部形成一个高分子量的凝胶网络，大大提高了沥青的性能。与沥青相比，SBS 改性沥青具有以下特点：

（1）弹性好、延伸率大，可达 2 000%。

（2）低温柔性大大改善，冷脆点降至 –40 ℃。

（3）热稳定性提高，耐热度达 90 ~ 100 ℃。

（4）耐久性好。

SBS 改性沥青是目前最成功和用量最大的一种改性沥青，在国内外已得到普遍使用，主要用途是制造 SBS 改性沥青防水卷材（见图 8-7）。

图 8-7　SBS 改性沥青防水卷材

2. APP 改性沥青

APP 是聚丙烯的一种，根据甲基的不同排列，聚丙烯分为无规聚丙烯、有规聚丙烯和间规聚丙烯三种。无规聚丙烯为黄白色塑料，无明显熔点，加热到 150 ℃后才开始变软，250 ℃左右熔化，并可以与石油沥青均匀混合。研究表明，改性沥青中，APP 也形成了网络结构。

与石油沥青相比，APP 改性沥青软化点高，延伸度大，冷脆点降低，黏度增大，具有优异的耐热性和抗老化性，尤其适用于气温较高的地区，主要用于制造防水卷材。

APP 改性沥青具有抗拉强度高、延伸率高、韧性好、耐低温，耐老化、耐紫外线、耐大温差，黏结性好等优良性能，耐用年限可达 25 年以上，广泛用于工业与民用建筑屋面、地下室的防水和防潮，冷库、游泳池、地铁、隧道、饮水池、污水池等构筑物的防水和防腐。

三、 合成高分子防水卷材

合成高分子防水卷材是以合成高分子材料为主体，掺入适量化学助剂和填料，经混炼、压延或挤出工艺制成的片状防水材料，也称为防水片材。

1. 种类

（1）三元乙烯橡胶防水卷材

如图 8-8 所示，三元乙烯橡胶防水卷材耐老化性能最好，化学稳定性佳，优良的耐候性、耐臭氧性、耐热性和低温柔性甚至超过氯丁橡胶与丁基橡胶，它还具有质量轻、拉伸强度高、伸长率大、使用寿命长、耐强碱腐蚀等优点。

（2）氯丁橡胶卷材

如图 8-9 所示，氯丁橡胶卷材除耐低温性能稍差外，其他性能与三元乙烯橡胶防水卷材基本类似，拉伸强度高，耐油性、耐日光性、耐臭氧性、耐候性很好。

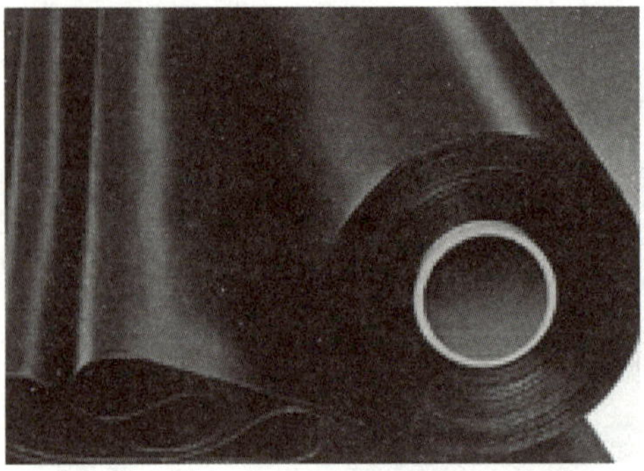

图 8-8　三元乙烯橡胶防水卷材

图 8-9　氯丁橡胶卷材

（3）氯丁橡胶乙烯防水卷材

氯丁橡胶乙烯防水卷材是以增塑聚氯乙烯为基料的塑性卷材，厚度分为 1.20 mm、1.50 mm 和 2.00 mm 等类别，卷材宽度分为 1 000 mm、2 000 mm 和 1 500 mm 等类别。

（4）氯化聚乙烯防水卷材

氯化聚乙烯防水卷材厚度分为 1.00 mm、1.20 mm、1.50 mm 和 2.00 mm 等类别；宽度分为 900 mm、1 000 mm、1 200 mm 和 1 500 mm 等类别。

（5）氯化聚乙烯橡胶共混卷材

氯化聚乙烯橡胶共混卷材有塑料和橡胶的特点，弹性好，耐老化，延伸性、耐低温性能佳，可用多种黏合剂黏结。

2. 执行标准

合成高分子防水卷材的规格、外观质量、物理力学性能检验判定可按国家标准《高分子防水材料 第 1 部分：片材》（GB 18173.1—2012）的规定进行。施工现场抽样应遵守相应工程质量验收标准的规定。

3. 特点

（1）优点

1）拉伸强度高。合成高分子防水卷材的拉伸强度都在 3 MPa 以上，最高可达

10 MPa 左右，可以满足施工和应用的实际要求。

2）伸长率高。合成高分子防水卷材的伸长率都在 100% 以上，有的高达 500% 左右，可以较好地适应建筑工程防水基层伸缩或开裂变形的需要，确保防水质量。

3）抗撕裂强度高。合成高分子防水卷材的抗撕裂强度都在 25 kN/m 以上。

4）耐热性能好。合成高分子防水卷材在 100 ℃以上的温度条件下，一般都不会流淌和产生集中性气泡。

5）低温柔性好。合成高分子防水卷材在低温条件下使用，可提高防水层的耐久性，增强防水层的适应能力。

6）耐腐蚀能力强。合成高分子防水卷材的耐臭氧、耐紫外线、耐气候等能力强，耐老化性能好，可以延长防水耐用年限。

（2）缺点

1）施工技术要求高。合成高分子防水卷材与基层完全黏结困难，搭接缝多，易产生接缝黏结不善所致的渗漏问题，因此宜与涂料复合使用，以增强防水层的整体性，提高防水的可靠性。

2）后期收缩大。大多数合成高分子防水卷材的热收缩和后期收缩均较大，常使卷材防水层产生较大内应力，加速老化，或产生防水层拉裂、搭接缝拉脱翘边等缺陷。

第三节　防水涂料

防水涂料是一种含高分子合成材料的复合材料，由沥青、合成高分子聚合物、水泥或无机复合材料等作为主要成膜物质，再掺入适量的颜料、助剂、溶剂等加工制成。

一、防水涂料的基本性能特点

1. 防水涂料在常温下为黏稠状液体，经涂布固化后，能形成无接缝的防水涂膜。

2. 防水涂料适宜在立面、阴阳角、穿结构层管道、凸起物、狭窄场所等细部构造处进行防水施工，固化后，能在这些复杂部位表面形成完整的防水膜。

3. 防水涂料施工属于冷作业，操作简便，劳动强度低。

4. 固化后形成的涂膜防水层自重轻，轻型薄壳等异型屋面大多采用防水涂料进行施工。

5. 涂膜防水层具有良好的耐水性、耐候性、耐酸碱性和优异的延伸性能，能适应基层局部的变形。

6. 涂膜防水层的抗拉强度可以通过加贴胎体增强材料得到加强，对于基层裂缝、结构缝、管道根等一些容易产生渗漏的部位，易进行增强、补强、维修等处理。

7. 防水涂膜一般依靠人工涂布，厚度很难做到均匀一致，所以施工时要严格按照操作方法重复涂刷多遍，保证单位面积内的最低使用量，确保涂膜防水层的施工质量。

二、 防水涂料的种类

防水涂料按成膜物质不同，可分为沥青类防水涂料、高聚物改性沥青类防水涂料（也称橡胶沥青类防水涂料）、合成高分子类防水涂料（又可再分为合成树脂类防水涂料、合成橡胶类防水涂料）、无机类防水涂料和聚合物水泥类防水涂料；按状态与形式不同，可分为溶剂型防水涂料、反应型防水涂料和乳液型防水涂料。

1. 溶剂型防水涂料

溶剂型防水涂料是以主要成膜物质（高分子材料）溶解于有机溶剂中所形成的溶液为基料，加入填料、助剂制备而成的。由于它的成膜依靠溶剂的挥发或涂料组分间的化学反应，因此施工不受气温影响，可在较低温度下施工。溶剂型防水涂料的涂膜结构紧密、强度高、弹性好，防水性能优于乳液型防水涂料，但由于在施工和使用中有大量易燃、易爆、有毒的有机溶剂逸出，对人体和环境有较大危害，所以应用受限。

溶剂型防水涂料的主要品种有溶剂型氯丁橡胶沥青防水涂料、溶剂型氯丁橡胶防水涂料、溶剂型氯磺化聚乙烯防水涂料等。

2. 反应型防水涂料

反应型防水涂料主要成膜物质的高分子材料是以预聚物液态形式存在的，成膜是通过液态的高分子预聚物与相应的物质发生化学反应完成。反应型防水涂料通常也属于溶剂型防水涂料范畴，但由于成膜过程具有特殊性，因此单独列为一类。

反应型防水涂料通常为双组分包装，其中一个组分为主要成膜物质，另一组分一般为交联剂，施工时将两种组分混合后即可涂刷。在成膜过程中，成膜物质与固化剂发生反应而交联成膜。反应型防水涂料几乎不含溶剂，其涂膜的耐水性、弹性和耐老化性通常都较好，防水性能也是目前所有防水涂料中最好的。

反应型防水涂料有聚氨酯防水涂料（见图8-10）与环氧树脂防水涂料两大类，其中，环氧树脂防水涂料的防水性能良好但涂膜较脆，聚氨酯防水涂料的综合性能良好。

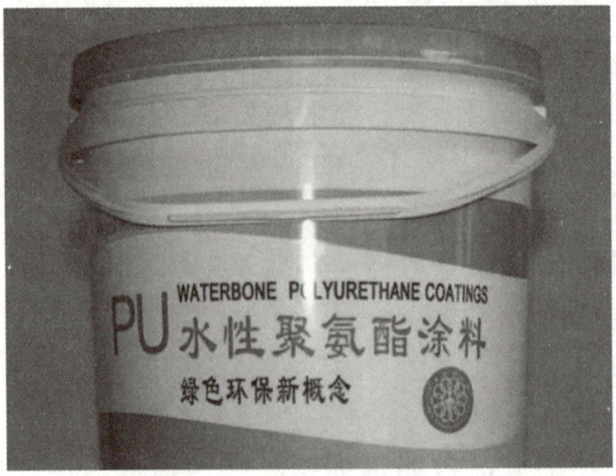

图8-10　聚氨酯防水涂料

3. 乳液型防水涂料

乳液型防水涂料为单组分水乳型防水涂料，涂刷在建筑物上以后，随着水分的挥发而成膜。其主要成膜物质高分子材料以极微小的颗粒稳定悬浮在水中，因此称为乳液型防水涂料。

乳液型防水涂料的特点是施工工艺简单、方便成膜，成膜过程靠水分挥发和乳液颗粒融合完成，无有机溶剂逸出，不污染环境、不燃烧，施工安全，价格低廉，防水性能基本上能满足建筑工程的需要，是防水涂料发展的方向。

乳液型防水涂料的品种繁多，主要有水乳型阳离子氯丁橡胶沥青防水涂料、水乳型再生橡胶沥青防水涂料、聚丙烯酸酯乳液防水涂料、EVA（乙烯—醋酸乙烯酯共聚物）乳液防水涂料、水乳型聚氨酯防水涂料、有机硅改性聚丙烯酯乳液防水涂料等。

三、 防水涂料的应用

1. 沥青类防水涂料

沥青类防水涂料是以沥青为基料生产的溶剂型或水乳型防水涂料，其中，溶剂型沥青防水涂料又称冷底子油。沥青类防水卷材使用时，需用沥青胶粘贴，为了提高与基层的黏结力，常在基层表面涂刷一层冷底子油。冷底子油是用建筑石油沥青加入汽油、煤油、轻柴油，或者用软化点为 50～70 ℃的煤沥青加入苯配制成的沥青溶液，因它多在常温下用于防水工程的底层，故称冷底子油。它的黏度小，能渗入混凝土、砂浆、木材等材料的毛细孔中，待溶剂挥发后，便与基层牢固结合，使基层具有一定的憎水性，为黏结同类的防水材料奠定了基础。

2. 聚氨酯防水涂料

聚氨酯防水涂料是一种综合性能很好的防水材料，可分为焦油型和非焦油型两大类。焦油聚氨酯防水涂料产品性能不稳定，且耐老化性能差，只能用作非外露型防水涂料，且严重污染环境和危害人体健康。随着人们对环保的要求不断提高，焦油聚氨酯防水涂料被淘汰已是大势所趋。

非焦油型聚氨酯防水涂料主要是沥青型聚氨酯防水涂料。它具有良好的耐水和防水性能，可延长产品的老化时间；所用的生产设备与煤焦油一样，不需另外追加设备投资；成本低，因此具有良好的开发应用前景。

3. 聚合物水泥防水涂料 （JS 涂料）

聚合物水泥防水涂料是以丙烯酸酯等聚合物乳液和水泥为主要原料，加入其他外加剂制得的双组分水性防水涂料。这种涂料既有聚合物涂膜的延伸性、防水性，也有水硬性胶凝材料强度高、易与潮湿基层黏结的优点，可以通过调节聚合物乳液与水泥的比例，满足不同工程对柔韧性和强度等的要求，施工方便。这种涂料以水作为分散剂，无环境污染，对人体无害。

4. 有机硅防水涂料

有机硅防水涂料以水溶性有机硅树脂为基料，采用先进的工艺配制乳化而成。彩色有机硅防水涂料是以硅橡胶胶乳或与其他乳液复合为主要基料，掺入水、无机填料、各种助剂配制而成的乳液型防水涂料。它兼有涂膜防水材料和渗透性防水材料两者的优良特性，具有良好的防水性、渗透性、成膜性、弹性、黏结性和延伸性，并且能耐高温和低温。

知识链接

防水材料的质量问题日益突出，已引起社会的关注。防水材料质量检验作为控制产品质量的重要一环，要明确检验方法、检测项目，保证检验的准确性，进而保证防水质量。防水材料见证取样与检验项目详见表8-2。

表8-2　防水材料见证取样与检验项目

序号	材料名称	取样单位	取样数量	取样方法	常规检验项目	执行标准
1	石油沥青纸胎油毡	同品种、标号、等级1 500卷	沿纵向全幅截取0.5 m长两块	选取质量检查合格的10卷中最轻的，外观、面积合格且无接头的一卷做物理性能试验。如果不符合抽样条件，可取次轻的一卷，切除距外层卷头2.5 m后，顺纵向全幅截取0.5 m长两块	拉力、不透水性、耐热度、柔度	《石油沥青纸胎油毡》（GB 326—2007）
2	弹性体改性沥青防水卷材	同品种、标号、等级10 000 m^2	沿纵向全幅截取0.5 m长两块	选取质量检查合格品中最轻的，外观、面积、厚度合格且无接头的一卷做物理性能试验。如果不符合抽样条件，可取次轻的一卷，切除距外层卷头2.5 m后，顺纵向全幅截取0.5 m长两块	拉力、延伸率（G类除外）、低温柔度、不透水性、耐热性（地下工程除外）	《弹性体改性沥青防水卷材》（GB 18242—2008）
3	塑性体改性沥青防水卷材					《塑性体改性沥青防水卷材》（GB 18243—2008）
4	改性沥青聚乙烯胎防水卷材		沿纵向全幅截取1 m长一块	由质量、外观、厚度均合格的卷材中任取一卷，切除端部2.0 m后，顺纵向全幅截取1 m长两块		《改性沥青聚乙烯胎防水卷材》（GB 18967—2009）
5	聚氯乙烯防水卷材	同类型、同规格5 000 m^2	沿纵向全幅截取3 m两块	由外观、厚度均合格的卷材中任取一卷，切除端部0.3 m后，顺纵向全幅截取3 m长两块	拉力、拉伸强度、断裂延伸率、不透水性、低温弯折性	《聚氯乙烯（PVC）防水卷材》（GB 12952—2011）
6	氯化聚乙烯防水卷材					《氯化聚乙烯防水卷材》（GB 12953—2003）

续表

序号	材料名称	取样单位	取样数量	取样方法	常规检验项目	执行标准
7	三元丁橡胶防水卷材	同规格、同等级300卷	沿纵向全幅截取0.5 m两块	由外观、规格、尺寸均合格的卷材中任取一卷，切除端部3 m后，顺纵向全幅截取0.5 m长两块	拉伸强度、不透水性、拉断延伸率、低温弯折性	《三元丁橡胶防水卷材》（JC/T 645—2012）
8	高分子片材	同类型、同规格5 000 m^2	沿纵向全幅截取1.5 m两块	由外观、规格、尺寸均合格的卷材中任取一卷，切除端部0.3 m后，顺纵向全幅截取1.5 m长两块		《高分子防水材料 第1部分：片材》（GB 18173.1—2012）
9	水乳型沥青基防水涂料	5 t	4 kg分成两等份	任取一桶，摇均匀，按上、中、下三个位置用取样器取出4 kg，等分两份，分别置于洁净的瓶内，密封置于5～35 ℃的室内	柔韧性、耐热性、黏结性、不透水性、抗冻性	《水乳型沥青防水涂料》（JC/T 408—2005）
10	聚氨酯防水涂料	15 t为一批，不足15 t为一批，多组分产品按组分配套组批	甲乙组分总量3 kg两份	甲乙组分按质量比取样（取样方法同上）	拉伸强度、低温柔度、断裂延伸率、不透水性	《聚氨酯防水涂料》（GB/T 19250—2013）

思考练习题

1. 什么是石油沥青？什么是煤沥青？
2. 如何划分石油沥青的牌号？
3. 某工程要使用软化点为75 ℃的石油沥青，今有软化点分别为95 ℃和25 ℃的两种石油沥青，应如何掺配？
4. 什么是防水卷材？如何分类？
5. 防水涂料有哪几种？

第九章 绝热和吸声材料

学习目标

了解绝热材料和吸声材料的作用原理、影响因素、常见品种、要求及选用。

绝热和吸声材料都是建筑物重要的材料，它们的质量直接影响建筑物的使用功能。

第一节 绝热材料

建筑上把控制室内热量外流的材料称为保温材料，把防止室外热量进入室内的材料称为隔热材料，两者统称为绝热材料。

在建筑工程中，对于处于寒冷地区的建筑物，为保持室内温度的恒定，减少热量的损失，要求围护结构具有良好的保温性能；而对于炎热夏季使用空调的建筑物，则要求围护结构具有良好的隔热性能。

一、绝热材料的相关概念

1. 导热系数

导热性是指材料传递热量的能力，用导热系数表示，符号为 λ。

导热系数越小，材料的导热性能越差，绝热性能越好。材料的导热性与材料的物质构成、孔隙率、材料所处环境的温度和湿度等有关。导热系数值以金属最大，非金属次之，液体较小，而气体更小。表观密度小的材料孔隙率大，其导热系数也较小。当孔隙率相同时，孔隙尺寸小而封闭的材料由于空气热对流作用的减弱，比孔隙尺寸粗大且连通的材料有更小的导热系数。材料吸湿受潮后，其导热系数就会增大。材料的导热系数随温度的升高而增大。

知识拓展

建筑物用保温材料做保温层的目的是尽量减少外界温度变化对用户的影响，材料保温性能的主要衡量指标为导热系数，导热系数越小，材料保温性能越好。

2. 比热

热容量是指材料受热时吸收热量、冷却时放出热量的性能。单位质量的材料，温度升高或降低 1 K 时吸收或放出的热量称为材料的比热，即：

$$C_m = \frac{Q}{m(t_2 - t_1)}$$

式中 C_m——材料的质量比热，J/（kg·K）；

Q——材料吸收或放出的热量，J；

m——材料的质量，kg；

$t_2 - t_1$——材料受热或冷却前后的温差，K。

由公式可知：C_m越大、Q 越大、材料自身的温度变化越小，越有利于保温。

导热系数和比热是设计建筑物维护结构时进行热工计算的重要参数。选用导热系数小而比热大的建筑材料，可提高围护结构的绝热性能并保持室内温度的稳定。

二、 绝热材料的分类

1. 按组成成分分类

按化学成分不同，绝热材料可分为有机类绝热材料（如苯板、聚苯板、挤塑板、聚苯乙烯泡沫板、硬质泡沫聚氨酯、聚碳酸酯及酚醛等）、无机类绝热材料（如珍珠岩水泥板、泡沫水泥板、复合硅酸盐、岩棉、蒸压加气混凝土砌块、传统保温砂浆等）、复合材料类绝热材料（如金属夹芯板、玻化微珠、聚苯颗粒等）和保温防裂材料（如电焊网、热镀锌钢丝网、网格布等）。

2. 按绝热原理分类

按绝热原理不同，可将绝热材料分为多孔材料和反射材料。

（1）多孔材料

多孔材料靠导热系数小的气体充满孔隙中绝热，一般以空气为热阻介质，主要是纤维状聚集组织和多孔结构材料。常见多孔材料中，泡沫塑料的绝热性较好，其次为矿物纤维（如石棉）、膨胀珍珠岩和多孔混凝土、泡沫玻璃等。

（2）反射材料

反射材料靠热反射减少辐射传热。以铝箔为例，几层铝箔或与纸组成夹有薄空气层的复合结构，还可以增大热阻值。

三、 对绝热材料的要求及选择原则

建筑中对绝热材料的一般要求为：导热系数小于 0.23，表观密度小于 600 kg/m^3，有足够的抗压强度（一般不低于 0.3 MPa）。此外，还要根据工程的特点，考虑材料的吸湿性、温度稳定性、耐腐蚀性等性能，以及技术经济指标。

四、 常用绝热材料及其性能

1. 石棉及其制品

石棉是一种天然矿物纤维，主要化学成分是含水硅酸镁，具有耐火、耐热、耐酸碱、绝热、防腐、隔声及绝缘等特性。石棉常制成石棉粉、石棉纸板、石棉毡等制品，用于建筑工程的高效能保温及防火覆盖等。

2. 矿棉及其制品

矿棉（见图9-1）一般包括矿渣棉和岩石棉。矿渣棉所用原料有高炉硬矿渣、铜矿渣等，并加一些调节原料（钙质和硅质原料）。岩石棉的主要原料为天然岩石（白云石、花岗石、玄武岩等）。上述原料经熔融后，用喷吹法或离心法制成细纤维。矿棉具有轻质、不燃、绝热和电绝缘等性能，且原料来源广，成本较低，可制成矿棉板、矿棉毡及管壳等。矿棉可作为建筑物的墙壁、屋顶、天花板等处的保温和吸声材料，以及热力管道的保温材料。

3. 玻璃棉及其制品

玻璃棉（见图9-2）是用玻璃原料或碎玻璃经熔融后制成的纤维状材料，包括短棉和超细棉两种。玻璃棉具有表观密度小、导热系数低、不燃烧、耐腐蚀等优点，广泛用于国防、工业设备和各种建筑物的保温、隔热、吸声。

图9-1　矿棉

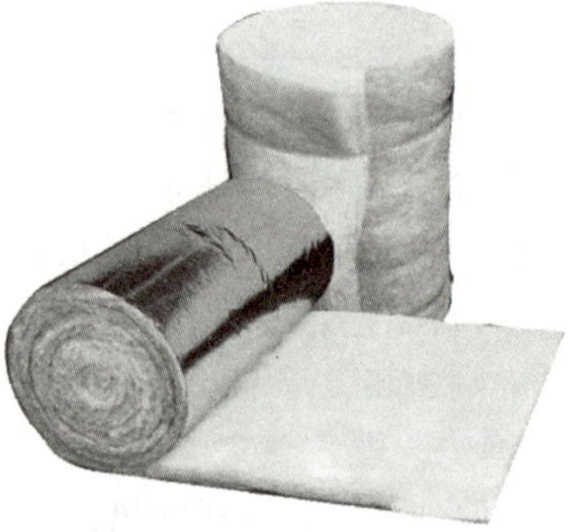

图9-2　玻璃棉

4. 植物纤维复合板

植物纤维复合板以植物纤维为主要材料，加入胶结材料和填料制成。例如，木丝板是以木材下脚料制成木丝，加入硅酸钠溶液及普通硅酸盐水泥混合，经成型、冷压、养护、干燥等工序制成；甘蔗板是以甘蔗渣为原料，经过蒸制、加压、干燥等工序制成。

5. 膨胀蛭石及其制品

如图9-3所示，膨胀蛭石是一种天然矿物，经850～1 000 ℃燃烧，体积急剧膨胀（可膨胀5～20倍）而成为松散颗粒，其堆积密度为80～200 kg/m^3，导热系数为0.046～0.07 W/（m·K），用于填充墙壁、楼板及平屋顶，保温效果佳，可在1 000～1 100 ℃下使用。膨胀蛭石也可与水泥、水玻璃等胶凝材料配合，制成砖、板、管壳等，用于围护结构及管道保温。

6. 膨胀珍珠岩及其制品

如图9-4所示，膨胀珍珠岩是以天然珍珠岩、黑耀岩或松脂岩为原料，经煅烧体积急剧膨胀（约20倍）而得到的蜂窝状白色或灰白色松散颗粒。堆积密度为40～

300 kg/m³，导热系数为 0.025～0.048 W/（m·K），耐热 800 ℃，是高效能保温填充材料。膨胀珍珠岩制品是以膨胀珍珠岩为骨料，配以适量胶凝材料，经搅拌、成型、养护（或干燥、焙烧）后制成的板、砖、管等产品。

图 9-3　膨胀蛭石

图 9-4　膨胀珍珠岩

7. 微孔硅酸钙制品

微孔硅酸钙制品是用粉状二氧化硅材料（硅藻土）、石灰、纤维增强材料及水等经搅拌、成型、蒸压处理和干燥等工序制成，用于围护结构及管道保温。

8. 泡沫玻璃

泡沫玻璃是采用碎玻璃加入 1%～2% 发泡剂（石灰石或碳化钙），经粉磨、混合、装模，在 800 ℃下烧成后得到的含有大量封闭气泡（直径 0.1～5 mm）的制品。它具有导热系数小、抗压强度高、抗冻性和耐久性好等特点，易于进行锯切、钻孔等机械加工，为高级保温材料，也常用于冷藏库隔热。

9. 多孔混凝土

多孔混凝土包括泡沫混凝土、加气混凝土和轻骨料混凝土。

10. 聚苯乙烯绝热材料

由可发性聚苯乙烯树脂（EPS）加工制造的聚苯乙烯绝热材料具有优良的耐冲击性能，强度、韧性和绝热性能较好，抗酸碱能力较强，而且密度小、防水、防细菌生长、外观清洁、易着色、易切割、易成型。

聚苯乙烯泡沫板（见图 9-5）材质轻，具有优良的绝热性质，强度和韧性较好，抗化学腐蚀、防水、易分割、易成型，是较理想的隔热、保温、防震材料。聚苯乙烯泡沫塑料导热系数为 0.04W/（m·K）左右，将其加工成各种板材或夹芯板是极好的建筑材料。

11. 聚苯乙烯泡沫塑料夹芯板

（1）用于活动房屋的结构材料

野外作业采用聚苯乙烯泡沫塑料夹芯板建造活动房屋，装卸方便、轻便，房屋的隔热保温性能好。

图 9-5 聚苯乙烯泡沫板

（2）用于房屋内的隔墙板

新式结构的房屋经常需要调整隔间，用聚苯乙烯泡沫塑料夹芯板做成的隔板使用方便，隔声、隔热性能好且美观。

（3）用于冷冻冷藏库的库板

水产地附近需大量的中小型冷冻、冷藏库，聚苯乙烯泡沫塑料夹芯板可根据冷冻冷藏库大小进行拼装，使用方便，保温性能好，并可根据所需温度选用不同厚度的板材。

12. 聚苯乙烯金属夹芯板

聚苯乙烯金属夹芯板即用金属板夹聚苯乙烯泡沫塑料板。金属板可选用普通钢板、不锈钢板和镀锌钢板，还可做成复合夹芯板，外面为装饰板，里面用塑料复合板（涂塑钢板）。聚苯乙烯金属夹芯板的制作关键是金属板的整理，要求平整不能变形。制作时，将聚苯乙烯泡沫塑料板材切割成所需的厚度，用黏合剂将其黏结在金属板上，黏合剂一般采用双组分聚氨酯胶。

13. 聚氨酯泡沫塑料

聚氨酯泡沫塑料分为软质、半硬质和硬质等几种，用于保温材料的主要是硬质聚氨酯泡沫塑料。这种泡沫塑料具有质量小、强度较高、导热系数小、隔声、防腐蚀等优点。按其所用的原料可分为聚酯型和聚醚型两种，按其发泡方法又可分为喷涂和模塑等类型。用聚氨酯泡沫塑料可预制保温板材及夹芯复合板材，其品种有普通硬泡、阻燃硬泡、耐温硬泡、耐温阻燃硬泡及低发烟阻燃硬泡等。

在建筑工程中，聚氨酯泡沫塑料已得到大量应用，可以用高密度的聚氨酯硬质泡沫塑料制作各种房屋构件，如窗架、窗框、门等。此外，利用聚氨酯泡沫塑料和薄钢板或铝合金板作表面保护层制成的夹芯板材，大量用于饭店、宾馆和其他建筑物的绝热屋顶和墙壁。

聚氨酯泡沫塑料具有吸声的特性，可以作为隔声材料，将聚氨酯泡沫塑料与聚氯乙烯在真空下制成层压板或将网状的聚氨酯泡沫体做成隔声板，隔声效果比较好。

此外，聚氨酯泡沫塑料还广泛应用于家用电冰箱的夹层、医用保温设备，也可用于冷藏库的隔热保温。

知识链接

楼房越建越高，保温材料备受推崇，但质量问题日益突出，由此引起的火灾事故已引起社会的关注。为确保工程质量，国家相关标准规范规定了建筑保温材料的见证取样方法及检测项目，见表 9-1。

表 9-1　常用保温材料见证取样方法与检验项目

<table>
<tr><th>序号</th><th>材料名称</th><th>取样批次与数量</th><th>取样方法</th><th>常规检验项目</th><th>执行标准</th></tr>
<tr><td>1</td><td>绝热用挤塑聚苯乙烯泡沫塑料（XPS）板</td><td rowspan="3">同一生产厂家、同一规格产品，同一批次进场，每 5 000 m^2 为一批，不足的按一批计</td><td rowspan="2">从外观合格的产品中随意抽取一整块</td><td rowspan="2">导热系数、表观密度、压缩强度、抗拉强度、燃烧性能</td><td rowspan="2">《绝热用挤塑聚苯乙烯泡沫塑料（XPS）》（GB/T 10801. 2—2018）</td></tr>
<tr><td>2</td><td>绝热用模塑聚苯乙烯泡沫塑料（EPS）板</td></tr>
<tr><td>3</td><td>硬质泡沫聚氨酯</td><td>2 块 200 mm × 200 mm × 30 mm（导热系数），5 块 100 mm × 100 mm × 30 mm（表观密度、压缩强度）</td><td>导热系数、表观密度、压缩强度、燃烧性能</td><td>《喷涂聚氨酯硬泡体保温材料》（JC/T 998—2006）</td></tr>
<tr><td>4</td><td>耐碱玻纤网格布</td><td>同一厂家、同一品种、同一规格产品，同一批次每 5 000 m^2 为一批，不足的按一批计</td><td>随机取 5 个包装单位，每个包装单位随机抽取 1 m^2 为一个检验批</td><td>单位面积质量，耐碱拉伸断裂强力，耐碱拉伸断裂强力保留率、断裂伸长率</td><td>《外墙外保温工程技术标准》（JGJ 144—2019）、《模塑聚苯板薄抹灰外墙外保温系统材料》（GB/T 29906—2013）</td></tr>
<tr><td>5</td><td>胶黏剂</td><td rowspan="3">同一生产时间、同一配料工艺条件下，粉状产品每 20 t 为一批，液态产品每 10 t 为一批</td><td rowspan="3">粉状 2 kg</td><td>拉伸黏结强度、可操作时间</td><td>《模塑聚苯板薄抹灰外墙外保温系统材料》（GB/T 29906—2013）</td></tr>
<tr><td>6</td><td>抹面砂浆</td><td>可操作时间、拉伸黏结强度、柔韧性、抗冲击性、吸水量、不透水性</td><td></td></tr>
<tr><td>7</td><td>界面砂浆</td><td>拉伸黏结强度</td><td>《胶粉聚苯颗粒外墙外保温系统材料》（JG/T 158—2013）</td></tr>
</table>

第二节 吸声材料

一、吸声材料的相关概念

当声波遇到材料表面时，入射声能的一部分被材料表面反射，另一部分被材料吸收，对入射声能有较大吸收作用的材料称为吸声材料。被吸收声能（E）与入射声能（E_0）之比，称为吸声系数 α，即：

$$\alpha = \frac{E}{E_0} \times 100\%$$

吸声系数是评定材料吸声性能好坏的主要指标。材料的吸声特性除与声波的方向有关以外，还与声波的频率有关。通常用 125 Hz、250 Hz、500 Hz、1 000 Hz、2 000 Hz、4 000 Hz 六个频率的吸声系数表示材料的吸声频率特性。凡六个频率的平均吸声系数大于 0.2 的材料，均为吸声材料。

二、吸声材料的种类

1. 多孔吸声材料

多孔吸声材料是较常用的一种吸声材料。它的吸声性能同材料的表观密度和内部构造有关，在装修工程中，吸声材料的厚度、材料背后空气层以及材料的表面状况都会对吸声性能产生影响。

2. 柔性吸声材料

柔性吸声材料是具有密闭气孔和一定弹性的材料，如聚氯乙烯泡沫塑料。

3. 帘幕吸声体

帘幕吸声体是用具有通气性能的纺织品，安装在离墙面和窗洞一定距离处，背后设置空气层，即形成帘幕吸声体。

4. 悬挂空间吸声体

悬挂在空间的吸声体，吸声材料的两个或两个以上的表面与声波接触，增加了有效的吸声面积，产生边缘效应，加上声波的衍射作用，大大提高了吸声效果。

5. 薄板振动吸声结构

建筑中常将胶合板、薄木板、石膏板或金属板等材料的周边固定在墙或龙骨上，并在背后留有空气层，即成薄板振动吸声结构。

6. 穿孔板组合共振吸声结构

建筑中将穿孔的胶合板、薄木板、石膏板或金属板等材料的周边固定在龙骨上，并在背后设置空气层，构成穿孔板组合共振吸声结构。这种吸声结构在建筑中使用较普遍。

知识拓展

隔声材料

建筑上将主要起隔绝声音作用的材料称为隔声材料。隔声材料主要用于外墙、门窗、隔断等。

隔声可分为隔绝空气声（通过空气传播的声音）和隔绝固体声（通过撞击或振动传播的声音）两种。

空气声隔声主要服从质量定律，即材料的体积密度越大，质量越大，隔声性就越好，因此应选用密实的材料作隔声材料，如砖、混凝土、钢板等。至于固体声隔声，最有效的措施是采用不连续的结构处理，即在墙壁和承重梁之间、房屋的框架和墙板之间加弹性衬垫（如毛毡、软木、橡胶等）或在楼板上加弹性地毯。

思考练习题

1. 什么是保温材料？什么是隔热材料？
2. 导热系数受哪些因素的影响？
3. 简述常用绝热材料及其性能。
4. 材料的导热系数与其绝热性能有什么关系？
5. 吸声材料有哪些种类？

第十章 装饰材料

学习目标

熟悉建筑装饰材料的功能与选用原则，了解常见的建筑装饰材料。了解木材的物理、力学性质及影响因素，熟悉木材在建筑中的应用。了解涂料的组成、性质与常用品种。理解常用建筑（装饰）石材的品种，掌握各类建筑（装饰）石材的应用。

装饰材料是指铺设、粘贴或涂刷在建筑内外表面，主要起装饰和美化环境作用的材料。建筑装饰材料种类很多，装饰部位不同，对材料的要求也不同，本章仅介绍木材、建筑玻璃门窗材料、建筑饰面材料和装饰涂料等常用材料。

第一节 木材

木材是土木工程中必不可少的材料之一，具有质轻、高强、弹性和塑性佳、易加工、纹理美观等优点，也有易变形、易腐、易燃、质地不均匀、各方向强度不一致、天然疵病等缺陷。只有认识木材性质，才能正确使用木材。

一、木材的宏观构造

木材宏观构造是指用肉眼或借用放大镜所能看到的木材的构造特征。从树干的三个不同切面进行观察，木材各个方向的构造不一致，包括树皮、木质部、髓心，年轮稠密均匀者，材质较好。木材的宏观构造如图 10-1 所示。

二、木材的物理性质

1. 含水率

木材中的水分保存于两个位置，即细胞壁内（吸附水）和细胞间隙（自由水，也称毛细管水）。

纤维饱和点：当木材中仅细胞壁内充满水，达到饱和状态，而细胞间隙中无自由水时，此时的含水率称为纤维饱和点，一般为 25%~35%。

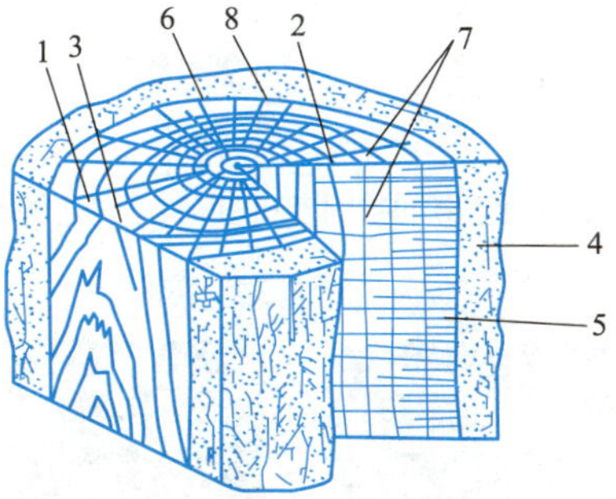

图 10-1　木材的宏观构造

1—横切面　2—径切面　3—弦切面　4—树皮

5—木质部　6—髓心　7—髓线　8—年轮

平衡含水率：木材的含水率与周围空气相对湿度达成平衡时，称为木材的平衡含水率。此时木材的尺寸不再变化，所以木材的使用与环境的温度、湿度密切相关。

2. 表观密度

木材的表观密度随含水率不同，变化范围很大，常用木材的气干表观密度平均为 500 kg/m^3。各种木材的平均密度均为 1.55 g/cm^3。

3. 耐久性

木材是天然材料，在大气环境下性能稳定，不易变质，只要保持通风干燥，就不会腐朽破坏。许多木造建筑物可使用上千年。

4. 加工性

与钢材、石材、混凝土等材料相比，木材材质较软，易于进行锯、刨、雕刻等加工，可制作各种造型。

5. 装饰性

木材具有天然的花纹，有良好的视觉特性，木材建造的生活空间给人以柔和、简朴、贴近自然的感觉，能营造宁静、轻松的气氛。

三、 木材的力学性能

木材有很好的力学性能，但木材是各向异性材料，顺纹方向与横纹方向的力学性能有很大差别。木材的顺纹抗拉强度和抗压强度均较高，但横纹抗拉强度和抗压强度较低。木材强度还因树种而异，并受木材缺陷、含水率及温度等因素的影响，其中以木材缺陷的影响最大。因木节尺寸和位置不同、受力性质（拉或压）不同，有节木材的强度可比无节木材降低 30%~60%。在荷载长期作用下，木材的长期强度几乎只有无荷载强度的一半。

1. 刚度

物体受外力作用时保持其原来形状和大小的能力称为刚度。若木材具有较高的刚度－密度比，这种木材就是一种比较适用的材料。

2. 脆性

材料在破坏之前无明显变形而突然破坏的性质称为脆性。脆性材料的破坏强度低于正常木材，其破坏面垂直或近于垂直木材纹理，突然破坏无预兆。脆性材料的破坏与正常木材的拉伸撕裂破坏面完全不一样，如图 10-2 所示。树木生长不良、遗传、生长应力、木材的缺陷和腐朽都能导致木材产生脆性。脆性木材较正常木材的质量轻，细胞壁物质（纤维素）含量低。通常针叶树材生长轮特别宽或阔叶树材生长轮特别窄时，易形成脆性木材。

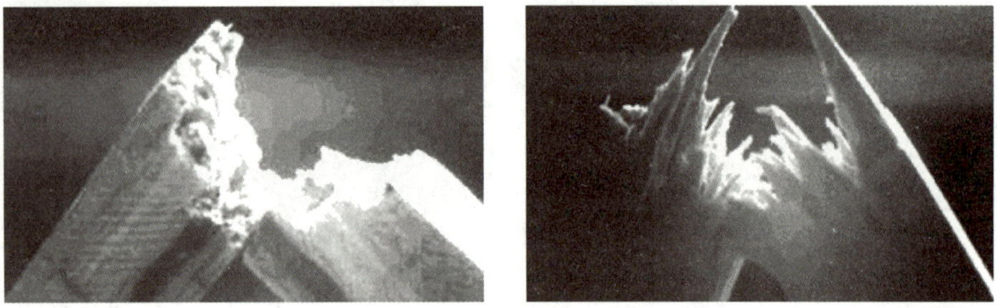

a） b）

图 10-2 脆性木材与正常木材破坏面的比较

a）脆性破坏 b）拉伸撕裂破坏

3. 韧性

韧性是木材吸收能量和抵抗反复冲击荷载，或抵抗超过弹性极限的短期应力的能力。木材的韧性与木材的抗冲击性和抗劈性密切相关，韧性大的木材，其抗冲击性和抗劈性也好。因此，木材的韧性可用抗冲击性和抗劈性来表示。韧性木材与脆性木材相反，其破坏面呈纤维状，破坏前有征兆。

4. 塑性

物体受外力作用产生变形，当外力解除后仍保持变形后形状的性质称为塑性。木材不是完全的弹性材料，仅在一定限度内具有弹性。

四、 木材在建筑中的应用

人造板工业的发展极大地推动了木质装饰材料的发展，中密度纤维板、刨花板、微粒板、细木工板、竹质板、生态木等基材的迅猛发展，以及新的表面装饰材料、工艺与设备的不断出现，使木质装饰材料从品种、花色、质地到产量都大大向前迈进了一步。

木质人造板是利用木材、木质纤维、木质碎料或其他植物纤维为原料，加胶黏剂和其他添加剂制成的板材。木质人造板的主要品种有胶合板、纤维板、刨花板、细木工板、木丝板、生态木等。

1. 胶合板

胶合板是对原木进行蒸煮软化处理后，用旋切、刨切及弧切等方法切制成的薄片状木材，为单板。胶合板是由一组单板按相邻层木纹方向互相垂直组坯，经热压胶合而成的板材，常见的有三合板、五合板和七合板等。胶合板多数为平板，也可经一次或几次弯曲处理制成曲形胶合板。胶合板如图 10-3 所示。

胶合板克服了木材的天然缺陷和局限，大大提高了木材的利用率，其主要特点是：

图 10-3　胶合板

消除了天然疵点、变形、开裂等缺点，各向异性小，材质均匀，强度较高；纹理美观的优质材做面板，普通材做芯板，降低了装饰木材的成本；因其厚度小、幅面宽大，产品规格化，使用起来很方便。胶合板常用作门面、隔断、吊顶、墙裙等室内高级装修。

2. 纤维板

纤维板（密度板）是用木材废料，经切片、浸泡、磨浆、成型及干燥或热压等工序制成，如图 10-4 所示。纤维板按性能不同分为硬质纤维板、半硬质纤维板和软质纤维板三种。

中密度纤维板属干燥型板材，是木质纤维与合成树脂或其他合适胶黏剂加工而成的，主要用作基材。

3. 刨花板

刨花板又称碎料板，是以木质碎料为主要原料，施加胶合材料、添加剂经压制而成的薄型板材的统称，如图 10-5 所示。按压制方法不同，可将刨花板分为挤压刨花板和平压刨花板。

图 10-4　纤维板

图 10-5　刨花板

4. 细木工板

细木工板俗称大芯板，是在两片单板中间胶压拼接木板而成，如图 10-6 所示。细木工板的两面胶粘单板的总厚度不得小于 3 mm。中间木板是由优质天然的木板经热处理（即烘干室烘干）以后，加工成一定规格的木条，由拼板机拼接而成。

图 10-6　细木工板

细木工板握螺钉力强，强度高，具有质坚、吸声、绝热等特点，而且含水率不高，为 10%～13%，加工简便，用途最为广泛。

细木工板比实木板材稳定性强，但怕潮湿，施工中应注意避免用在厨卫，主要用于制作家具、门窗及套、隔断、假墙、暖气罩、窗帘盒等。

5. 木丝板

木丝板又名万利板，是利用木材的下脚料，用机器刨成木丝，经过化学溶液浸透，然后与水泥混合，入模成型并加压、热蒸、凝固、干燥而成。

6. 生态木

生态木又称“木塑”“环保木”或“科学木”，国际上统称为“WPC”，20 世纪下半叶发明于日本，是以木屑、竹屑、稻壳、麦秸、大豆皮等低值植物纤维为主原料，与少量高分子材料聚合而成。它同时具备植物纤维和塑料的优点，适用范围广泛，几乎可替代原木、塑料、塑钢、铝合金及其他类似复合材料。

生态木具有环保（无污染、无公害、产品不含苯、甲醛含量低）、节能、防水、防潮、防腐、不变形、耐候、阻燃、安装方便（可锯、可刨、可钉，不刷漆）等特点，可防虫蛀，色彩个性好。

生态木可大量运用于室内地板和墙面，特别是厨房卫生间。由于生态木生产工艺灵活，可以根据需要生产不同厚薄、不同柔韧程度的木板、型材，因而广泛用于室内装饰造型。

第二节　建筑玻璃

普通玻璃是现代建筑必不可少的材料之一，它除了有透光、透视、隔声、隔热、装饰等作用外，还有控制光线、调节热量、节约能源、降低建筑物自重、改善建筑环境等作用。

一、普通玻璃

普通建筑玻璃分为普通平板玻璃和装饰平板玻璃。

1. 普通平板玻璃

普通平板玻璃是未经加工的钠钙玻璃类平板，是平板玻璃中产量最大、使用最多的一种，也是加工其他玻璃及制品的基础材料。

普通平板玻璃具有良好的透光透视性能，透光率达到85%左右，紫外线透光率较低，隔声，略具保温性能，有一定机械强度，为脆性材料，主要用于门、窗，起透光、保温、隔音、挡风雨等作用。

普通平板玻璃按生产方法不同，可分为引拉法玻璃和浮法玻璃两种。引拉法玻璃的厚度有2 mm、3 mm、4 mm、5 mm和6 mm等；浮法玻璃的厚度有3 mm、4 mm、5 mm、6 mm、8 mm、10 mm和12 mm等。

知识拓展

普通平板玻璃的产量以标准箱计，它以厚度为2 mm的平板玻璃，10 m^2为1标准箱，其他厚度的平板玻璃均需进行标准箱换算。

2. 装饰平板玻璃

装饰平板玻璃包括毛玻璃、彩色玻璃、花纹玻璃、冰花玻璃和镭射玻璃等。

（1）毛玻璃（又名磨砂玻璃）

毛玻璃的特点是表面粗糙，使光线产生漫反射，透光不透视，可制成各种图案，用于卫生间、浴室、办公室的采光及灯箱。

（2）彩色玻璃

彩色玻璃有多种色彩，分为透明与不透明两类，用于门窗内外墙面屏风、隔断，还可与金属拼成各种花纹图案。

（3）花纹玻璃

花纹玻璃分压花玻璃、雕花玻璃、热熔立体玻璃等，特点是立体感强、图案丰富，具有漫射光，透光不透视，装饰效果好，用于门窗、屏风、隔断。

（4）冰花玻璃

冰花玻璃透光不透视，具有各种色彩，用于门窗、屏风等。

（5）镭射玻璃

镭射玻璃表面呈现艳丽色彩和图案，色彩又随入射光线角度的变化而不断改变，产生一种梦幻般的感觉，用于商场和娱乐场所的招牌、门面、地板、隔断、台面等。曲面镭射玻璃可制成大面积夹层玻璃幕墙、住宅屋顶、灯饰装饰品。

二、安全玻璃

安全玻璃是指具有良好安全性能的玻璃，包括钢化玻璃、夹丝玻璃和夹层玻璃。

1. 钢化玻璃（强玻璃）

钢化玻璃机械强度高，安全性能好（因为钢化玻璃破碎后的碎片为钝角，不易伤人），热稳定性好，但必须在处理前进行机械加工达到设计要求的形状和尺寸，钢化处理后不能再进行切割钻孔与磨片。

钢化玻璃以其强度高和安全性好的优点，普遍应用于建筑物的门窗、幕墙、大型玻璃隔断、采光天棚、家具、车辆的门窗，以及有防盗要求的场所。

2. 夹丝玻璃

夹丝玻璃（又称防碎玻璃或钢丝玻璃）是将普通平板玻璃加热到红软状态，再将预热处理的钢丝压入玻璃中间而制成。

夹丝玻璃比普通玻璃强度高。由于有钢丝网的骨架作用，夹丝玻璃在受到冲击或温度剧变时，破而不碎，裂而不散，从而避免伤人。当火灾蔓延时，夹丝玻璃受热炸裂时不碎，可以起到隔离火焰的作用。

3. 夹层玻璃（夹胶玻璃）

夹层玻璃是在两片或多片玻璃之间夹以特殊的胶片或注以胶液，经特殊处理而成。其玻璃片可用热弯玻璃、钢化玻璃、热增强玻璃及各色镀膜玻璃等。

夹层玻璃的特点是撞击破碎时，碎片被强韧的中间胶膜黏结，不会飞溅，且能够减少和防止玻璃破碎后对人身和物品的损害。夹层玻璃还可起到降低噪声、节约能源、有效吸收太阳光中的紫外线从而防止室内设施褪色的作用。

三、其他类型玻璃

1. 保温绝热玻璃

保温绝热玻璃包括吸热玻璃、热反射玻璃、中空玻璃等。它们既具有良好的装饰效果，又具有特殊的保温绝热功能，除用于一般门窗之外，常作为幕墙玻璃。

2. 压花玻璃、磨砂玻璃和喷花玻璃

这几种玻璃的主要特点是表面粗糙，光线产生漫射，透光不透视，适用于卫生间、浴室、办公室的门窗。

3. 玻璃空心砖

玻璃空心砖是由两块压铸成凹形的玻璃经熔接或胶接而成的整块空心砖，用来砌筑透光墙壁、隔断、门厅、通道等。

4. 玻璃马赛克

玻璃马赛克也叫玻璃锦砖，外形和使用场合与陶瓷锦砖大体相似，但花色多，价格较低，主要用于外墙装饰。

5. 中空玻璃

中空玻璃是继塑钢门窗之后的又一项节能产品，具备节能性和环保性两重优点，如图 10-7 所示。中空玻璃由两片玻璃组成，中间空气由胶条密封，利用密封空气

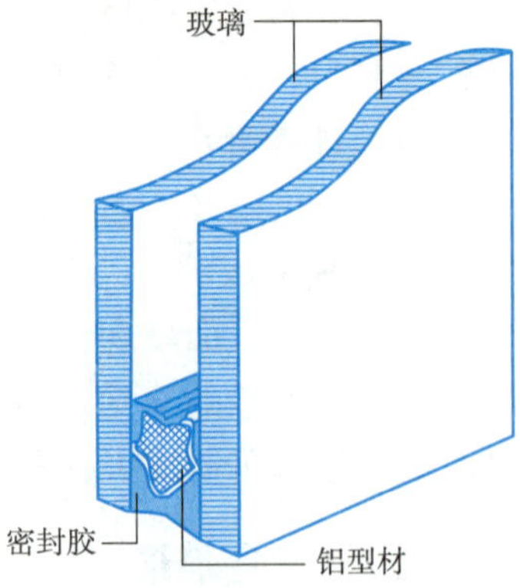

图 10-7　中空玻璃

不导热的特性，达到保温、隔音、防潮等目的。

中空玻璃隔热、保温，并兼有防结露、隔音（可降低噪声 30 dB 左右）等性能。在使用暖气和空调的环境下，安装中空玻璃可节约能源 30% 左右，据此计算，中空玻璃较单层玻璃所增加的投资费用在 5 年左右便可从采暖、空调能耗所节省的各项支出中收回。

第三节　门窗材料

目前市场上常见的建筑门窗产品有铝合金门窗、塑钢门窗、断桥铝门窗、钢制门窗、木铝复合门窗等种类，本节主要介绍前三种。

一、铝合金门窗

铝合金门窗外观敞亮、坚固耐用，其性能特点有：

1. 质轻、高强

铝合金材料多是空心薄壁组合断面，使用方便，质量轻，且截面具有较高的抗弯强度，做成的门窗耐用，变形小。

2. 密封性能好

铝合金本身易于挤压，型材的横断面尺寸精确，加工精确度高，可选用防水性、弹性、耐久性都比较好的密封材料，如橡胶压条和硅酮系列的密封胶。在型材方面，各种密封条固定凹槽已经随同断面在挤压成型过程中同步完成，给安装封缝材料创造了有利条件。

3. 造型美观

铝合金表面经阳极电化学处理后，可呈现金黄、银白等色，经过氧化后光洁闪亮。窗扇框架大，可镶较大面积的玻璃，使室内光线充足明亮，增强了室内外之间立面虚实对比，让居室更富有层次。

4. 耐腐蚀性强

铝合金氧化层不褪色，不脱落，不需要涂漆，易于保养，不用维修。

二、塑钢门窗

塑钢门窗是以硬聚氯乙烯（PVC）塑料型材为主材，加上五金件组成。型材为多孔空腔、主腔内有冷轧钢板制成的内衬钢，用以提高塑钢门窗的强度。型材壁厚应在 2.5 mm 以上。

塑钢门窗最大的优势是保温节能性好。塑钢型材的多腔式结构具有良好的隔热性能，导热系数极低，仅为铝材的 1/8，其经济效益和社会效益都是巨大的。同时，它的气密性、水密性也比铝合金门窗好。塑钢门窗的缺点也很明显：PVC 材料刚度较差，必须在内部附加钢条来增加刚度；塑钢材料脆性大，防火性及防雷性能很差，且塑料（PVC）无法降解，燃烧后会产生二噁英；废弃的塑钢门窗难以处理，环保性差；安全性、防盗性及通风质量不如铝合金门窗。

三、断桥铝门窗

断桥铝又叫隔热断桥铝型材，解决了铝合金保温性差的缺点，是目前在节能建筑中推广使用的铝合金型材。

断桥铝门窗的原理是利用塑料型材（隔热性高于铝合金型材 1 250 倍）将室内外两层铝合金既隔开又紧密连接成一个整体，构成一种新的隔热型的铝合金型材，该产品两面为铝材，中间用塑料型材腔体做隔热材料。这种创新结构设计兼顾了塑料和铝合金两种材料的优势，同时满足装饰效果和门窗强度及耐老化性能的多种要求。

断桥铝门窗的突出优点是强度高、保温隔热性好、刚度好、防火性好、采光面积大、耐大气腐蚀性好、综合性能佳、使用寿命长、装饰效果好。高档的断桥铝门窗是高档建筑用门窗的首选产品。

第四节 建筑饰面材料

一、建筑饰面砖（板）

1. 墙地砖

墙地砖是由黏土和其他无机材料在室温下通过挤压或其他方法成型、干燥，再在一定温度下烧成的。

墙地砖具有强度高、致密坚实、吸水率小（小于 10%）、抗冻、耐磨性较好、耐污染、易清洗、耐腐蚀、耐急冷急热、经久耐用等特点，主要用于建筑物外墙贴面和室内外地面装饰铺贴。

2. 釉面内墙砖

釉面内墙砖表面细腻、色彩和图案丰富、风格典雅，主要用于建筑物内墙饰面。釉面内墙砖有强度高、表面光亮、防潮、易清洗、耐腐蚀、变形小、抗急冷急热等优点。

知识拓展

釉面内墙砖坯体为多孔陶质，在长期与空气接触的过程中，特别是在潮湿的环境中使用，坯体会吸收水分产生吸湿膨胀现象，釉面会发生开裂。尤其是用于室外时，经反复冻融，釉面内墙砖会出现表面分层脱落、掉皮现象。因此，釉面内墙砖只能用于室内，不能用于室外。

3. 劈离砖

劈离砖是新开发的一种彩釉墙地砖。它由黏土、页岩、耐灰土等按一定比例混合后，经湿化、真空练泥、高压挤出成型、干燥、施釉、烧结、劈裂制成。劈离砖可用于建筑的内墙、外墙、地面、台阶、地坪及游泳池等建筑结构。厚度较大的劈离砖特别适用于公园、广场、停车场、人行道等露天地面的铺设。

4. 陶瓷锦砖（马赛克）

陶瓷锦砖是由各种颜色、多种几何形状的小块瓷片按设计要求贴在牛皮纸上制成的陶瓷制品。每联 305.5 mm 见方，每 40 联为一箱，每箱可贴铺面积 3.7 m^2。

陶瓷锦砖不渗水、防滑、易清洗，主要用于室内地面装饰，也可作为内、外墙饰面，并可镶拼成名胜和花鸟动物图案的壁画，别具风格。

5. 金属饰面板

金属饰面板是一种以金属为表面材料复合而成的新型室内装饰材料，主要有彩色铝合金饰面板、彩色涂层镀锌钢板饰面板和不锈钢板饰面板三大类。金属饰面板具有自重轻、安装简便、耐候性好的特点，可使建筑物的外观色彩鲜艳、线条清晰、庄重典雅。

二、 建筑饰面石材

1. 天然花岗石

天然花岗石的特点是色彩斑斓，呈斑斓状晶粒花样，一般呈灰色、黄色、蔷薇色、淡红色、黑色，构造致密、强度高、密度大、吸水率极低、质地坚硬、耐磨。天然花岗石为酸性石材，因此其耐酸性、抗风化性、耐久性好，使用年限长。

天然花岗石主要用于大型公共建筑或室内外装饰工程。粗面和细面板材常用于室外地面、墙面、柱面、勒脚、基座、台阶；镜面板材主要用于室内外地面、墙面、柱面、台面、台阶等，特别适宜做大型公共建筑大厅的地面。

2. 天然大理石

天然大理石的特点是质地较密实、抗压强度较高、吸水率低，属中硬石材。天然大理石易加工，常被制成抛光板材，其色调丰富、材质细腻、极富装饰性。

天然大理石属碱性石材，在大气中受硫化物及水气形成的酸雨长期作用，容易发生腐蚀，导致表面强度降低，变色掉粉，失去光泽，影响其装饰性能。因此，除汉白玉、艾叶青等质纯、杂质少、比较稳定耐久的品种可用于室外，绝大多数天然大理石只宜用于室内。

天然大理石一般用于宾馆、展览馆、剧院、商场、图书馆、机场、车站等工程的室内墙面、柱面、服务台、栏板、电梯间门口等部位。由于其耐磨性相对较差，不宜用于人流较多场所的室内地面。

第五节 装饰涂料

装饰涂料是指涂敷于物体表面而能结成坚韧保护膜的物料的总称。用于建筑物内墙、外墙、顶棚及地面的涂料称为建筑涂料（又称墙漆）。建筑涂料是涂料中的一个重要类别。建筑涂料具有装饰功能、保护功能和居住改进功能。

建筑涂料的种类繁多：按涂料使用部位不同，可分为内墙涂料、外墙涂料、地面涂料、顶棚涂料、屋面涂料；按照主要成膜物质的性质不同，可分为有机涂料（如丙烯酸酯外墙涂料）、无机高分子涂料（如硅溶胶外墙涂料）、有机—无机复合涂料（如硅溶胶—苯丙外墙涂料）。常见建筑涂料有以下几种类型。

一、外墙涂料

1. 合成树脂乳液砂壁状外墙涂料

合成树脂乳液砂壁状外墙涂料是以合成树脂乳液为主要黏结料，以彩色砂粒和石粉为骨料配制而成的粗面厚质涂料。其质感丰富，色彩鲜艳且不易褪色变色，耐水性、耐候性优良，是一种性能优异的建筑外墙用中高档涂料。

2. 外墙复层涂料

外墙复层涂料是以水泥系、硅酸盐系和合成树脂系等黏结料和骨料为主要原料，用刷涂、辊涂或喷涂等方法，在建筑物表面涂布的复层建筑涂料。外墙复层涂料一般包括三层，封底涂料（主要用以封闭基层毛细孔，提高基层与主层涂料的黏结力）、主层涂料（增强涂层的质感和强度）、罩面涂料（使涂层具有不同色调和光泽，提高涂层的耐久性和耐污染性）。

3. 合成树脂乳液外墙涂料

合成树脂乳液外墙涂料以合成树脂乳液为黏结料，加入颜料、填料及各种助剂经研磨而成。

4. 溶剂型外墙建筑涂料

溶剂型外墙建筑涂料以合成树脂为基料，加入颜料、填料、有机溶剂等经研磨配制而成。涂料的涂层硬度、光泽、耐水性、耐污蚀性都很好，使用年限多在十年以上，是一种较为实用的涂料，

5. 外墙无机建筑涂料

外墙无机建筑涂料是以碱金属硅酸盐或硅溶胶为基料，加入颜料、填料及助剂配制而成的水性涂料。这种涂料性能优异，生产工艺简单，原料丰富，成本较低，颜色多样，渗透能力强，无毒无味，价格较低，主要用于外墙装饰，也可用于内墙和顶棚等的装饰。

二、内墙涂料

1. 合成树脂乳液内墙涂料（乳胶漆）

合成树脂乳液内墙涂料（乳胶漆）以合成树脂乳液为黏结料，加入颜料、填料及各种助剂，经研磨而成，主要用于内墙装饰。常用的合成树脂乳液有丙烯酸酯乳液、苯乙烯—丙烯酸酯共聚乳液、醋酸乙烯—丙乙烯酸酯乳液、氯乙烯—偏氯乙烯乳液等。

2. 聚乙烯醇水玻璃内墙涂料

聚乙烯醇水玻璃内墙涂料是以聚乙烯醇树脂水溶液和水玻璃为黏结料，混合一定量的填料、颜料和助剂，经过混合研磨、分散而成的水溶性涂料。这种涂料属于较低档的内墙涂料，适用于民用建筑室内墙面装饰。

3. 水溶性内墙涂料

水溶性内墙涂料是以水溶性合成树脂为主要成膜物质，以水为稀释剂，加入少量的颜料、填料及辅助材料，经研磨而成的涂料。水溶性合成树脂可直接溶于水中，与水形成单相的溶液。它的特点是耐水、耐酸性较差，只用于内墙。

4. 多彩内墙涂料

多彩内墙涂料是具有多种色彩的立体涂膜涂料，色彩丰富、图案变化多样、立体感强、生动活泼，具有良好的耐水性、耐油性、耐碱性、耐化学药品性、耐洗刷性和透气性。

知识拓展

涂料的发展方向

内墙涂料向中高档乳胶漆方向发展，外墙涂料向高抗玷污性、自乳化、高固体组分及低 VOC 乳胶漆方向发展，防水涂料向弹性、耐酸、耐碱、斥水、隔音、密封和抗龟裂等方向发展。

思考练习题

1. 常用的建筑装饰材料有哪些?
2. 玻璃为何在建筑中得到广泛应用?
3. 简述天然花岗岩、天然大理石的特点及使用范围。
4. 简述铝合金在建筑材料中的应用。

第十一章 新型建筑材料

学习目标

了解几种新型建筑材料及其发展趋势。

新型建筑材料是在传统建筑材料基础上产生的新一代建筑材料，主要包括新型建筑结构材料、新型墙体材料、保温隔热材料、防水密封材料和装饰装修材料。

第一节 几种新型建筑材料

一、高强混凝土

高强混凝土是指强度等级为C60及以上的混凝土，是混凝土材料科学的重要发展方向之一。它是用水泥、砂、石原材料外加减水剂或同时外加粉煤灰、矿粉、矿渣、硅粉等混合料，经常规工艺生产而获得的。

1. 高强混凝土与普通混凝土的区别

（1）材料配比方面

高强混凝土与普通混凝土在材料配比方面主要有两点区别，即水灰比低和组分多。其目的都是增加混凝土的密实程度，改善骨料和水泥浆体之间的黏结性能，从而达到提高强度和耐久性的效果。

值得注意的是，配制高强混凝土不一定必须使用高强度水泥，一般选用硅酸盐水泥砂浆养护至规定龄期即可。化学外加剂和矿物外加剂的使用，使得用较低强度等级水泥配制高强度混凝土成为可能。

外加剂常用硅灰。硅灰颗粒细小，比表面积大，二氧化硅纯度高且具有火山灰活性。其作用有二：一是作为超细填充料；二是在早期水化过程中起晶核作用，并有较高的火山灰活性。

（2）力学性能方面

高强混凝土致密，抗渗性和抗冻性均高于普通混凝土。因此，有腐蚀的环境、易遭破损的结构，尤其是基础设施工程多采用高强混凝土结构。另外，高强混凝土徐变系数小，弹性模量高，受压时持久强度系数（持久强度与暂时强度之比）和出现微细裂缝的应力值与极限强度之比都很高。此外，高强混凝土的体积稳定性较好，早期具有较低的水化热，硬化后期具有较小的收缩变形。

当然，高强混凝土也有自身的不足之处，随着强度的逐渐提高，高强混凝土的延伸性和脆性都会变差。另外，高强混凝土的耐火性和后期强度增长比例等均要比普通混凝土差。

（3）耐久性方面

耐久性主要包括抗冻性、渗透性、碱-骨料反应和钢筋的锈蚀等。

普通混凝土硬化后，水泥呈碱性，在酸性物质的侵蚀下很容易导致外露、松散，甚至破坏。同时，混凝土表面多孔，内部结构中也有很多微小的通道和孔洞，其他物质容易进入，导致混凝土结构破坏。高强混凝土在掺入高效活性矿物质掺料后，水泥石的结构更加致密，阻断了可能形成的渗透路径，可以提高混凝土的耐久性。

2. 高强混凝土的优点

与普通中等强度的混凝土相比，高强混凝土具有以下优越性：

（1）高强混凝土可减少结构断面，降低钢筋用量，增加房屋使用面积和有效空间，减轻地基负荷。例如，某建筑原设计用 C40 级混凝土，改用 C60 级混凝土后，其底层面积可增大 1 060 m^2，经济效益十分显著。

（2）高强混凝土致密坚硬，其抗渗性、抗冻性、耐蚀性、抗冲击性等诸方面性能均优于普通混凝土。

（3）对预应力钢筋混凝土构件，高强混凝土由于刚度大、变形小，故可以施加更大的预应力和更早地施加预应力，减少因徐变而导致的预应力损失。

高强混凝土的密实性能好，抗渗、抗冻性能均优于普通混凝土。因此，国外高强混凝土除用于高层和大跨度工程外，还大量用于海洋和港口工程，它们耐海水侵蚀和海浪冲刷的能力大大优于普通混凝土。

知识拓展

C130 混凝土

2021 年 9 月 30 日，在广州新世界增城发展中心项目中，由华南理工大学指导，项目方联合设计方、搅拌站等一系列单位共同合作破解了一次世界级技术难题，实现了行业内首次在实体工程建设中泵送应用最先进、强度最高的 C130 超高强机制砂混凝土。

C130 超高强混凝土强度达到 149.5 MPa，为 C80 混凝土的 1.5 倍，强度已经高于花岗岩。1 m^2 的 C130 混凝土构件上可承载 1.5 万 t 重量，相当于 3 000 头成年大象（1 头成年大象体重约 5 t）。由于混凝土可泵性会随强度增高而不断降低，高强度混凝土的超高泵送面临极大的技术难题。如果说泵送普通混凝土是在抽自来水，那么泵送 C130 超高强混凝土就是在用管道运输糯米团子，技术难度十分大。

C130 超高强混凝土强度增加，混凝土用量减少，模板用量减少，同时模板加固构件等使用量也将减少，减少了大量物资消耗。

二、新型墙体材料

新型墙体材料是指不以消耗耕地、破坏生态和污染环境为代价，适应建筑工业化、施工机械化、减少施工现场湿作业、改善建筑功能等现代建筑业发展要求所生产的墙体材料。本节主要介绍新型墙体材料中的预制混凝土夹心保温墙板。

预制混凝土夹心保温墙板（见图 11-1）又称三明治板，是由内叶墙板、夹心保温层、外叶墙板和拉结件组成的复合类预制混凝土墙板，简称夹心保温墙板。它包括预制混凝土夹心保温剪力墙板和预制混凝土夹心保温外挂墙板。其中，外叶墙板仅起围护作用的预制混凝土夹心保温墙板称为夹心保温剪力墙板；而安装在主体结构外侧，起围护、装饰作用的非结构预制混凝土墙板构件称为夹心保温外挂墙板。

图 11-1　预制混凝土夹心保温墙板

根据内、外叶墙板间的连接构造不同，预制混凝土夹心保温墙板又可以分为组合墙板和非组合墙板。组合墙板的内、外叶墙板可通过拉结件的连接共同工作；非组合墙板的内、外叶墙板不共同受力，外叶墙板仅作为荷载，通过拉结件作用在内叶墙板上。鉴于我国关于预制混凝土夹心保温墙板的科研成果和工程实践经验都还较少，目前在实际工程中，通常采用非组合式的墙板，只将外叶墙板作为中间层保温板的保护层，不考虑其承重作用，但要求其厚度不应小于 50 mm。中间夹层的厚度不宜大于 120 mm，用来放置保温材料，也可根据建筑物的使用功能和特点聚合诸如防火等其他功能的材料。当预制混凝土夹心保温墙板作为承重墙板时，将内叶墙板按剪力墙构件进行设计，并执行预制混凝土剪力墙内墙板的构造要求。

三、硅藻泥装饰壁材

硅藻泥是一种以无机胶凝物质为主要黏结材料，以硅藻材料为主要功能性填料，联合配制的干粉状内墙装饰涂覆材料。硅藻泥主要原料源自海洋中海藻类植物经过亿万年形成的硅藻矿物——硅藻土，是以硅藻土为主要原材料，添加多种助剂形成的粉末装饰涂料。它是一种天然环保内墙装饰材料，可取代墙纸和乳胶漆。

1. 硅藻泥的优点

（1）能吸附有害物质

硅藻泥最显著的优点是能够吸附有害物质，净化空气，还能稀释出负氧离子，有效地保障用户的健康。

（2）房装修后马上可以入住

硅藻泥是一种无异味的墙面装饰材料，通常在房屋装修好以后的两天到三天就能够入住，有效地节约了人力、物力和财力。

（3）使用周期长

硅藻泥是由无机材料制成的，使用周期能够长达20年以上，而使用墙纸和乳胶漆装饰的墙体通常三五年就会掉色、空鼓甚至是脱落。

2. 硅藻泥的缺点

（1）价格较贵

与一般的墙面装饰材料相比，硅藻泥的价格会更贵些，同时还要请专业人员进行施工，导致成本提高。

（2）墙面不抗污

硅藻泥墙面多数都是浅色系的，特别容易留下各种污渍，而且不好清洁。

（3）墙面不防水

硅藻泥吸水性特别强，不防水，所以不能用于厨房、卫生间、浴室等。

第二节 新型建筑材料发展趋势

我国的建筑材料发展水平在改革开放之前一直处于相对落后的状态，当时的建筑材料仅限于土、木、砖、瓦，不管是材料的强度、质量还是外观，都落后于同时期的国外水平。新型建筑材料的出现给建筑行业带来了新的发展活力，并开始应用于更加广泛的领域，在交通、市政等多个方面都发挥着巨大的作用。近年来，我国政府在新型建筑材料产业发展过程中给予了大力支持，初步形成了比较完整的新材料产业体系。

新型建筑材料的发展作为国家实施创新驱动战略、新型城镇化发展目标的重大要求，是建筑业实现转变经济发展方式和可持续发展战略的必然选择，也是我国建筑业实现提质增效、转型升级的必由之路。随着社会的发展，面对资源和环境的挑战、人们的需求，研发人员应从产品设计、原材料替代、工艺改造入手，研发出符合下列要求的材料。

一、 新型智能建筑材料

智能化材料是指具有自我诊断和破坏预告、自我调节与修复、可重复利用等功能的材料。当智能材料内部发生结构或承载力的改变时，可报警并进行自我调整。新型智能建筑材料是具有新型建筑功能的材料，通过人们发出的指令做出反应并与人们进行交流，让人们生活在更加愉悦的生活环境中。目前，这种新型智能建筑材料还尚未普及，但是随着建筑行业的发展与社会的进步，其在楼宇智能化中的应用势在必行，是建筑材料的发展趋势之一。

二、 环保建筑材料

随着环境保护意识的增强，人们对于居住环境经济性、安全性和舒适性的要求也越来越高。传统的建筑材料对居民的生活尚存在一些负面影响，难以达到居民的要求，因此将逐渐被淘汰。相关管理部门应结合不同的地区与建筑类型，推进绿色环保建筑材料的研发和生产，同时也应强化各部门间的合作，制定并落实新型建筑材料在应用和管理方面的规程和标准，解决当前新型环保建筑材料在研发和生产应用过程中遇到的各种问题，建设环境友好型建材市场。

三、复合多功能建筑材料

随着国民经济的发展和人民生活水平的提高，人们对建筑的认知越来越深刻，复合多功能建筑材料在满足建筑材料主要功能的前提下，同时兼具其他各种优良性能。在复合多功能建筑材料生产过程中，技术人员通过新材料与新技术相结合，融合轻质高强、防水防潮、耐火耐高温、抗腐蚀能力强等多种优点，配套微电子技术等，使其性能、用途、功能、安全性和舒适度取得重大突破。

四、节能型建筑材料

随着各种不可再生资源的逐渐枯竭，节约能源并且寻找新的替代产品迫在眉睫。一方面，随着环保、节能的意识逐渐深入人心，人们在选择建筑材料和装修材料时，不但希望其将环保、美观、耐用、易维护、施工简便等功能集于一身，而且对于建筑材料的节能和可重复使用也提出了更高的要求。另一方面，随着储量的减少和国家产业政策的调整，使用不可再生资源的成本越来越高，追求科技含量高的替代品成为必然。

五、“以人为本”理念日益突出

以人为本，更为突出人文关怀。建筑产品不仅不损害人体健康，而且有益人体健康，具有多功能性。

建筑产品在满足使用性能的前提下，在原材料的取得、生产、加工和使用过程中应最大限度地减少自然资源的消耗、并可再生或循环利用且无害，有利于环境保护和人体舒适与健康。

思考练习题

1. 何谓高强混凝土，高强混凝土有哪些优点？
2. 简述预制混凝土夹心保温墙板的组成和各部分作用。